专利申请文件撰写与审查指导丛书

新业态、新领域 发明专利申请检索 及创造性解析

主　编◎邹　斌

副主编◎董方源　慈丽雁

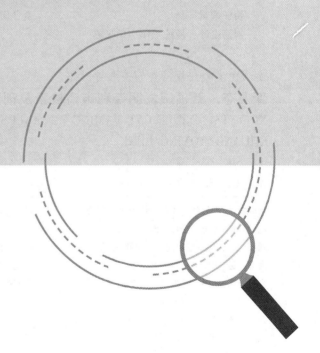

知识产权出版社

全国百佳图书出版单位

—北京—

图书在版编目（CIP）数据

新业态、新领域发明专利申请检索及创造性解析/邹斌主编；董方源，慈丽雁副主编. —北京：知识产权出版社，2021.9

ISBN 978 - 7 - 5130 - 7772 - 9

Ⅰ. 新… Ⅱ. ①邹… ②董… ③慈… Ⅲ. ①专利申请—信息检索—中国 Ⅳ. ①G306.3②G254.97

中国版本图书馆 CIP 数据核字（2021）第 203936 号

内容提要

本书依托热点领域典型案例，向创新主体和社会公众介绍"三新"经济、"互联网＋"、大数据、"智能＋"、区块链等新业态新领域的技术发展现状、专利申请和保护现状、检索策略和资源、创造性评判思路和特点，以期促进专利申请和审查质量共同提升。

本书适合专利工作者及研究人员阅读。

责任编辑：龚　卫　　　　　　　　　　责任印制：刘译文
封面设计：杨杨工作室·张冀

专利申请文件撰写与审查指导丛书

新业态、新领域发明专利申请检索及创造性解析

XINYETAI、XINLINGYU FAMING ZHUANLI SHENQING JIANSUO JI
CHUANGZAOXING JIEXI

主　编　邹　斌

副主编　董方源　慈丽雁

出版发行	知识产权出版社有限责任公司	网　址：http://www.ipph.cn	
电　话：010 - 82004826		http://www.laichushu.com	
社　址：北京市海淀区气象路 50 号院		邮　编：100081	
责编电话：010 - 82000860 转 8120		责编邮箱：laichushu@cnipr.com	
发行电话：010 - 82000860 转 8101		发行传真：010 - 82000893	
印　刷：三河市国英印务有限公司		经　销：各大网上书店、新华书店及相关专业书店	
开　本：720mm×1000mm　1/16		印　张：21.25	
版　次：2021 年 9 月第 1 版		印　次：2021 年 9 月第 1 次印刷	
字　数：400 千字		定　价：100.00 元	

ISBN 978 - 7 - 5130 - 7772 - 9

编 委 会

前　言

2019 年 11 月 24 日，中共中央办公厅、国务院办公厅印发了《关于强化知识产权保护的意见》，要求针对新业态、新领域发展现状，完善新业态、新领域保护制度。为全面贯彻党中央、国务院关于加强知识产权保护的决策部署，回应创新主体对进一步明确涉及人工智能等新业态、新领域专利申请审查规则的需求，国家知识产权局对《专利审查指南 2010》进行了修改，并于 2020 年 2 月 1 日起施行。此次修改主要是在《专利审查指南 2010》第二部分第九章增加第 6 节，由于涉及人工智能、"互联网＋"、大数据以及区块链等的发明专利申请，通常包含算法、商业规则和方法等智力活动的规则和方法特征，该指南中增加的第 6 节旨在对包含算法特征或商业规则和方法特征的发明专利申请的审查特殊性作出规定。

本书以最新修改的《专利审查指南》为指引，围绕新业态、新领域的专利申请热点，以实际案例为依托，向创新主体和社会公众介绍"三新"经济模式、"互联网＋"、大数据、"智能＋"、区块链等领域的技术发展状况、发明专利的申请和保护现状、检索策略和资源以及创造性评判特点，以期让创新主体和社会公众深入了解新业态、新领域相关发明专利申请的检索策略、创造性评判思路，促进专利申请和审查质量共同提升。

全书共分五章。第一章围绕以新产业、新业态、新商业模式为核心内容的"三新经济"中，专利申请较为活跃的互联网运营平台、游戏产业、社交媒体、共享经济、虚拟现实与增强现实等几个领域，介绍上述领域在技术发展和专利申请方面的概况，基于实际案例给出检索策略以及创造性评判方面的要点和启示。第二章面向将互联网与传统行业深度融合以推动传统行业的优化升级的"互联网＋"技术，以仓储物流、金融、医疗保费、网络安全等领域为例，介绍"互联网＋"相关专利申请的检索策略以及创造性评判要点。第三章围绕大数据相关技术，从大数据采集分析、大数据聚类、大数据预测等不同角度，阐释与大数据处理技术、大数据获取和利用等相关的发明专利申请，在检索以及进行新颖性、创造性评判过程中需要关注的重点和要点。第四章面向以更智能的算法、更智能的模型、更智能的网络、更智能的交互来带动产业转型升级的新一代人工智能技术，从人工智能典型算法、智能工程模型、智能交通以及智能家居等领域探讨"智能＋"相关专利申请在检索及创造性评判等方面的特点和重点。第五章围绕区块链技术及应用，从区块链组织架构、安全机制、行业应用、数字货币等方面分别介绍相关典型专利申请在检索以及创造性评判过程中所要关注的重点。

本书所选案例广度与热度兼顾，新兴行业与传统行业并举。从技术领域看，涉及"三新"经济模式、"互联网＋"、大数据、"智能＋"以及区块链等众多热点领域。从相关产业看，不仅涉及农业、仓储物流、金融保险、医疗信息、交通管理、工程管理等传统产业，还涉及社交媒体、共享经济、数字游戏等新兴数字产业。从方案内容看，兼顾基础技术与行业落地应用，关注智能算法、智能工程模型、大数据、区块链等基础技术在不同行业的落地方案。

本书以实际案例为依托，给出检索策略以及创造性评判方面的启示。从检索方面来看，不仅关注在专利数据库中检索策略的调整，还注重根据不同的行业、领域有针对性的选取读秀、CNKI、IEEE 以及 Elsevier 等非专利资源的使用，尤其强调检索是以充分理解发明为基础，要结合不同行业或不同领域的专业知识梳理关键技术手段、提升检索效率。从创造性评判来看，关注技术特征与算法特征或商业规则和方法特征之间的关联：对于涉及智能算法、智能工程模型、大数据聚类分析等算法特征的申请，不应当简单割裂技术特征与算法特征，而应将与技术特征功能上彼此相互支持、存在相互作用关系的算法特征与技术特征作为一个整体考虑，客观评判算法特征是否给方案带来技术影响和技术贡献；对于涉及商业模式、交易模式、行业业务流程等商业规则和方法特征等的申请，重点关注商业规则和方法特征是否与技术特征紧密结合、共同构成了解决某一技术问题的技术手段，并且能够获得相应的技术效果，如果是，则应当认为技术特征与算法特征或商业规则和方法特征"功能上彼此相互支持、存在相互作用关系"，需要作为整体考虑，不能割裂；当算法特征或商业规则和方法特征与技术特征在功能上没有彼此相互支持、存在相互作用关系，算法特征或商业规则和方法特征没有实际解决任何技术问题，也没有针对现有技术作出技术贡献时，则不考虑该算法特征或商业规则和方法特征对创造性的贡献。

　　本书撰写分工如下：第一章撰写人员为董方源、陈丽娜、赵伟华、杨宇、姚梦琦，校对人员为董方源；第二章撰写人员为郑星、赵伟华、王瑞超、杨宇，校对人员为邹斌、董方源、慈丽雁；第三章撰写人员为邹斌、杨宇、姚梦琦、李振寰，校对人员为邹斌；第四章撰写人员为董方源、慈丽雁、陈丽娜、鹿天然、李振寰，校对人员为邹斌、董方源、慈丽雁，第五章撰写人员为慈丽雁、鹿天然、郑星，校对人员为慈丽雁。全书统稿人为邹斌。

　　由于作者水平有限，不免存在挂一漏万之嫌，在此敬请谅解并不吝指教。

目　录

第一章

"三新" 经济

以新产业、新业态、新商业模式为核心内容的经济活动的集合，即为"三新"经济。根据国家统计局 2020 年 7 月 7 日公布的数据显示，2019 年我国"三新"经济增加值为 161 927 亿元，相当于 GDP 的比重为 16.3%，比上年提高 0.2 个百分点（2018 年相当于 GDP 的比重为 16.1%，2017 年相当于 GDP 的比重为 15.7%）；按现价计算的增速为 9.3%，比同期 GDP 现价增速高 1.5 个百分点。"三新"经济在第一、二、三产业中所占 GDP 的比重分别为 0.7%、7.1%、8.6%，并且随着智能制造等产业的进一步发展，"三新"经济增加值的比重会进一步提高。❶

"三新"经济新在哪里？

根据国家统计局官方指标解释，"新产业"指应用新科技成果、新兴技术而形成一定规模的新型经济活动，具体表现如下：一是新技术应用产业化直接催生的新产业；二是传统产业采用现代信息技术形成的新产业；三是由于科技成果、信息技术推广应用，推动产业的分化、升级、融合而衍生出的新产业。

"新业态"指顺应多元化、多样化、个性化的产品或服务需求，依托技术创新和应用，从现有产业和领域中衍生叠加出的新环节、新链条、新活动形态。具体表现为：一是以互联网为依托开展的经营活动；二是商业流程、服务模式

---

❶ 2019 年我国"三新"经济增加值相当于国内生产总值的比重为 16.3% ［EB/OL］. ［2020 - 07 - 07］. http：//www. stats. gov. cn/tjsj/zxfb/202007/t20200707_1772615. html.

或产品形态的创新;三是提供更加灵活快捷的个性化服务。

"新商业模式"指为实现用户价值和企业持续盈利目标,对企业经营的各种内外要素进行整合和重组,形成高效并具有独特竞争力的商业运行模式,具体表现为:一是将互联网与产业创新融合;二是把硬件融入服务;三是提供消费、娱乐、休闲、服务的一站式服务。

本章将围绕"三新"经济中,专利申请较为活跃的互联网运营平台、游戏产业、社交媒体、共享经济、虚拟现实与增强现实几个领域,介绍上述领域在技术发展和专利申请方面的概况,同时,围绕上述申请在文件撰写和申请内容方面的特点,给出检索及创造性评判方面的要点和启示。

第一节 基于互联网的运营平台

一、基于互联网的运营平台技术综述

(一) 基于互联网的运营平台技术概述

中国自 1994 年接入互联网后,互联网产业持续发展。根据《中国互联网发展报告 2020》❶ 的数据显示,截至 2019 年年底,中国移动互联网用户规模达 13.19 亿,占据全球网民总规模的 32.17%;4G 基站总规模达到 544 万个,占据全球 4G 基站总量的一半以上;移动互联网接入流量消费达 1220 亿 GB,较去年同比增长 71.6%;电子商务交易规模达 34.81 万亿元,已连续多年占据全球电子商务市场首位;网络支付交易额达 249.88 万亿元,移动支付普及率位于世界领先水平;全国数字经济增加值规模达 35.8 万亿元,已稳居世界第二位。

中国互联网的发展和创新速度超过任何一个行业,中国互联网对社会和人们生活的颠覆性影响史无前例,其中一个重要表现就是,基于互联网的各类运营平台不断涌现,如对市场主体的监管平台、用于拍卖的电子商务平台、智能订餐平台、货运监控平台、招生平台、综合管理平台、智能营销平台等。这些运营平台有传统行业结合互联网的转型升级,也有新型商业模式整合现有资源对行业进行的颠覆性洗牌,它们日益改变着社会生产、生活方式。

---

❶ 中国互联网协会. 中国互联网发展报告 2020 [EB/OL]. [2020 - 07 - 23]. https:∥baike. baidu. com/item/% E4% B8% AD% E5% 9B% BD% E4% BA% 92% E8% 81% 94% E7% BD% 91% E5% 8F% 91% E5% B1% 95% E6% 8A% A5% E5% 91% 8A2020/52655832.

从整体上看，基于互联网的运营平台体现出其强大的包容性，"互联网＋各个行业"的组合形式比较突出。所谓的组合并不是将旧有的行业数据管理、信息展示、窗口业务等简单地移植到互联网上，而是利用网络平台和信息通信技术深度融合互联网与各个行业，突破地域的限制，利用互联网的面向用户、数据共享、信息即时传递等特点，激发出解决行业问题的新思路。

根据运营平台与具体行业结合所解决的技术问题和服务的对象，基于互联网的运营平台大致上可以分为三个类型：

一是信息提供型，如政府机关的信息发布平台、新闻媒体的门户网站、网络视频和网络音乐的网站等。

二是服务提供型，如辅导学校招生平台、整合用户需求规划站点和行车路线的智能定制大巴平台、用于向用户提供现金支付功能及相关金融服务的支付平台等。

三是资源整合型，如整合乘客用车需求和私家车车主驾驶服务的网约车平台；整合医疗机构的医疗资源和病人求医需求的在线求医平台；整合商家供货和顾客购买需求的电子商务平台等。

基于互联网的运营平台的技术研究涉及保证网络中数据传输安全性的硬件装置和软件技术，包括保证用户信息安全的安全检测、身份验证技术、加密技术和权限设置等技术，保证系统运行稳定性的网络数据管理、连接管理、接入限制技术，以及提供与用户交互的用户界面的显示技术、接口技术等。

（二）专利申请特点概述

早期的基于互联网的运营平台的相关专利申请多涉及单向信息提供型运营平台，诸如电子政务平台、新闻媒体平台等，目前已逐步发展为以用户为核心，以提升用户体验及更优质的线上及线下服务为目标的服务提供型和资源整合型运营平台。随着移动互联网技术的发展和信息系统处理能力的增强，目前基于互联网的运营平台的专利申请出现了与产业结合更紧密、结合产业进行模式创新更突出的特点。

在中国专利文摘数据库中对截至 2020 年 9 月已公开的专利申请进行统计，基于互联网的运营平台的相关专利申请的申请量表现出如图 1 - 1 - 1 所示趋势：自 20 世纪 90 年代中期到 2009 年以前，该领域的专利申请量逐年增加，呈现出平缓的增长态势，2009—2012 年有短暂的快速增长期，2014 年之后，受我国互联网产业政策推动作用，进入快速发展阶段。由于 2019—2020 年的专利申请部分还处于未公开状态，因而图示数据出现回落。

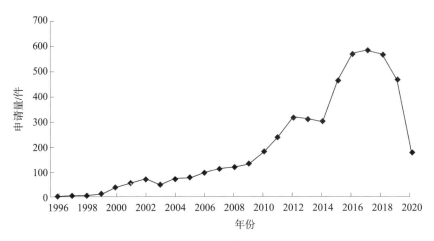

图 1 - 1 - 1　基于互联网的运营平台专利申请量趋势

注：2020 年统计数据截止到 9 月。

　　基于互联网的运营平台相关专利申请的 IPC 分类号主要集中在 G 部和 H 部。H 部主要集中在 H04L、H04W、H04M、H04N，与实现基于互联网的运营平台的底层基础技术相关性较强，分别是电通信技术中的数字信息的传输、无线通信网络、电话通信（通过电话电缆控制其他设备）、图像通信（如电视）。G 部主要集中在 G06Q，涵盖行政、商业、金融、管理、监督或预测目的的数据处理系统或方法，以及 G06F，涉及电数字数据处理技术。由于 G06Q 是 IPC 第八版才出现的分类号，在此之前该领域专利申请多被分入 G06F17/60，因此，相同或相似领域的技术方案因申请时间早晚不同可能具有不同的分类号。该领域中各分类号的专利申请数量所占比例如图 1 - 1 - 2 所示，以与 H04 相关的硬件和基础技术为主，占比达到 65%，结合具体领域的技术应用型申请量也很可观，占比 35%。

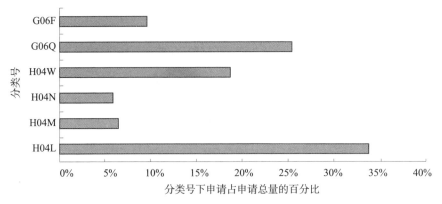

图 1 - 1 - 2　基于互联网的运营平台专利主要 IPC 分类比例

涉及特定应用领域的基于互联网运营平台的相关专利申请 IPC 分类主要集中于 G06Q 分类号,如图 1 - 1 - 3 中所示。其中,用于购物或电子商务等商业领域(G06Q30)的专利申请量最大,占 30%,申请内容包括电力、天然气或水供应以及电信业务等公共事业办理平台,旅游相关服务等。行政管理领域(G06Q10)和公用事业领域(G06Q50)的专利申请量相差不大,分别占 28% 和 24%,涉及事项的预定、预测和优化、规划调度、物流库存管理以及办公自动化的技术实现。从 G06Q50/00 中移出的涉及医疗信息学领域(新分类号为 G16H)的专利申请量也占有一席之地,占 3%。金融领域(G06Q20)和支付领域(G06Q40)的专利申请量分别占 9% 和 6%,在支付领域的专利申请主要涉及无线支付、价格评估和交易模式的具体方案;在金融领域则主要涉及金融策略的制定以及金融业务的在线处理技术。

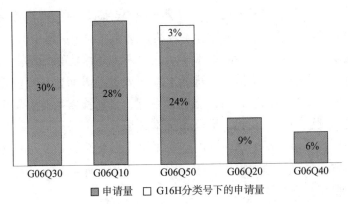

图 1 - 1 - 3　特定领域中基于互联网的运营平台的申请量比例

二、检索及创造性判断要点

通过上述基于互联网的运营平台的专利申请特点的分析可以看出,该领域专利申请内容主要包括基础技术改进和特定领域的应用两个方面。与基础技术改进相关的专利申请的分类号多涉及 H04 和 G06F,在 IPC/CPC 分类体系中均对它们进行了较为细致的分类。因此,当检索涉及基础技术的改进的专利申请时,通过确定和查找准确分类号来表达申请涉及的技术领域和发明点能够有效地缩小待浏览文献量,快速命中目标文件,获得较好的检索效果。

涉及基于互联网的运营平台在特定领域的应用的专利申请多具有 G06Q 小类的分类号。G06Q 下的申请量较大,受分类位置数量限制,目前现有的分类体系如 IPC 或 CPC 通常只能表达较上位的应用领域,无法准确表达其中更细致的对具体领域的技术改进。因此，当基于互联网的运营平台的专利申请发明点主要在于与具体领域的结合来实现该领域的特殊需求时，可以考虑优先使用关键词来表达技术领域和发明点涉及的关键技术手段，即便采用分类号，也建议采用较为上位的分类号来覆盖潜在相关的专利文献以便避免漏检。

用关键词表达检索要素时，要尽量避免使用诸如运营、平台、互联网等含义宽泛、难以命中目标的关键词。由于为了实现平台功能，通常在权利要求书中都会出现用户端、用户界面、通信模块、存储模块、处理模块、用户管理模块等限定术语，因而检索前需要准确理解发明，检索时可根据初步检索结果验证对发明点的理解是否正确，对该申请涉及的领域和要解决的问题把握是否准确。例如，如果申请的技术方案构建了一种辅导学校招生的平台，如果其发明点在于将学生个人学习目标与现有课程进行匹配，那么应优先选择能够表达匹配过程的关键词，至于方案中还可能记载的用户界面、通信模块等基于互联网的运营平台共有的要素可简单表达或不表达，避免在检索过程中引入较多噪声。

最后还要注意，除了通用的技术术语，申请人还可能采用行业特定的专用术语和表达方式来描述发明信息。这要求检索人员一方面要尽可能熟悉相关产业和技术，另一方面要善于利用智能检索系统、自动检索系统等辅助手段，迅速了解该技术领域的发展现状，准确站位本领域技术人员。同时，还要重视互联网资源的检索。由于基于互联网的运营平台发展极为迅速，很多创新成果在未提交专利申请之前就已被投入使用，因此，诸如行业论坛、开源网站等互联网资源是获得相关现有技术的重要途径。

基于互联网的运营平台的专利申请在创造性判断方面的难点主要有以下两点：

一是，由于应用领域广泛，运营平台的改进与其所应用的行业、领域有直接关系，因此，需要对运营平台所应用的领域的背景知识有充分储备，才能准确理解发明。

二是，该领域专利申请的解决方案中往往包含算法或商业规则和方法特征。《专利审查指南2010》（2020年2月修订版）（以下简称为《指南》）第二部分第九章第6节中规定，在检索和审查时，应当针对要求保护的解决方案，即权利要求所限定的解决方案进行。在审查中，不应当简单割裂技术特征与算法特征或商业规则和方法特征等，而应将权利要求记载的所有内容作为一个整体，对其中涉及的技术手段、解决的技术问题和获得的技术效果进行分析。因此，不能忽视商业规则和方法特征有可能给方案带来的技术影响和技术贡献。

在进行创造性审查时，应将与技术特征功能上彼此相互支持、存在相互作用关系的算法特征或商业规则和方法特征与所述技术特征作为一个整体考虑。当算法特征或商业规则和方法特征与技术特征紧密结合、共同构成了解决某一技术问题的技术手段，并且能够获得相应的技术效果时，应当认为技术特征与算法特征或商业规则和方法特征"功能上彼此相互支持、存在相互作用关系"，需要作为整体考虑，不能割裂。

当算法特征或商业规则和方法特征与技术特征在功能上没有彼此相互支持、存在相互作用关系，算法特征或商业规则和方法特征没有实际解决任何技术问题，也没有针对现有技术作出技术贡献时，则不考虑该算法特征或商业规则和方法特征对创造性的贡献。

三、典型案例

（一）案例 1 - 1 - 1：一种适用于室内装饰设计及施工的操作方法

1. 案情概述

本申请属于基于互联网的运营平台在室内装饰设计及施工领域的具体应用。现今城市购房人群众多，室内装饰设计及施工等领域的需求也逐步递增。现有室内装饰流程一般是前期由户主与装饰公司联系，与设计师做初步沟通，再由装饰公司进行量房而后进行后续的选材装修等工作。在整个装修过程中，为保证施工工期及施工质量，户主往往必须与设计师及现场施工人员做及时沟通，并保持时时跟进。如果户主未能保持与设计师及现场装修人员及时沟通，往往会影响部分自购材料的进场时间，进而影响由装修公司代购材料的签收时间；同时，由于装饰公司的设计师数量有限，在面对众多户主设计需求时显得捉襟见肘，以至于时常出现无法及时到达施工现场对材料及装修工作做跟进管理，最终导致装修效果无法令户主满意或施工工期拖延，乃至产生不必要的合同纠纷。

本申请通过建立一个在线平台，与施工现场及装饰公司内部安装的若干个监视器进行数据通信，使户主能够通过在线平台了解装饰公司的实时信息和施工工地现状。此外户主可通过平台与装饰公司的前台、业务员及设计师保持在线沟通，并且所有信息都可以保存在平台上，并由有权限的用户查阅。上述在线平台实现了整个装修工作流程的优化。

本申请独立权利要求的技术方案具体如下：

1. 一种适用于室内装饰设计及施工的操作方法，其特征在于，所述方法包括如下步骤：

（1）建立至少一个在线平台，所述在线平台通过复数个监视器加装于施工现场及装饰公司内部工作环境，由户主通过在线平台了解装饰公司的相关信息及在施工的工地现状；装饰公司相关信息包括前期通过公司网站平台、公司户外广告、电梯广告、车载广告、报纸广告、宣传单页等平台了解到本公司的信息以及后期进入公司视频系统前的公司整体广告、装饰公司的内部环境、各部门员工的即时工作情况、公司整体日常运作情况；

（2）户主如对该装饰公司的业务有意向则通过所述在线平台与装饰公司的前台、业务员及设计师作在线沟通；

（3）在达成意向之后，户主与该装饰公司签订合同，在预付定金后该装饰公司进入施工阶段；

（4）在施工过程中，户主与装饰公司的设计师及现场装修人员可通过在线平台进行实时沟通，即时交换现场信息；现场信息包括设计师与现场施工人员的图纸交底，设计师与现场施工人员在水电、瓦工、木工、油漆工等施工环节的技术交底，户主、设计师及工程监理对各施工环节的专项验收，设计师及工程监理对施工现场的设计方案、施工情况的跟进，户主对施工现场施工情况的跟进以及就施工过程中存在的各种问题，户主、设计师及工程监理及工地施工人员进行实时的沟通；

（5）施工材料的选择由户主、设计师与供应商三方在线沟通交流，进行选择；三方沟通交流的内容包括前期设计师谈单时材料供应商对户主所选材料的介绍、中期户主对材料的选购、户主对材料进场的签收以及后期材料的退换、材料商及时与设计师进行新型材料的沟通与相关知识的培训；

（6）施工完毕之后，户主如有需要，则监控器不撤除，户主可通过装饰公司下发的账号密码登录并监控家庭安全；户主如不需要，则可作整体拆除并应用于之后的施工现场；

所述方法中所有步骤涉及的信息都被保存在公司的在线平台上，户主可凭账号及密码登录在线平台进行查询；

所述在线平台适于装饰公司、户主和材料供应商全面把握装修现场，以优化装饰流程和协作效率。

2. 充分理解发明

本申请利用基于互联网的平台解决装饰工程施工中存在的因无法及时面对面交流所导致的工程质量和工期延误的问题，尽管本申请权利要求的限定特征繁多，但根据不同特征在方案中的作用，可以在理解发明的阶段对方案中的技术特征和商业规则或方法特征进行区分，以便判断两部分特征是否功能上彼此相互支持、存在相互作用关系。

技术特征可以概括为4组:(1)建立在线平台,安装监视器,在在线平台上通过监视器可以查看现场的实时情况;(2)有关人员可以通过在线平台查看各种有关信息;(3)利用平台进行实时在线交流;(4)利用账号密码登录查看相关信息。上述4组特征构成了以在线平台为核心的实时信息交互系统。

属于商业规则和方法特征的包括:(1)在线交流时交流的具体信息内容,如业务意向、现场信息、材料选择;(2)对方案的商业效果进行描述的特征,如"在线平台适于装饰公司、户主和材料供应商全面把握装修现场,以优化装饰流程和协作效率";(3)定金支付、开始施工、拆除监控器的规则,如"在达成意向之后,户主与该装饰公司签订合同,在预付定金后该装饰公司进入施工阶段""施工完毕之后,户主如有需要,则监控器不拆除,户主如不需要,则可作整体拆除并应用于之后的施工现场"。

本领域技术人员容易认识到,即便在线交流和监控器查看的内容、定金支付的条件、开始施工的时间、拆除监控器的规则因装修业务需求而发生变化,实现这些功能的技术手段也可以保持不变,由此,上述技术特征与商业规则和方法特征并非功能上彼此相互支持、存在相互作用关系,因此,在检索时,可不必将上述商业规则和方法特征作为重点,创造性评判时,应不考虑上述商业规则和方法特征对方案的技术贡献。

3. 检索过程分析

(1)检索要素确定及表达。

基于对本申请的理解,应将权利要求中上述四组技术特征构成的子方案作为重点展开检索,并预期理想的现有技术文献至少应公开在线监控、网页信息展示、在线交流、用户权限控制4部分,从而确定4项对应的检索要素,即监视器、信息公开、在线交流、账号密码登录。此外,将"装修"作为检索要素以表达本申请的具体应用领域。

对于该专利申请的分类号,由于其属于装修工程,应分配到G06Q50/00(特别适用于特定商业领域的系统或方法领域)最为恰当。然而考虑到该申请还涉及对办公环境的监控、用户在线交流、客户管理等特征,在G06Q10/00、G06Q30/00中也可能存在相关文献。

由此确定的检索要素表如表1-1-1所示。

表1-1-1 案例1-1-1检索要素表

检索要素	监视器	信息公开	在线交流	账号密码登录	装修
中文关键词基本表达	监控,监视,摄像,视频,摄像头	网页,平台	沟通,交流,通讯,咨询	账号,账户,密码	装修,装饰

检索要素	监视器	信息公开	在线交流	账号密码登录	装修
英文关键词 基本表达	Surveillance, monitor, video, camera	Web, page, online, platform	Communicate, consult, connect	Account, password	Decorat +
分类号 基本表达	G06Q10/00				G06Q50/00

（2）检索过程。

在确定完检索要素及其扩展方式后，首先使用全要素检索的方式在中文全文库 CNTXT 中进行检索，检索过程如下：

1	CNTXT	2247364	监控 or 监视 or 摄像头
2	CNTXT	2022119	网页 or 平台
3	CNTXT	1103418	沟通 or 交流
4	CNTXT	44371	（账号 or 账户）s 密码
5	CNTXT	861748	装饰 or 装修
6	CNTXT	302693	G06Q +/IC
7	CNTXT	22	1 and 2 and 3 and 4 and 5 and 6

浏览第 7 个检索式返回的结果未发现相关文献。采用同样的检索要素在外文库中也未获得有价值的文献。考虑到权利要求中的 4 组技术特征构成的子方案实际上是本申请的核心，因此可以尝试去掉对应用领域的限定进行检索。

8	CNTXT	530	1 and 2 and 3 and 4 and 6
9	CNTXT	26387	（网页 or 平台）s（沟通 or 交流）
10	CNTXT	153	8 and 9

进一步对文献公开时间进行筛选得到多篇相关文献，如基于互联网的消防预警监控智能管理系统、基于物联网的幼儿园监管系统、旅游信息服务及路线指导方法等。通过对比文件筛选，即可发现一篇发明名称为"一种旅游信息服务及路线指导方法"的现有技术 1。虽然现有技术 1 与本申请应用领域不同，但其公开了本申请所有技术特征，在未检索到更为相关的对比文件时，可将现有技术 1 作为与本申请最接近的现有技术用来评述权利要求 1 的创造性。

4. 对比文件分析与创造性判断

（1）对比文件分析。

该篇对比文件公开了一种旅游信息服务及路线指导方法。针对常规的旅游指导服务时效性差、信息分散、交互性差、介绍不全面的缺点，对比文件 1 提供了一种允许用户进行全面的信息查询、实时多视角观看并能够交互式体验咨询的旅游信息服务及路线指导方法。

该篇对比文件公开的方法包括以下步骤：构建设置旅游路线；根据旅游路线设置热点；构建热点视频实时采集系统，设立视域点，设置摄像结构，标示出热点，设置坐标值；所述的热点可以是风景、酒店、餐饮、卫生间、医疗点、管理机构、服务台中的任一点或者全部（相当于本申请中建立在线平台，安装监视器，在在线平台上通过监视器查看现场的实时情况）。构建旅游信息服务实时数据库系统，通过实时资料和以往录制的资料共同组成数据库系统资料，再配以文件、图片等更系统、更有针对性的说明材料，所述的旅游信息服务实时数据库系统，可以是一个公共平台，也可以是单一景区的网站，能够展示景区的说明材料（相当于本申请中有关人员可以通过在线平台查看各种有关信息）。用户在使用时，可以借助终端设备，通用账户密码来登录旅游信息服务实时数据库系统（相当于利用账号密码登录查看相关信息），选择所需要的热点，来查看视频点信息，同时可以利用视频、语音进行交互式咨询（相当于本申请中利用平台进行实时在线交流），最后确认适合自身的旅游线路。

（2）创造性判断。

该篇对比文件公开了：建立在线平台，安装监视器，在在线平台上通过监视器可以查看监视器所在现场的实时情况，通过平台查看信息；有关人员可以通过平台进行实时在线交流；利用账号密码登录查看所有信息，即公开了权利要求的4项主要技术特征。

权利要求1和该篇对比文件的区别特征包括：①应用领域不同；②监控显示的内容、网站网页显示的内容、相关人员的类别、交流信息的内容、定金支付、开始施工、拆除监控器的规则；③方案商业效果的说明。

对于区别特征①，尽管该篇对比文件与本申请的应用领域不同，但是其要解决的问题，即现有旅游指导服务时效性差、信息分散、交互性差、介绍不全面的缺点与本申请要解决的问题类似，因此当本领域技术人员面对需要向用户提供"查看装饰公司的相关信息、查看施工现场及装饰公司的实时情况、在线交流、利用账号密码登录查看相关信息"的功能需求时，根据该篇对比文件的教导，容易想到将该篇对比文件的技术方案用于解决装修工程领域中的问题。

区别特征②实际解决的问题是确定用户希望监控何种内容、交流何种内容、平台展示何种内容，以及按照何种规则执行相关操作，这并非技术问题。这些监控、显示、交流、展示的内容以及相关规则与实现监视、显示、交流、展示等的技术手段之间功能上并不彼此相互支持，也不存在相互作用关系，因此，区别特征①不会给方案的创造性带来技术贡献。

区别特征③涉及对本申请预期商业效果的解释，对权利要求的技术方案没有技术上的限定作用。

综上所述，权利要求 1 的技术方案不具备创造性。

5. 案例启示

本申请技术方案的特点是技术特征与商业规则和方法特征兼而有之，因此在检索之前、理解发明的阶段需要首先明确哪些是技术特征，哪些属于商业规则和方法特征，进而确定它们之间是否存在关联关系。

在本申请中，通过研究商业规则和方法特征在方案中解决的问题和产生的效果，可以确定其与技术特征在功能上没有彼此相互支持、相互作用的关系，进而从本申请的方案中确定 4 组技术特征构成重点检索对象。

由于在现有分类体系中没有与本申请所属技术领域准确对应的分类位置，因此优先使用关键词来表达技术领域和与发明点相关的技术特征，只把分类号用于粗略地筛选可能存在相关技术文献的领域。

在具体的检索过程中，预期的现有技术文献至少应包括实现本申请技术主题的全部或者大部分要素，但监控的内容、显示的内容、交流的内容等非技术特征则在检索过程中可以置于较为次要的地位，对比文件中是否存在这些特征只影响创造性评述的方式而不会改变结论。

在判断创造性时，虽然检索到的对比文件与本申请的应用领域不同，但因为其解决的问题相似，所采取的技术手段相同，在将该技术手段用于本申请的应用领域时，不存在技术上的障碍，本领域技术人员无须经过创造性劳动就容易想到将对比文件公开的技术方案用于本申请所处的场景，那么，在未检索到更为接近的现有技术时，可以使用该篇对比文件评述本申请的创造性。

（二）案例 1 - 1 - 2：智能订餐方法、装置及终端设备

1. 案情概述

本申请属于基于互联网的运营平台在智能订餐领域的应用。在线外卖业务的快速发展使网络订餐越来越便捷。但是，现有的订餐系统大多只是外卖形式的自选订餐，需要自主选择菜单和饮品，只适合个人或者小团体订餐需求，难以满足大型的家庭聚会、公司聚会或是商务饭局的订餐需求。对于大型的家庭聚会、公司聚会或是商务饭局，策划者需要花更多的时间和精力多方打听和比较来确认最佳的用餐地点和菜单。因此，需要提供一种能够快速匹配用户要求的订餐方法以满足大型聚会的订餐需求。

本申请针对这种需求提供了一种智能订餐方法，可根据用户的订餐需求信息和菜品需求信息智能推荐合适的餐厅和菜品，实现快速匹配，使用户快速找

到合适的餐饮定制,提升用户订餐体验。

本申请独立权利要求的技术方案具体如下:

1. 一种智能订餐方法,其特征在于,所述方法包括:

获取用户的订餐预约请求,所述订餐预约请求中携带有订餐需求信息和菜品需求信息;

将所述订餐预约请求上传到订餐服务器,以供所述订餐服务器根据预设的餐饮商家信息库筛选出与所述订餐需求信息匹配的餐饮商家和各餐饮商家的与所述菜品需求信息匹配的菜单;

展示所述订餐服务器筛选出的餐饮商家和各餐饮商家的与所述菜品需求信息匹配的菜单,以供用户进行餐饮商家的选择和预订;

获取用户的商家预订请求,所述商家预订请求中携带有用户选择的餐饮商家;

将所述商家预订请求上传到所述订餐服务器,以供所述订餐服务器根据所述商家预订请求生成预定订单,并将所述预定订单发送给用户选择的餐饮商家的订餐终端。

2. 充分理解发明

本申请权利要求的方案比较容易理解,其目的在于向用户推荐满足用户订餐需求的餐饮商家,主要实现步骤是通过将订餐预约请求上传到订餐服务器,订餐服务器根据预设的餐饮商家信息库筛选并展示与订餐需求信息匹配的餐饮商家和各餐饮商家的与所述菜品需求信息匹配的菜单,以供用户进行餐饮商家的选择和预订。本申请中筛选出的餐饮商家是根据订餐预约请求所携带的订餐需求信息和菜品需求信息确定的。

与本申请背景技术中提到的主要为外卖服务的订餐方法相比,本申请的方案具有"智能化"的特点,即将用户手工匹配个别需求的点餐方式替换为由订餐服务器根据用户需求从多个餐饮商家以及各个餐饮商家所能提供的菜品中进行多重匹配的过程,因而权利要求中的上述自动匹配步骤是本申请的核心技术手段,它们与常规的接收订单、展示菜单、生成订单的步骤相辅相成,按照顺序执行共同完成智能订餐。因此,要以上述主要实现步骤为重点选取检索要素进行检索。

3. 检索过程分析

(1) 检索要素确定及表达。

权利要求1的技术方案是根据用户的订餐预约请求中携带的订餐需求信息和菜品需求信息,在餐饮商家信息库中匹配出满足用户订餐需求的餐饮商家并提供,将餐饮商家提供给用户选择,用户选择后完成订餐。经过对权利要求1技术方案的解析,可以确定权利要求1的基本检索要素为:菜单、匹配、商家、订餐。

值得注意的是，"订餐"与"菜单"这两个要素从含义上虽然存在重叠，但是考虑到"菜单"一词在计算机领域中被广泛用于描述人机交互时的菜单匹配过程，因此将"订餐"作为检索要素能够有效地排除与餐饮行业中"菜单"本义无关的现有技术。

本申请公开文本的分类号 G06Q10/02 的含义为预定，如用于门票、服务或事件的；G06Q50/12 的含义为特别适用于特定商业领域的系统或方法，例如公用事业或旅游，其中涉及旅馆或饭店的服务。公开文本的分类号较为准确地反映了本申请涉及的预订领域以及饭店服务领域，因此，检索时可以考虑将其作为对检索结果进行进一步的限制或扩展的要素表达方式。以下是权利要求 1 的基本检索要素即要素扩展方式。

表 1-1-2　案例 1-1-2 检索要素表

检索要素	菜单	匹配	商家	订餐
中文关键词基本表达	菜单，需要，需求，要求	筛选，选择，匹配	商家，餐厅，饭馆，餐馆	订餐，预约，订饭，餐饮
英文关键词基本表达	menu, need, demand, requirement	select +，filter +，elect +，choos +，match +	restaurant, dining hall	reservation, order, book
分类号基本表达			G06Q50/12	G06Q10/02

（2）检索过程。

在确定完检索要素及其扩展方式后，首先使用全要素检索的方式在中文摘要库 CNABS 中进行检索。

1	CNABS	15495	订餐 or 预约 or 订饭
2	CNABS	2780837	筛选 or 选择 or 匹配
3	CNABS	34244	商家 or 饭店 or 餐厅 or 餐馆
4	CNABS	71	1 and 2 and 3 and 菜单

浏览第 4 个检索式得到的结果并未发现相关文献，可能是由于检索要素的表达过于局限导致未能获取体现用户需求与"菜单"内容之间的匹配，因此需要基本检索要素进一步扩充表达。

考虑到基本检索要素"菜单"是对用户需求的限定，能够反映本申请与现有技术的区别，因而对该检索要素扩充表达继续检索。

5	CNABS	22328404	菜单 or 需要 or 需求 or 要求
6	CNABS	409	1 and 2 and 3 and 5

| 7 | CNABS | 20419610 | pd < = 20180625 |
| 8 | CNABS | 224 | 6 and 7 |

浏览第八个检索式得到1篇相关文献（下称对比文件1），该文献虽然公开了菜单匹配，但是并未公开完整的订餐过程。

另外在浏览检索结果的过程中发现，现有技术与本申请的主要区别在于订餐顺序与本申请的订餐顺序有所不同。本申请中是获取用户的订餐需求信息后，根据用户的订餐预约请求中携带的订餐需求信息和菜品需求信息，在餐饮商家信息库中筛选出满足用户订餐需求的餐饮商家，而大部分现有技术文献公开的方法则是用户在确定了餐厅后进行菜品的选择，以满足用户的订餐需求。这也进一步印证了检索前对本申请主要发明点的认定完全正确。

由于在中文摘要数据库CNABS中获取的结果较少，考虑到部分申请在摘要和权利要求中，并不会将方案的细节进行详细地描述和限定，因此在中文全文数据库CNTXT中重新表达检索要素做全要素检索，并使用分类号限定相关文献的领域。由于在全文库中用关键词逻辑组合方式命中的文献数量多，难以浏览，因此必须使用合理同在算符。

1	CNTXT	15576	（筛选 or 选择 or 匹配）s（商家 or 饭店 or 餐厅 or 餐馆）
2	CNTXT	48326	订餐 or 预约 or 订饭
3	CNTXT	479	1 and 2 and 菜单
4	CNTXT	9465	（G06Q50/12 or G06Q10/02）/ic
5	CNTXT	154	3 and 4

浏览检索结果，发现再次命中对比文件1，但是并未找到比对比文件1更接近的现有技术文献。同时，找到1篇公开了用户向商家提交预定订单的详细过程的对比文件2，可与对比文件1结合评述本申请的创造性。

4. 对比文件分析与创造性判断

（1）对比文件分析。

对比文件1公开了一种基于抢单的送餐服务方法，解决了用户在进行网上点餐时只能基于餐馆现有的菜单进行点餐，不能根据自己的喜好制订用餐计划，无法满足个性化订餐需求的问题。对比文件1的方案允许客户根据自己的需求下单（相当于本申请获取用户的订餐预约请求），客户需求包括菜名、口味、分量、价格范围、送达时间等要求（相当于本申请的订餐预约请求中携带有订餐需求信息和菜品需求信息）。下单之后，根据客户的需求将订单优先推荐给符合客户需求的餐馆，餐馆根据实际情况确认是否抢单；将确认抢单的餐馆信息展示给客户供客户选择。其中，客户的需求包括：菜品名称、口味喜好、菜品分量、价格范围、送餐时间、送餐地点、用户电话号码。将菜品名称和口味喜好作为匹配条件在服务器中搜索商家菜品和商家口味匹配的目标商家，且将用户的订餐信息优先推送至目标商家（对比文件1中也公开了根据客户需求先匹配餐馆、再匹配菜单菜品的多重匹配过程，因而相当于将所述订餐预约请求上传到订餐服务器，以供所述订餐服务器根据预设的餐饮商家信息库筛选出与所述订餐需求信息匹配的餐饮商家和各餐饮商家的与所述菜品需求信息匹配的菜单，展示所述订餐服务器筛选出的餐饮商家和各餐饮商家的与所述菜品需求信息匹配的菜单，以供用户进行餐饮商家的选择和预订）。

对比文件2公开的订单处理方法使用户可以很方便地找到周围提供可预订服务的商家门店。在接收到用户的第一终端发送的在线订餐请求后，从所述在线订餐请求中获取所述第一终端的地理位置和选择的目标商家。第一终端可通过相关APP应用为用户提供在线订餐页面，在线订餐页面中包括有多个商家选项（相当于展示多个符合需求的商家），用户从多个商家选项中选择需要订餐的目标商家。第一终端在接收到门店列表后提示用户选择目标门店，在接收到选择好的目标门店后，向第一终端发送所述目标门店的预定信息表（相当于获取用户的商家预订请求，所述商家预订请求中携带有用户选择的餐饮商家）。接收第一终端反馈的预定信息表，根据预定信息表生成预定订单，并将预定订单发送给目标门店所在的第二终端（相当于根据商家预订请求生成预定订单，将所述预定订单发送给用户选择的餐饮商家的订餐终端）。

（2）创造性判断。

对比文件1已经公开了将用户需求与商家及商家菜单双重匹配的过程，权利要求1与对比文件1的区别技术特征为：获取用户的商家预订请求，所述商家预订请求中携带有用户选择的餐饮商家；将所述商家预订请求上传到所述订餐服务器，以供所述订餐服务器根据所述商家预订请求生成预订订单；根据商家预订请求生成预定订单，将所述预定订单发送给用户选择的餐饮商家的订餐终端。

基于上述区别技术特征可以确定，权利要求1实际解决的技术问题是：如何在获取满足用户菜品需求的商家中进行预订。

对比文件2公开了根据用户对目标商家的需求（如距离远近）向用户提供商家选项进行选择，并根据用户的预定请求信息生成预订订单发送给商家终端的技术内容。对比文件2公开的上述内容使得本领域技术人员在面对如何在获取满足用户菜品需求的商家中进行预订的技术问题时，有动机及启示将其与对比文件1相结合，即展示筛选出的餐饮商家和各餐饮商家的与所述菜品需求信息匹配的菜单,以供用户进行餐饮商家的选择和预订;获取用户的商家预订请求,根据商家预订请求生成预定订单,并将预定订单发送给用户选择的餐饮商家的订餐终端。其中,预订请求是发送至用户所选择的商家,因此用户的商家预订请求中必然携带有用户选择的餐饮商家。并且,利用服务器实现预定请求的接收和预定订单的生成对本领域技术人员来说是一种惯用技术手段。

因此,基于对比文件1、对比文件2以及本领域惯用技术手段得到权利要求1所要求保护的技术方案,对本领域技术人员来说是显而易见的,权利要求1不具备《专利法》第22条第3款规定的创造性。

5. 案例启示

本申请的主题与普通人的日常生活经验非常相关,理解发明时不存在任何技术障碍,关键在于认识到本申请与背景技术相比,其"智能"的含义在于将用户手工匹配个别需求的点餐方式替换为由订餐服务器根据用户需求从多个餐饮商家以及各个餐饮商家所能提供的菜品中进行多重匹配的过程,这一多重自动匹配步骤是本申请的核心技术手段,在检索和判断创造性时不能分割。

由于本申请的应用场景极具生活化色彩,基本检索要素对应的关键词的表达方式在技术上的识别度比较低,检索摘要数据库有可能无法命中最相关的文献,但在全文数据库中直接使用各种逻辑运算进行关键词检索会引入较多噪声,不利于检索结果的浏览。此时利用同在算符 w、d、s、p 等,将关联密切的基本检索要素按其在本申请技术方案中的语义关系进行表达能够很好地兼顾查全与查准的要求,显著提高检索效率。

在进行创造性判断时,要从所解决的技术问题出发,依照方法步骤之间的逻辑关系,根据"三步法"的原则确定多篇对比文件之间是否有结合启示,避免拼凑技术特征,从而得到准确的创造性判断结论。

第二节　游戏产业

一、游戏产业技术综述

（一）游戏产业技术概述

游戏的概念十分古老,甚至可以追溯到远古时代。但是本节所讨论的游戏指通过电子科技手段来实现游戏体验的一种方式,即电子游戏。如今,电子游戏已经发展为一种包括游戏硬件设备、游戏规则与方法、游戏软件,以及含有

音乐、剧本、故事情节、视频作品、图案绘图、故事角色、对话形式等多种艺术元素的复合体。❶

对电子游戏的分类是多角度的：（1）基于游戏平台可以分为电脑游戏、电视游戏（主机游戏）、掌机游戏、大型游戏机游戏（街机游戏）、手机游戏等；（2）按照游戏情节主要可以分为动作游戏、冒险游戏、角色扮演游戏、模拟游戏、策略游戏、音乐游戏、体育游戏及智力挑战游戏等；（3）以游戏所使用的装置或界面来区分，则可分为单机游戏（完全不涉及连线）、网络游戏（网游）和手机游戏（手游）等，其中连线型的网络游戏还可以细分为：大型多人在线游戏、多人在线竞技场游戏以及大型多人角色扮演游戏。

现代游戏产业是基于电子游戏内容而产生的，包含了与电子游戏相关的多个产业部门，包括游戏硬件开发、软件设计、游戏运营乃至网络、图像技术、文学创作等多个方面。❷ 1947 年诞生了人类历史上的第一个实验性电子游戏作品，这是一项美国专利技术，描述了采用八根真空管来模拟导弹对目标发射。20 世纪 90 年代之前，各类商用游戏机（街机）和家用游戏机是电子游戏的主要硬件载体，任天堂、世嘉、索尼等是全球知名游戏厂商。20 世纪 90 年代，电子游戏进入个人电脑领域，游戏引擎技术得到发展，并伴随互联网技术的普及从单人游戏模式向多人在线网络游戏模式转变。❸ 网络游戏进一步导致了游戏产业商业模式的改变。例如，1994 年，几位韩国大学生开创了以玩家上网打游戏的时间为收费方式的网络游戏经营模式。此外，网络游戏还成为营销工具，商家以游戏玩家为基础，借助游戏实施的平台和操作，以广告投放、赞助、合作及关联宣传为实现某个营销目标而进行的营销活动。某些游戏中的虚拟货币甚至可以在真实世界中进行实物或金钱兑换，或者游戏玩家可以直接向游戏开发商购买收费游戏道具等。可以说，游戏产业的发展轨迹呈现了现代电子信息技术不断创新变化的全过程。

（二）专利申请特点概述

技术、创意和运营是推动游戏产业发展的引擎，可以分别纳入现有知识产权法律体系进行保护。保护点不同，适用的法律就不同。根据对《专利法》第 25 条第 1 款第（二）项规定的解读，各种游戏、娱乐的规则和方法属于智力活动的规则和方法，不授予专利权，但可以通过著作权法保护游戏设计、故事情节等人类

---

❶ 宋海燕. 娱乐法 [M]. 北京：商务印书馆，2018：320 – 322.

❷ 丁培卫. 文化产业研究丛书 全球化与中国民族动漫产业 [M]. 福州：福建人民出版社，2014：190 – 192.

❸ 曹华. 游戏引擎原理与应用 [M]. 武汉：武汉大学出版社，2016：1 – 2.

智力活动的成果。专利法适于保护游戏产业中涉及技术创新的方案，但是根据《专利法》第 5 条第 1 款规定，用于赌博的游戏设备、方法不能被授予专利权。

以 "游戏" 为主题，结合世界专利文摘库 SIPOABS 和德温特世界专利索引数据库 DWPI 进行检索，截至 2020 年 9 月共有发明专利申请约 37 万件，其中大约 75% 属于 IPC 分类体系的 A63F 小类，含义为 "纸牌、棋盘或轮盘赌游戏；利用小型运动物体的室内游戏；视频游戏；其他类目不包含的游戏"。其中主要涉及：

IPC 分类大组 A63F 7/00 及其子分类号的申请共计约 15 万件：涵盖小型运动物体，如球、圆盘、方块的室内游戏，利用下落的游戏物体或在一倾斜表面上滑行的游戏物体的，如钉球游戏等。

IPC 分类大组 A63F 5/00 及其子分类号的申请共计约 4.5 万件：涵盖如圆盘轮盘赌，刻度盘轮盘赌，手转陀螺，骰子－陀螺。受《专利法》第 5 条第 1 款的限制，该分类号下中国发明专利申请的申请量只有几百件。

IPC 分类大组 A63F 13/00 及其子分类号的申请共计约 5.4 万件：涵盖视频游戏（即使用二维或多维电子显示器的游戏），涉及视频游戏控制信号的输入/输出，游戏控制命令（根据游戏进程控制游戏对象等），游戏场景的显示和游戏安全/管理等各方面。

IPC 分类大组 A63F 9/00 及其子分类号的申请共计约 4.2 万件：涵盖在其他类目中不包含的游戏，常见为物理游戏装置等。

此外，IPC 分类大组 G07F 17/00 及其子分类号的申请共计约 2.2 万件，涵盖用于出租物品的投币式设备；投币式器具或设施，如用于游戏、玩具、运动或娱乐的投币装置。

随着游戏产业的发展，现代电子游戏所依托的是综合性强的多学科交叉领域，其涉及的相关技术包括：数字图像处理技术、数字视频和音频处理技术、计算机动画技术、虚拟现实技术和网络通信及安全技术等。在网络游戏占据流行顶峰的时期，申请人/游戏公司等已经从完全针对游戏设备本身的改进开始转移到网络游戏涉及的场景制作，视频流等稳定传输，创造交互式/沉浸式游戏体验等方面的改进。

尤其是且随着网络游戏的兴起而带来的新商业模式的变革，大量游戏中商业模式的电子化实施手段得以不断改进，常见如游戏道具（或装备）的转移，各种游戏广告或推广等，使游戏产业还融合了大数据信息统计、分析筛选、交互推送等数据处理技术，甚至探入区块链技术领域。

结合世界专利文摘库 SIPOABS 和德温特世界专利索引数据库 DWPI 进行检索，截至 2020 年 9 月，涉及网络游戏的全球发明专利申请约 3.2 万件。在上述统计中，新商业模式下（即涉及商业方法）的游戏领域发明专利申请占比约

22%，共计约 7300 件（见图 1 - 2 - 1）。其中，从分类限定看，主要包括：涉及 IPC 分类小组 G06Q 50/00 及其子分类号申请约 4000 件，适用于如服务等特定商业领域的系统或方法；涉及 IPC 分类小组 G06Q 30/00 及其子分类号申请约 3000 件，如市场研究与分析、调查、促销、广告、买方剖析研究、客户管理或奖励，价格评估或确定等行销行为，购买、出售或租赁交易等。此外，涉及游戏设备、数据通信、数据处理的游戏领域发明专利申请占比分别为 40%、32% 和 6%。

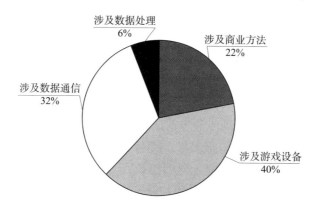

图 1 - 2 - 1 网络游戏全球发明专利申请领域分布

游戏产业在中国起步较晚，但近年来网络游戏用户随着中国互联网用户的快速膨胀而迅速增长，中国成为重要的网络游戏市场。在中国专利全文数据库 CNTXT 中统计涉及商业方法的网络游戏发明专利申请量变化趋势如图 1 - 2 - 2 所示，自 2010 年至 2019 年这 10 年，申请量基本呈平缓上升趋势（其中 2019 年数据下降因部分申请尚未公开所致）。

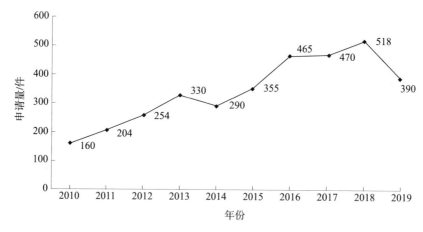

图 1 - 2 - 2 中国递交的涉及商业方法的网络游戏发明专利申请量变化趋势

二、检索及创造性判断要点

如前文所述，随着游戏产业的发展，尤其网络游戏带来新商业模式运营的技术支撑需求，使游戏产业进一步融合了大量与游戏内容或商业规则结合的数据分析处理技术、信息检索和数据库技术以及区块链技术等电子信息技术。涉及游戏领域中新商业模式改进的相关发明专利申请的特点是以"技术"为骨骼，以"规则"为外衣。在检索这类专利申请之前，充分理解发明并还原发明人意图，由此掌握核心技术架构是检索获得最接近本申请发明实质的现有技术的关键，也是准确筛选出对比文件的保证。

在针对核心技术手段进行检索时，要善于根据技术的本质，扩展检索领域，而不为"规则"的外衣所蒙蔽。例如，当申请的发明构思是"根据玩家的游戏行为数据，通过聚类方法对玩家分类，并针对玩家类别推送道具"时，如果在游戏领域中无法检索到针对游戏玩家进行分类的手段，那么可以扩展检索领域，在诸如社交网络之类的相近领域中检索是否存在对用户聚类的手段。

由于这类发明专利申请的技术方案一般还包括游戏规则或商业规则，因此，在进行创造性判断时需要注意：

如果游戏规则或商业规则与方案要解决的技术问题无关，与其他技术特征并非功能上相互支持、存在相互作用关系，那么这些游戏规则和商业规则不会对现有技术作出技术贡献。

例如，一种虚拟牌游戏方法，其中，设置多张嘉奖牌，游戏机给玩家发牌时，当出现嘉奖牌后，玩家可自行指定一张牌。上述方案中，玩家如何通过嘉奖牌来赢取自行指定一张牌的游戏规则与游戏机自动发牌的技术特征之间没有技术上的关联，不存在相互作用关系。因此，倘若上述游戏规则成为区别特征，那么该区别特征不会给方案的创造性带来任何技术贡献。又如，一种分布式计算机系统上的在线游戏方法，其通过降低玩家的最大数量获得避免网络拥塞的效果。显然，避免网络拥塞的问题并非技术手段实现，而是通过商业规则解决，该方案所获得的网络限流的效果也并非技术效果。

如果游戏规则和商业规则与方案中的技术特征存在技术上的关联，即这些游戏规则和商业规则与技术特征一起构成技术手段，那么不能机械地割裂这些规则特征，而应整体判断方案的显而易见性，从而客观得出方案是否具备创造性的结论。

三、典型案例

（一）案例1-2-1：线上应用虚拟资源自动权属移转方法及装置

1. 案情概述

随着各种线上应用如网络游戏的迅速发展，大量游戏玩家投入其中。目前，在各种网络游戏中，玩家之间在游戏世界里的虚拟资源和虚拟货币的交易已经越来越普遍。然而，由于缺乏有效的监管平台，在虚拟资源的交易过程中，卖家发布虚拟资源较少受到限制，时常会出现一些恶意卖家发布虚假发售信息进行欺诈。之所以出现这样的问题是由于现有技术中虚拟资源的交易系统并不能确认卖家所发布的虚拟资源是否真实有效。

因此，本申请提出了一种可解决虚拟资源交易真实性及有效性问题的线上应用虚拟资源自动交易方法。在该线上应用虚拟资源自动交易方法中，用户购买的虚拟资源由应用服务器进行锁定以及所有权转移，确保虚拟资源交易的真实性、可靠性、及时性，减少虚拟资源交易所带来的用户损失。

本申请独立权利要求的技术方案具体如下：

1. 一种线上应用虚拟资源自动权属移转方法，包括：

在权属移转系统的第一前端页面中展示待权属移转虚拟资源的信息，所述待权属移转虚拟资源在应用服务器中根据虚拟资源锁定请求锁定在卖家角色信息中，所述虚拟资源锁定请求由所述权属移转系统在发布所述待权属移转虚拟资源时向所述应用服务器发出；

获取用户选择进行权属移转的虚拟资源，在所述权属移转系统的数据库中将所述选择进行权属移转的虚拟资源修改为锁定状态；

根据所述选择进行权属移转的虚拟资源进行支付处理；

若接收到所述用户完成支付的确认信息则向所述应用服务器发送虚拟资源移转请求以使所述应用服务器将所述选择进行权属移转的虚拟资源移转至指定的角色，所述指定的角色为所述用户所拥有的角色或由所述用户选择的他人的角色。

2. 充分理解发明

通过阅读说明书可知，本申请实质上用于网络游戏的线上玩家之间进行虚拟道具、装备、游戏币等的交易活动，通过将待出售的道具等虚拟资源锁定，并在支付完成后，将该虚拟资源转移到指定的玩家游戏角色，从而减少虚拟资源交易过程中出现的纠纷。本申请将游戏玩家在虚拟游戏环境中用到的道具等资源统称为"虚拟资源"，因此所谓的虚拟资源自动权属移转方法实际上是指自动交易游戏道具等对象的方案。

虽然虚拟道具、装备是虚拟游戏环境中特有的"虚拟资源"的概念，但是在支付过程中使用的游戏币或者其他用于兑换的电子代币则不是虚拟游戏环境所特有的。例如，随着电子支付手段的普及，越来越多的商务活动中以电子货币支付，电子货币在不同交易方之间转移时所面临的风险与本申请中虚拟资源转移时所面临的风险是类似的。因此，本申请的发明构思是确保以电子形式存在于计算机网络空间内的虚拟化资产所有权转移过程的可靠性。

3. 检索过程分析

（1）检索要素确定及表达。

本申请的技术方案比较容易理解，在充分理解发明的基础上构建检索要素有利于还原发明人的意图，避免绕弯路。尤其是准确掌握申请的核心技术手段，有利于快速进行对比文件筛选，有利于客观进行创造性判断。在此重点讨论一下如何快速命中目标文件。

本申请的关键技术手段在于控制虚拟资源交易过程中权属转移的途径和条件，虚拟资源的具体类型以及使用虚拟资源的环境的重要性次之。

因此，首先，应把"虚拟资源""转移""锁定"作为基本检索要素。为使检索结果的技术领域相近，可以尝试将"游戏"或者"网络游戏"一并作为检索要素，如果未能获得预期的检索结果，则可将此要素去除，转而寻找其他领域中涉及虚拟资源转移过程可靠性的相关文献。

其次，鉴于可用于表达虚拟财产的关键词较多，因而尽可能对检索要素"虚拟资源"进行扩展从而避免漏检是十分必要的，例如，可以将"虚拟资源"具体化为游戏环境中出现频率较高的术语"道具"或"装备"。同时，对虚拟资源权属转移指的是虚拟资源线上交易或出售的过程，因而需要对"转移"一词进行扩展，以准确表达所有可能的转移形式。

由此确定的检索要素表如表1-2-1所示。

表1-2-1 案例1-2-1基本检索要素表

检索要素	虚拟资源	转移	锁定	网络游戏
中文关键词基本表达	虚拟，资源，财产，权属，物品，道具，装备	转移，转让，交易，出售，交换	锁定	网游，网络，在线，线上，游戏
英文关键词基本表达	virtual，resource?，assets，property，item?，article?	transaction，transform +，sell	lock +	network，online，game?，gaming
分类号基本表达		G06Q30/00		

本申请公开文本给出的分类号是G06Q30/00，该分类号是关于商业，例如

购物或电子商务的限定，仅涉及本申请技术方案中有关支付的内容，而IPC中尚无专门针对网游或虚拟空间中的虚拟资源交易的分类号。

（2）检索过程。

使用构建好的关键词和分类号首先在中文摘要数据库进行全要素检索，过程如下：

1	CNABS	1486	（（virtual or 虚拟）s（资源 or 物品 or 财产 or 权属 or resource? or property or assets or properties or article? or item?））s（转移 or 转让 or 交易 or 交换 or 出售 or transaction or transform + or sell +）
2	CNABS	10640	（online or network or 网络 or 在线 or 线上）s（gaming or game? or 游戏）
3	CNABS	70	1 and 2
4	CNABS	81363	G06Q30/ + /IC/EC/FI/CPC
5	CNABS	36	3 AND 4

通过对检索结果的浏览，即可发现一篇与本申请的技术方案非常接近的现有技术1"一种网络游戏虚拟财产在线交易管理方法及系统"。

考虑到道具、装备等虚拟资源的下位词汇不一定出现在摘要数据库中，调整检索要素的表达和组合方式，在中文全文数据库中再次检索，过程如下：

1	CNTXT	603	游戏 s（道具 or 装备）s（交易 or 出售 or 转让 or 转移 or 交换）
2	CNTXT	60851	网游 or （（网络 or 在线）s 游戏）
3	CNTXT	12648	（道具 or 装备）s（交易 or 出售 or 转让 or 转移 or 交换）
4	CNTXT	648	2 and 3
5	CNTXT	18825	/IC G06Q30/00
6	CNTXT	29	5 and 1
7	CNTXT	33	5 and 4

通过浏览检索式6和检索式7的检索结果，发现最为相关的现有技术仍为之前检索到的现有技术1。

值得注意的是，通过实际检索过程发现，"锁定"虽然是解决本申请声称的资源转移风险问题的重要技术手段，但是现有技术中直接使用该词表达这一手段的文献很少，大多数文献都是通过描述虚拟资源转移的控制过程间接体现出这一手段的。因此，检索时，不宜将该检索要素直接体现在检索式中，而更适宜在浏览检索结果时用于筛选合适的对比文件。

4. 对比文件分析与创造性判断

（1）对比文件分析。

该篇对比文件公开了一种网络游戏虚拟财产在线交易管理方法及系统。所述系统包括网络游戏运营商系统1、管理平台3、众多的用户端4、适配器2以及网上支付平台6。网络游戏运营商系统1（相当于"应用服务器"）是现有技术中已经存在的系统，其包含一游戏数据库11，用于存储游戏账号、与游戏账号对应的密码及虚拟财产记录，并连接有多个用户端4，供用户进行网络游戏。管理平台3连接有多个用户端4，可处理各用户端4的浏览、交易、寄存、转移等请求。

用户从游戏数据库11中提取虚拟财产转存至被锁定虚拟财产数据库25的流程，实际上就是用户在用户端4上进行操作，而实现将自己游戏账号中的虚拟财产寄存到被锁定虚拟财产服务器25中的过程，被锁定虚拟财产数据库25中所存储的虚拟财产是不能在游戏中使用的，必须移回到游戏数据库11中才能被游戏使用，因此其存储的性质属于寄存性质（相当于"待权属转移虚拟财产在应用服务器中根据虚拟资源锁定请求锁定"）。

用户在用户端4操作，将自己游戏账号下的虚拟财产从被锁定的虚拟财产数据库25移回到游戏数据库11中的过程，即寄存后取回的过程。

虚拟财产转移模块24将被锁定虚拟财产数据库25中该锁定ID号对应的虚拟财产记录移入到游戏数据库11中该用户令牌包含的游戏账号下，可以放回原处，相当于将虚拟财产寄存后又取回并恢复原样，也可以放置到另一位置，则上述过程相当于用户将自己的一个游戏账号下的一个角色的道具取出寄存到被锁定虚拟财产数据库25中，然后取回放置到同一账号下的另一角色上，实现了同一游戏账号下道具在不同角色之间的转移（相当于"虚拟资源转移到指定的角色，所述指定的角色为用户所拥有的角色"），同时，也可实现自己不同游戏账号之间游戏角色的转移。

用户根据用户端4显示的内容选择欲上架的虚拟财产，管理平台3在暂存区31中修改该提货单，将其标记为待出售状态。

用户输入浏览上架待售的虚拟财产的请求，管理平台3将暂存区31中所有标记为待出售状态的提货单的锁定ID号及对应的虚拟财产的明细信息发送到用户端4以供显示，用户端4根据管理平台3发送的内容将所有待出售虚拟财产的锁定ID号及明细信息显示出来（相当于"在权属移转系统的第一前端页面中展示待权属移转虚拟资源的信息，所述权属转移虚拟资源在应用服务器中根据虚拟资源锁定请求锁定"），用户在用户端4进行操作，选择自己欲购买的虚拟财产（相当于"获取用户选择进行权属转移的虚拟资源"），管理平台 3 的交易模块 32 从买方用户账号的电子钱包转账到卖方用户账号的电子钱包，转账成功后，管理平台 3 的交易模块 32 将选择的欲购买的虚拟财产的提货单从卖方用户账号转移到买方用户账号下（相当于"若接收到所述用户完成支付的确认信息则发送虚拟资源转移请求以将所述选择进行权属转移的虚拟资源转移至指定的账号"）。

（2）创造性判断。

该篇对比文件虽然公开了一种相对复杂的权属转移方式，即交易平台为虚拟财产的交易设置了寄存和取回的流程，但是该转移方式使得待出售虚拟资产的浏览、检索、购买、支付、权属转移等操作只需访问管理平台的暂存区数据即可，无须再次访问游戏数据库，从而尽可能地减少对游戏数据库中数据的访问、修改或更新。

然而在电子商务交易平台中，直接访问或操作产品数据库中的数据记录以实现待出售产品的发布、检索、权属转移方式需要对产品数据库进行频繁访问或修改。当用户追求转移流程的简单而不考虑对数据库操作的烦琐时，在该篇对比文件公开的虚拟财产权属转移的架构的基础上，本领域技术人员容易想到直接访问或操作游戏数据库中的虚拟财产记录，不进行游戏数据库中的虚拟财产记录的迁移，从而得到"虚拟资源锁定请求是由权属转移系统在发布待权属转移虚拟资源时向应用服务器发出"以及"待权属转移虚拟资源是在应用服务器中根据虚拟资源锁定请求锁定在卖家角色信息中"对于本领域技术人员来说是容易想到的。同时，对比文件给出了最终将虚拟资源取回放置到游戏账号下的一个角色中，因而，当直接访问或操作游戏数据库进行权限转移时，"选择进行权属转移的虚拟资源转移至指定的角色"对于本领域技术人员来说也是容易想到的。

5. 案例启示

在实际检索过程中，可以根据实际检索过程中发现的现有技术文献状况判断是否需要把确定的检索要素直接表达在检索式中。例如，本申请中，"锁定"一词虽然是解决资源转移风险问题的主要技术手段，理应体现在检索式中，但是由于在游戏领域直接使用该词表达虚拟资源转移过程的安全控制的文献很少，仅靠简单词义扩展来表达"锁定"，无法达到筛选出有效对比文件的作用，甚至可能导致漏检。当其他检索要素的组合已经将待览文献数量缩小到可人工处理的范围时，可以选择在浏览过程中筛选与"锁定"技术手段相关的文献。

虽然本申请与对比文件在处理流程上略有差异，但是该篇对比文件从公开了在线实现虚拟资源自动权属转移的核心技术架构，两者所要解决的问题实质相同，都是为了更加快捷地交易游戏的虚拟财产。当对比文件公开的是复杂流程，而本申请公开的是简化流程时，对于这种"化繁为简"的改变，需要判断流程上的简化是否带来了技术效果上相应的省略。对于本申请而言，虽然对比文件公开的权属转移方式较本申请的复杂，但是本申请在简化权属转移方式的流程中，因为省略了寄存和取回的流程，同时也无法获得简化对产品数据库进行频繁访问或修改的技术效果。据此，该篇对比文件可作为最接近的现有技术用来评价本申请的创造性。

第三节 社交媒体

一、社交媒体技术综述

（一）社交媒体概述

社交媒体（也称社会化媒体，Social Media）的定义最早由安东尼·梅菲尔德（Antony Mayfield）在 2006 年提出，指一种给予用户极大参与空间的新型在线互动式媒体，具有参与、公开、交流、对话、社区化、连通性的特点。此后全球学术界、产业界持续对社交媒体的内涵进行了进一步解析和界定，所形成的共识是：社交媒体是建立在互联网技术上的，允许用户自己生产内容，方便人与人之间进行互动、交流的网络应用平台。现阶段社交媒体的实例主要包括社交网站、微博、微信、博客、论坛、播客等。

社交媒体主要具有以下特点：第一，社交媒体是建立在互联网技术，特别是 Web 2.0 技术的基础上的网络应用；第二，相较于传统媒体，社交媒体允许用户自己生产内容；第三，社交媒体具有很强的互动性，鼓励人们评论、分享、反馈信息，能够激发用户的参与热情。[1]

综合考虑社交媒体涉及的内容以及传播渠道，可将社交媒体分为以下类型[2]：

社交社区类。这种类型主要涉及以关系及社交活动参与为重心的社交媒体渠道，在这样的社区中，用户可以与拥有相同兴趣爱好或身份认同的人交流互

---

[1] 周耀林，赵跃. 面向公众需求的档案资源建设与服务研究 ［M］. 武汉：武汉大学出版社，2017：404.

[2] 塔滕，所罗门，北京大学新媒体研究院社会化媒体研究中心. 社交媒体营销 ［M］. 上海：格致出版社，上海人民出版社，2017：8－13.

动。该类型可以包括社交关系网站（social networking sites，SNS）、留言板（message boards）及论坛（forums）等。其中，社交关系网站常见的有领英、豆瓣等，论坛常见的如天涯社区。

社交出版类。这种类型主要涉及向受众传播内容的社交媒体，在这种类型下，其传播的渠道包括微分享网站、媒体共享网站等。其中，微分享网站较为常见的如新浪微博，而媒体共享网站则不是用来分享文字或多媒体内容，而是聚焦于视频、音频、图片、报告等文件的分享，因为分享内容的不同，媒体分享网站可以被划分为视频分享（如优酷）、图片分享（如网易 lofter）、音乐音频分享（如网易云音乐）、文件分享（如百度文库）等。

社交娱乐类。这种类型主要涉及为用户提供娱乐的社交媒体。其主要由社交游戏构成。社交游戏一般由管理者主持，为玩家提供圈内成员互动的机会，同时，玩家也可以进行状态直播，将自己的线上活动和游戏成就发布到主页上，如"王者荣耀"就是目前常见的一种社交游戏。

社交购物类。这种类型主要涉及为用户提供更好的产品和服务的线上购买及销售的社交媒体。该类型的传播渠道包括评论网站或品牌电子商务网站上的点评或评分、交易网站与推送个性化交易信息的交易聚合网站、线上社交购物商城（即网上商城，用户可以评论和推荐商品，购物时可以和好友聊天）以及社交门店（即提供社交机会的线上零售商店）。这类社交媒体常见的产品有闲鱼、唯品会、美丽说等。

在国外，主要的社交媒体是脸书（Facebook）和推特（Twitter）之类的社交网站。我国社交媒体经过近年的发展，类别呈现多样性，主要包括论坛社区如豆瓣社区，社交网站如人人网，微博平台如新浪微博，知识类网站如百度百科等。

我国目前主流的社交媒体中，微博发展较为迅速，其近年来一直是我国较大公共信息发布平台，并对当下中国的网络舆论产生了一定的影响力。相较于微博，微信更趋向于服务型。除了核心服务即时通信，微信还增加了许多社交相关的功能，如朋友圈、附近的人、小程序等。智研咨询网发布的《2019—2025 年中国微信生态行业市场全景评估及发展趋势预测研究报告》中指出，2017年微信占据了国内网民 23.8% 的时间，以绝对优势稳居社交媒体第一名。除此之外，国内还出现了多种其他方式的社交媒体产品，较常见的一种就是工具型社交媒体产品，如滴滴出行，其将社交作为工具，为用户提供服务。

社交媒体已经深入渗透到人们的生活，可以预测，随着物联网、人工智能等新兴技术的高速发展，社交媒体将会以更强的态势深入人们生活的方方面面，参与人们的工作和生活，更好地为人类服务。

（二）专利申请特点概述

社交媒体涉及的范围较广，综合考虑申请量占比、热点领域及技术改进占比等方面因素，本节以社交购物类和社交游戏类的社交媒体为研究重点，进行相关专利申请特点的分析。

从申请量来看，截至2020年9月，在中国专利文摘数据库中公开的专利申请中，涉及社交购物类的专利申请有1万余件（检索过程主要围绕关键词"购物"及其扩展词、"社交"及其扩展词展开）。图1-3-1为该领域下相关的专利申请量趋势图。考虑到产业的发展情况，将统计起始年份设定为安东尼·梅菲尔德正式提出社交媒体概念的2006年。这是因为2006年之前主要的社交媒体平台尚未普及（Facebook成立不足两年，Twitter则成立于2006年），该类型专利申请量极低（图中2019—2020年的申请量呈下降趋势是由于部分专利申请从申请日至检索日未满18个月因此尚未公开导致的）。

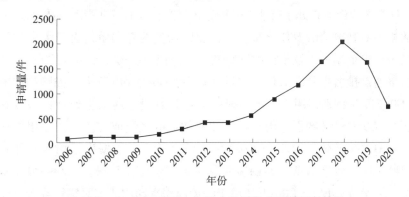

图1-3-1 2006—2020年社交购物类专利申请量趋势

注：2020年统计数据截止到9月。

从图1-3-1可以看出，社交购物类社交媒体相关的专利申请量呈现逐年递增的态势，并且在近五年之内发展速度迅猛，这与我国大力支持和发展"互联网＋电子商务"的产业政策的出台和推广时间完全吻合。例如，2015年5月，国务院下发了《关于大力发展电子商务加快培育经济新动力的要求》的通知，2016年9月，国家发展改革委、中央网信办、商务部等部门召开了促进电子商务发展部际综合协调工作组第一次会议，审议通过了《促进电子商务发展三年行动实施方案（2016—2018年）》。

同样的，在中国专利文摘数据库中公开的专利申请中，涉及社交游戏的专利申请有1500多件（检索过程主要围绕关键词"游戏"及其扩展词、"社交"及其扩展词展开），图1-3-2为该领域下相关的专利申请量趋势图（考虑到产业的发展情况，同样将起始年份设定为 2006 年）。

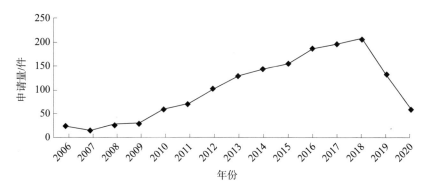

图 1-3-2 2006—2020 年社交游戏类专利申请量趋势

从图 1-3-2 可以看出，社交游戏类相关的专利申请量呈现稳步上升的发展趋势，社交游戏产业正处于行业上升期，还具有较大的发展空间和技术改进空间。

从相关专利申请的 IPC 分布看，社交购物类的专利申请由于大多都涉及购买、销售等整个流程以及整体的网络架构，所以分类号主要涉及 G06Q，在此基础上，申请量排名靠前的 IPC 分类号分别为：G06Q30/（商业，如购物或电子商务）、G06F17/（特别适用于特定功能的数字计算设备或数据处理设备或数据处理方法）、G06Q50/（特别适用于特定商业领域的系统或方法，如公用事业或旅游）、G06Q10/（行政；管理）、G06F16/（信息检索；数据库结构；文件系统结构）、H04L29/（数字信息传输的装置、设备、电路和系统）、G06Q20/（支付体系结构、方案或协议）、G06K9/（用于阅读或识别印刷或书写字符或者用于识别图形）。图 1-3-3 为该领域主要 IPC 分类号分布图。

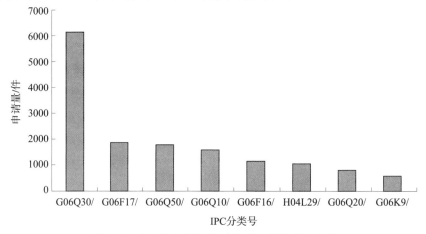

图 1-3-3 社交购物类主要 IPC 分类号分布图

涉及社交游戏类的专利申请的方案内容往往都会涉及整体技术架构以及相关的流程，经过统计分析，该类专利申请的 IPC 分类号主要集中在 A63F13/（视频游戏）、H04L29/（数字信息传输的装置、设备、电路和系统）、G06F17/（特别适用于特定功能的数字计算设备或数据处理设备或数据处理方法）、G06Q50/（特别适用于特定商业领域的系统或方法，如公用事业或旅游）、G06F3/（用于将所要处理的数据转变成为计算机能够处理的形式的输入装置；用于将数据从处理机传送到输出设备的输出装置，如接口装置）、G06Q30/（商业，如购物或电子商务）、H04L12/（数据交换网络）。图 1 - 3 - 4 为该领域主要 IPC 分类号分布图。

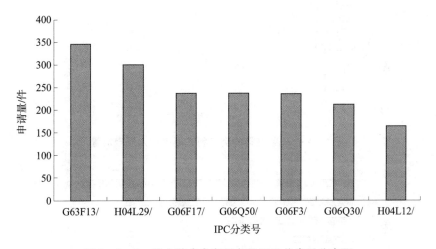

图 1 - 3 - 4　社交游戏类专利主要 IPC 分类号分布图

从申请人来看，社交购物类专利申请的主要申请人包括阿里巴巴、京东、索尼、微软、平安科技、谷歌、OPPO、奇虎、腾讯、ebay、东芝、高通等，主要申请人如图 1 - 3 - 5 所示。

从上述申请人分布来看，我国申请人占到了很大的比重，这一点也能够从国内电子商务以及"互联网＋"的飞速发展态势得到很好的验证，同时，国外多家较大规模的企业也参与到了该领域的专利布局中，体现出该领域的重要性。

对于社交游戏相关专利申请来说，经过数据统计分析，其涉及的主要申请人包括腾讯、微软、索尼、网易、奇虎、英特尔等，主要申请人如图 1 - 3 - 6 所示。

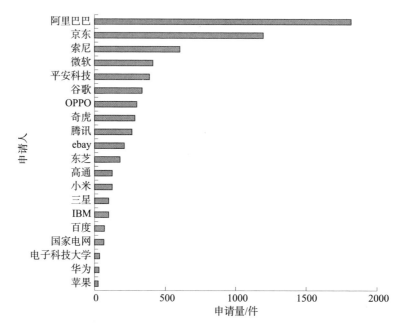

图 1 - 3 - 5 社交购物类专利主要申请人及申请量

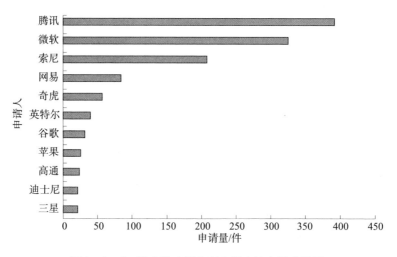

图 1 - 3 - 6 社交游戏类专利主要申请人及申请量

　　与社交购物类专利申请所表现出的申请人分布不同，社交游戏类专利申请的申请人呈现出中外均衡分布的态势，这从一定程度上说明了我国企业在该领域还有较大的进步空间。同时，从上述两个领域的申请人分布情况可以看出，上述申请人均为中型或大型企业，发展较为成熟，专利布局及撰写方面已经具有自己的规模和策略，因此，这两个领域的专利申请涉及的 PCT 申请较多，并且申请文件的撰写水平较高，申请人对于权利要求的保护范围的预期较为明确。

二、检索及创造性判断要点

社交媒体领域相关的专利申请的内容大多都属于"技术＋流程"或"技术＋场景"类型。

检索"技术＋流程"类型的社交媒体相关专利申请时可能会遇到的棘手问题是待检索方案的流程部分往往会表现为人为制定的规则，对于这部分内容，检索时是否需要将其作为主要的检索要素展开是必须在检索之前明确的。同样的，在判断创造性的过程中，如果区别特征包含"流程"类的特征，如何衡量其对创造性的贡献较为突出的审查难点。根据《专利审查指南 2010》中的要求，"应将与技术特征功能上彼此相互支持、存在相互作用关系的算法特征或商业规则和方法特征与所述技术特征作为一个整体考虑"。因此，即使区别特征仅涉及上述"流程"或"规则"类特征，也不能简单直接地将其认定为商业规则或方法相关的特征后立刻否认其对现有技术作出技术贡献的可能性，而应当依据《专利审查指南》的规定，判断该区别特征是否与其他技术特征在功能上相互支持、存在相关作用关系，如果是，则在创造性评判时，应当考虑该特征对整个技术方案作出的贡献。

在评判"技术＋场景"类型的技术方案创造性时可能会遇到的问题是，如果区别特征仅在于应用场景的变换，那么如何衡量在最接近现有技术基础上作出这样的变换对于整个技术方案所带来的影响，是否能使整个技术方案具备创造性。对于这种情况，应当准确把握方案实质，严格依据"三步法"，并放眼在方案整体上，客观地判断现有技术是否给出了相关的技术启示。

同时，由于可表达社交媒体相关的专利申请的分类号都较为粗略，这给检索带来了一定的难度，无法仅通过分类号即准确表达检索要素。针对这一领域的专利申请，较为高效的检索方式是将分类号与关键词结合使用。社交媒体相关的专利申请检索要素的关键词扩展方式较多，其中很多是常见的生活场景类词语，会导致检索式引入较多噪声。为了做到"查准"，较为推荐的方式是优先检索专利全文数据库，并使用同在算符将各个要素表达为检索者在理解发明后重构的在现有技术中可能存在的发明构思，从而减少噪声，尽快找到可用的现有技术。

三、典型案例

（一）案例1-3-1：一种商品信息投放方法和设备

1. 案情概述

本申请涉及一种利用了用户的社交网络的商品信息投放方法。网络购物平台非常关注用何种方式向用户投放商品信息才能更好地缩小用户手动查找的范围，使用户能够更快更方便的选择出最符合自己要求的商品。现有技术中，网络购物平台投放商品信息时一般先依据商品特性、商家信用、商品价格、商家地址等信息对商品排序，再依据排序结果将对应的商品信息投放给用户。但仅依据上述因素对商品评估排序后投放给用户的商品信息与用户需求的匹配程度有时仍然较低，此时如果用户希望获取到其需求的商品信息，只能多次请求获取新的商品信息，进而需要网络购物平台增加商品信息投放的次数。然而多次商品信息的请求或投放必然会增大服务器的负担及网络资源的占用，并导致商品信息投放的时间延长、效率降低。基于上述背景，本申请提出一种能降低商品信息投放过程中服务器的负担及网络资源的占用的商品信息投放方法。

本申请独立权利要求的技术方案具体如下：

1. 一种商品信息投放方法，其特征在于，包括：

获取目标用户的操作信息，并确定所述操作信息对应的商品；

获取所述商品对应的评价值，以及各评价值对应的用户ID与所述目标用户的用户ID之间的好友关系维度；

根据所述各评价值对应的用户ID与所述目标用户的用户ID之间的好友关系维度，确定各评价值对应的权值；

根据所述评价值和所述各评价值对应的权值，确定对应商品的推荐值；

根据所述商品的推荐值向所述目标用户投放相应的商品信息；

其中，所述好友关系维度用于表示两个用户之间的好友关系。

2. 充分理解发明

本申请的技术方案应用的场景为网上购物平台，其目的是向用户推送更可能符合用户意愿的商品（即用户更可能购买的商品），从而避免服务器大量重复的计算操作以及数据传输操作。本申请的商品推送操作是依据商品推荐值来进行的，在计算商品推荐值时，其主要考虑的因素是当前用户的社交网络相关信息，该因素包括两方面：用户欲购买的商品的评价值、该评价值对应的权值。而在确定某个特定评价值对应的权值时，其依据的数据是作出该评价的用户ID与当前用户之间的好友维度。

对于好友维度的具体含义，本申请说明书中给出了如下解释：好友关系维度用于表示两个用户之间的好友关系。具体的，在好友关系库中，用户 A 和用户 B 可能是好友，也可能不是好友。在用户 A 和用户 B 不是好友的情况下，他们之间可能有共同的好友，如用户 C 是用户 A 的好友也是用户 B 的好友；或者用户 A 的好友的好友是用户 B 的好友，如用户 C 是用户 A 的好友，用户 D 是用户 C 的好友也是用户 B 的好友，即用户 A 和用户 B 之间通过 3 层好友关系联系在一起；又或者用户 A 和用户 B 之间通过 4 层（或更多层）好友关系联系在一起。而且，会存在一种情况，用户 A 和用户 B 存在两种好友关联，一种关联是，用户 C 是用户 A 的好友，用户 D 是用户 C 的好友也是用户 B 的好友，另一种关联是，用户 E 是用户 A 的好友也是用户 B 的好友。

由此可见，本申请中好友关系维度实质定义的是两个用户 ID 之间的最小好友关系层数，其作用是反映了用户之间的信任程度，两个用户之间的好友关系越近，则用户之间的信任度就越高，也就是说，直接好友的信任度要比间接好友的信任度高，而对于间接好友来说，层数越多，则信任度就越低。

3. 检索过程分析

（1）检索要素确定及表达。

基于上述对发明的理解和分析可知，权利要求 1 的技术方案是通过好友评价及好友与当前用户的好友维度来确定要推荐的商品。其中，对于涉及确定商品推荐值的计算方法的特征，即根据商品评价值和所述评价值对应的权值，确定对应商品的推荐值，应属于商业规则相关的特征，因为"推荐值"明显属于受人的主观认知和感受影响，虽然在本申请中"推荐值"并非由某个人随意确定的，而是根据规则产生，具有可重复性、可再现性，然而所述规则并非自然规律，而由发明人制定。

尽管其属于商业规则相关的特征，然而，与其紧密关联的操作包括首先从用户的操作信息确定对应的商品，然后获得商品的评价值，并且最终计算的目的是得到要向用户推荐的商品，从而完成整个推荐流程，因此，上述商业规则相关的特征与上述技术特征（从用户的操作信息确定对应的商品、根据所述商品的推荐值向所述目标用户投放相应的商品信息）在功能上彼此相互支持并且存在相互作用关系，因此，应将上述规则特征与技术特征作为一个整体进行考虑。

经过对权利要求 1 的技术方案的解析，可以确定权利要求 1 的基本检索要素为：网络购物、商品推荐、评价、好友关系维度。可以看出，从应用领域以及主要技术要点来确定的权利要求 1 的基本检索要素较为明确。而在对上述检索要素进行扩展时，由于"好友关系维度"并不是本领域公知的术语，因此，需要从其具体含义及达到的效果等方面进行扩展。

由此确定的检索要素表如表 1 – 3 – 1 所示。

表 1 – 3 – 1　案例 1 – 3 – 1 检索要素表

检索要素	网络购物	商品推荐	评价	好友关系维度
中文关键词基本表达	网上，网络，线上，在线，网路，虚拟；买，购，商城，商场，商店，店铺	商品，物品，产品，物件；推荐，推送	评价，评分，好评，中评，差评，打分，满意度	好友，朋友，友好；维度，层数，直接，间接，中间
英文关键词基本表达	web，internet，online；buy，shopping，purchase，mall，store，shop	product，commodity，goods，iterm；recommend，deliver，push	evaluate，grade，appraise，mark，rank，score，rate	friend；dimension，layer，direct，immediate，indirect
分类号基本表达	G06Q30/02 G06Q20/12	G06Q30/0631（CPC）		

从表 1 – 3 – 1 中可以看出，由于各个检索要素在分类表中并没有最直接关联的分类号，因此，本申请的检索过程并不适合仅依赖分类号进行检索，而应当将重点放在关键词的检索上，当检索过程中发现引入噪声过多时，可以考虑使用分类号做进一步限定。

（2）检索过程。

在确定完检索要素及其扩展方式后，首先使用全要素检索方式在中文摘要库 CNABS 中进行检索。

1	CNABS	1851066	网上 or 网络 or 线上 or 在线 or 网路 or 虚拟
2	CNABS	145356	买 or 购 or 商城 or 商场 or 商店 or 店铺
3	CNABS	1924326	商品 or 物品 or 产品 or 物件
4	CNABS	159245	推荐 or 推送
5	CNABS	147582	评价 or 评分 or 好评 or 中评 or 差评 or 打分 or 满意度
6	CNABS	70426	好友 or 朋友 or 友好
7	CNABS	3571084	维度 or 层数 or 直接 or 间接 or 中间
8	CNABS	32	1 and 2 and 3 and 4 and 5 and 6 and 7

浏览 32 篇结果发现，虽然有多篇文献的方案也涉及基于用户的社交圈进行推荐，但是其公开日均在本申请的申请日之后，无法构成本申请的现有技术。同时，考虑到部分申请在摘要和权利要求中，并不会将方案的细节进行详细的描述和限定，因此，将检索的数据库转换为中文全文数据库 CNTXT，使用同字

符继续进行全要素检索：

1	CNTXT	103028	（网上 or 网络 or 线上 or 在线 or 网路 or 虚拟）s （买 or 购 or 商城 or 商场 or 商店 or 店铺）
2	CNTXT	47096	（商品 or 物品 or 产品 or 物件）s （推荐 or 推送）
3	CNTXT	75002	（商品 or 物品 or 产品 or 物件）s （评价 or 评分 or 好评 or 中评 or 差评 or 打分 or 满意度）
4	CNTXT	18131	（好友 or 朋友 or 友好）s （维度 or 层数 or 直接 or 间接 or 中间）
5	CNTXT	55	1 and 2 and 3 and 4

对筛选出的 55 篇文献进行浏览后发现，与中文摘要库中检索到的结果类似，多篇方案接近的文献由于公开日较晚，仍然无法构成本申请的现有技术。

经过上述检索过程发现，中文专利申请中，类似构思的方案申请时间都比较晚，因此，将数据库转换为外文摘要库 SIPOABS，继续进行检索：

1	SIPOABS	1081102	web or internet or online
2	SIPOABS	892326	buy or shop + or purchas + or mall or store
3	SIPOABS	8459479	product or commodit + or goods or item
4	SIPOABS	872686	recommend or deliver or push
5	SIPOABS	7232875	evaluat + or grad + or apprais + or mark or rank or scor + or rat +
6	SIPOABS	9175	friend
7	SIPOABS	7649115	dimension or layer or direct or immediate or indirect
8	SIPOABS	0	1 and 2 and 3 and 4 and 5 and 6 and 7

检索结果为 0 篇，考虑到美国在社交购物类领域专利申请较早，因此将数据库调整为美国全文数据库 USTXT：

1	USTXT	261557	（web or internet or online）s （buy or shop + or purchas + or mall or store）
2	USTXT	61656	（product or commodit + or goods or item）s （recommend or deliver or push）
3	USTXT	700874	（product or commodit + or goods or item）s （evaluat + or grad + or apprais + or mark or rank or scor + or rat + ）
4	USTXT	3007	friend s （dimension or layer or direct or immediate

			or indirect）
5	USTXT	49	1 and 2 and 3 and 4

经浏览，仍然没有可用的现有技术，此时应当考虑检索要素的确定方面是否限定过多，从而遗漏掉了可用的对比文件。

权利要求1的技术方案中，为了使得最终向用户推荐的商品更符合用户的意见，考虑了用户的社交关系，即用户好友对商品的评价度，这是申请人认为其相对于现有技术所进行的改进，而在具体实现的过程中，该技术方案在确定用户好友时，使用了好友关系维度这样的方式，基于上述分析，将基本检索要素中的"好友关系维度"拓宽到"好友"，即不进行关系维度的限制，重新进行检索：

1	SIPOABS	1081102	web or internet or online
2	SIPOABS	892326	buy or shop + or purchas + or mall or store
3	SIPOABS	8459479	product or commodit + or goods or item
4	SIPOABS	872686	recommend or deliver or push
5	SIPOABS	7232875	evaluat + or grad + or apprais + or mark or rank or scor + or rat +
6	SIPOABS	9175	friend
9	SIPOABS	10	1 and 2 and 3 and 4 and 5 and 6（命中对比文件1）

经过对上述10篇文献的浏览，得到1篇可用的现有技术（以下简称"对比文件1"）。

4. 对比文件分析与创造性判断

（1）对比文件分析。

对比文件1公开了一种使用自动合作过滤的高效推荐物品的方法，其用于网络购物的应用背景，目的在于提供一种更高效的推荐物品的方法，该方法主要基于多个用户的特征（如用户信用、用户的经验）以及用户之间的关系（如相似性、好友关系），对物品进行自动筛选，从而完成推荐。

该方法包括如下步骤：

步骤102：存储用户简档，其中每个用户都对各项物品进行了评分；

步骤104：通过获取当前用户在搜索栏中输入的关键词信息，确定当前用户想要购买的物品（相当于本申请中获取目标用户的操作信息，并确定所述操作信息对应的商品）；

步骤106：通过比较当前用户的简档与其他用户的简档（对应于用户ID）

来计算其他用户对该物品给出的评分的权值（相当于获取所述商品对应的评价值），其中，通过以下因素来确定权值：其他用户与当前用户的相似因子值、其他用户的信用、其他用户在某个领域的经验、其他用户与当前用户是否是好友等（相当于好友关系）；

步骤 108：基于其他用户的评分以及评分的权值，得到要推荐的物品（相当于根据所述评价值和所述各评价值对应的权值，确定对应商品的推荐值），并将该物品推送给当前用户（相当于根据所述商品的推荐值向所述目标用户投放相应的商品信息）。

（2）创造性判断。

通过上述对比文件 1 公开的内容与权利要求 1 技术方案的对比可知，权利要求 1 相对于对比文件 1 的区别特征为：权利要求 1 中，确定评价值对应的权值时，依据的是各评价值对应的用户 ID 与所述目标用户的用户 ID 之间的好友关系维度，该好友关系维度用于表示两个用户之间的好友关系；而对比文件 1 中则依据的是其他用户与当前用户是否是好友关系，并未进一步提及好友关系维度。

对比文件 1 中存在基于好友关系确定推荐值权重的启示，但是对比文件 1 中并未教导怎样使得评分权值更准确。因此基于该区别特征，权利要求 1 实际解决的问题是，如何更准确的确定评分的权值。

在对比文件 1 公开的技术方案中，在确定用户为物品给出的评分权值时，已经考虑了该用户与当前用户是否是好友关系，也就是说，对比文件 1 的技术方案已经将用户的社交关系考虑在推荐因素之内，同时，在社交圈中，对于某个特定用户，通常更加信服与其关系相对较为紧密的好友所传递的信息，而与其关系相对较为疏远的好友所传递的信息对该用户造成的影响则会相对较小，从而可知，与该特定用户的好友关系更紧密的好友对商品作出的评价，对于该特定用户来说影响力更大，反之则更小，因此，在对比文件 1 公开内容的基础上，当本领域技术人员想要更进一步准确地确定商品评分权值时，能够想到将对比文件 1 的技术方案进行改进，增加在好友关系中进一步区分亲疏度，从而使得与自己好友关系更紧密的用户给出的评分权值更大，反之更小。因此，权利要求 1 的技术方案相对于对比文件 1 是显而易见的。

5. 案例启示

本申请检索过程较为典型，无论是在中文数据库还是外文数据库，均经历了摘要库检索—全文库检索—要素调整这样的步骤。在理解发明确定检索要素后，通过初步检索发现获得的待筛选文献量较少而且经过阅读不存在较相关文献，因而需重新调整检索要素，避免由于检索要素限制过多而导致漏检，这是在检索本领域专利申请过程中经常会遇到的情况，即使检索过程中，随着对现有技术状态和本申请对现有技术的改进之处有了进一步的了解，有助于及时调整检索要素重新进行检索，经历这样的迭代过程后，即使未能获得影响待检索方案新颖性/创造性的文献，也能够确定何时可终止检索。

在创造性判断阶段，对于方案中的商业规则和方法特征，不宜直接将其认定为不能对现有技术作出技术贡献，而应当判断上述特征是否与权利要求中的其他技术特征在功能上彼此相互支持、存在相互作用，如果是，则应当将该商业规则和方法特征与上述技术特征作为一个整体考虑。

（二）案例1-3-2：具有社交网络机制的电子处理系统及其操作方法

1. 案情概述

本申请涉及处理社交网络的系统。社交网络允许用户自由地在社交平台上进行评论和交流，但是缺乏对特定目标观众有效传递高质量内容评论信息的方案。本申请提出一种电子处理系统的操作方法能够解决上述问题，包括：提供用于利用社交游戏网络中的评论特征的输入点；基于输入点生成图库视图；确定针对评论特征的家长控制；在图库视图中输入评论；以及基于家长控制来访问评论以便在屏幕上显示。

本申请独立权利要求的技术方案具体如下：

1. 一种电子处理系统的操作方法，包括：

提供用于利用社交游戏网络中的评论特征的输入点；

基于输入点生成图库视图；

确定针对评论特征的家长控制；

在图库视图中输入评论；以及

基于家长控制来访问评论以便在屏幕上显示；

显示评论的字符计数；

向评论应用亵渎过滤器；

输入评论包括输入具有文本字符限制的评论；

选择用于在社交游戏网络中分享的游戏的视频；以及

基于所述视频生成分享内容；并且其中输入评论包括在图库视图中分享内容的呈现期间输入评论。

2. 充分理解发明

本申请提供的具有社交网络机制的电子处理系统及其操作方法，提供用于利用社交游戏网络中的评论特征的输入点并生成图库视图，确定针对评论特征的家长控制，限制评论字符的数量以及基于家长控制来访问评论并显示评论的字符计数，对评论的内容应用亵渎过滤器，并基于所述视频生成分享内容，在图库视图中分享内容的呈现期间输入评论。本申请的方案能够对社交网络中的用户评论进行系统的管理，使得用户能够在社交网络内有效地分享恰当内容。

3. 检索过程分析

（1）检索要素确定及表达。

基于上述对发明的理解和分析可知，权利要求1请求保护的技术方案是在社交游戏网络中的用户对内容进行分享期间输入评论，家长对评论进行控制，通过限制评论字符数、对评论字符进行计数、对评论的内容进行亵渎过滤等，来实现对用户评论的管理和显示。

经过上述分析可知，在选取检索要素时，首先应当依据本申请涉及的领域给出检索要素，其次应当按照本申请对现有技术作出贡献的相关内容给出检索要素。另外需要注意的是，根据分类定义，本申请相关的领域所涉及的分类号主要是 G06Q50/00，与家长控制最相关的分类号是 CPC 分类中的 G06Q20/35785，但该分类本意是用于支付方案中家长对儿童权利的管制，与本申请场景并不完全一致，但在所有分类体系都不存在更适于表达"家长控制"这一概念的分类位置的时候，可以在必要时使用该分类号检索对应文献。针对"评论输入点"这一要素，没有较为明确的分类位置，如表 1-3-2 所示。

表 1-3-2　案例 1-3-2 检索要素表

检索要素	社交网络电子处理系统	评论输入点	家长控制
中文关键词基本表达	游戏，社交，社区，在线	状态，评论，界面，留言，帖子，实时，共享，分享，推荐，推送	家长，父母，监护人，子女，筛选，提取，过滤，选择，控制
英文关键词基本表达	Game, social, l interface, web, network	commentary, review, Comment?, real time, share	monitor +, filter, parent +
分类号基本表达	G06Q50/00		G06Q20/35785 （CPC）

（2）检索过程。

由于本申请为国外申请人，考虑到可能有在多国进行专利申请布局的情况，首先对其进行同族追踪检索，在其同族检索报告中获得了一篇公开了"亵渎过滤器"的文献，除此之外，并未发现更为相关的对比文件，因而需要对本申请的技术方案进行全面检索。

根据上面确定的检索要素和扩展方式，首先在中文摘要库 CNABS 中进行全要素检索，发现获得的文献中与本申请技术方案相关的文献极少，转向中文全文库进行检索也是同样的结果。此时应当考虑是否由于检索要素扩展不充分，或者检索要素限制较多造成未发现合适的对比文件。在确定检索要素没有明显遗漏的情况下，将对检索结果的预期从 X 类文件调整为 Y 类文件。

本申请中，为了便于家长控制评论，在确定检索要素时采用了"家长控制"这样的检索要素，而这样的要素可能会将一些与发明构思相同或相似、但并没有明确写明其方案目的是便于家长控制的现有技术遗漏，因此，考虑减少一个检索要素"家长控制"并继续在中文摘要库中进行检索：

1	CNABS	6798	游戏 s（网络 or 社交 or 社区 or 在线）
2	CNABS	294819	共享 or 分享 or 推送 or 推荐
3	CNABS	160372	（评论 or 帖子 or 状态 or 评论 or 留言）s（发布 or 发送）
4	CNABS	79	1 and 2 and 3
5	CNABS	12856902	pd＜20150904
6	CNABS	37	4 and 5

通过浏览上述检索结果，获得一篇现有技术（下称对比文件1），其公开的技术方案涉及一种迷你游戏共享方法，通过用户账户接收请求以访问游戏，在成功访问用户账户之后，具有多个游戏的用户界面呈现给用户进行观看和播玩游戏，用户可请求共享游戏，该游戏与挑战评论一起发布到网站。

然而对比文件 1 公开的方案并未具体公开家长控制用户评论的特征和亵渎过滤的特征，因此，还需要对这部分特征进一步进行检索，考虑到这部分特征比较具体，不再适用文摘库进行检索，因此转到中文全文库中进行检索：

7	CNTXT	69	（在线游戏 or 网络游戏）and 评论 and（共享 or 分享 or 推送 or 推荐）and 父母
8	CNTXT	11262380	pd＜20150904
9	CNTXT	39	8 and 9

经过对上述检索结果的浏览，获得一篇现有技术（下称对比文件2），其公开了父母对子女的在线评论进行管理和控制的相关内容。对于"亵渎过滤"这一特征，前述提及的本申请同族检索报告中存在公开了对评论内容应用亵渎过滤器，设置亵渎词典对评论进行过滤的文献（下称对比文件3）。

在中文库中进行检索后，继续在外文库和非专利库中也使用表 1 - 3 - 2 的检索要素进行了全要素检索，但是并未检索到更适用的对比文件。因此，基于全部检索结果，考虑基于检索中发现的上述对比文件 1 ~ 3 判断其组合是否能够影响权利要求 1 的创造性。

4. 对比文件分析与创造性判断

（1）对比文件分析。

对比文件 1 的方案涉及管理游戏云系统上的迷你游戏共享方法，通过用户账户接收请求以访问游戏，在成功访问用户账户之后，具有多个游戏的用户界面呈现给用户进行观看和播玩游戏，用户可请求共享游戏，该游戏与挑战评论一起发布到网站。

说明书中具体公开了：用户 Bob 选择播玩的迷你游戏可通过另一个用户发布共享。例如，用户 Bob 可接受用户 Mark 通过选择 Mark 的迷你游戏 MG_{a1} 展开的挑战并播玩游戏，当用户 Bob 被动地选择迷你游戏 MG_{a1} 时，用户 Mark 生成的迷你游戏的游戏播玩的视频将呈现于 Bob 的客户端装置的显示器的用户界面处，由游戏处理器模块所提供的游戏播玩的用户界面将包括 MG_{a1} 创建者的初始发布、其他用户（已接受挑战）的响应和用户 Bob 的游戏播玩界面（以播玩游戏并生成迷你播玩视频和对挑战的任何响应），其中，挑战响应可以呈评论的形式（也即用户 Bob 接收 Mark 挑战时，作出的挑战响应可包括评论，因此相当于在图库视图中输入评论）。用户可选择游戏之一以生成一个或多个迷你游戏/视频剪辑并将所创建迷你游戏/视频剪辑发布至社交网络和（或）游戏网络以共享；所发布的迷你游戏可包括由创建迷你游戏的用户发出的挑战评论；挑战响应可以是对由发布用于共享的迷你游戏的用户发布的原始挑战评论的响应，或可以是对其他用户的挑战响应的响应；挑战响应可以呈评论的形式。例如，在 Mark 分享的迷你游戏的播玩视频被呈现时，用户 Bob 可输入评论。

对比文件 2 公开了一种用于社交网络的亲子引导支持，并公开了以下技术内容：提供一种用户支持健康且安全的在线体验的方法，父母能够如通过使子女账户注册到如下指定的期望的在线资源来管理该子女账户；在线资源可以包括在线活动，例如发布评论。

对比文件 3 公开了一种社交网络安全系统和方法，并公开了以下技术内容：用户可以在消息视图中给其他用户的消息发表评论，带有亵渎性词汇的评论会被亵渎词典过滤掉；管理员过滤掉被禁止的词汇并向发表评论的用户发出警告。

（2）创造性判断。

根据上述对比文件 1 公开的内容可知，权利要求 1 请求保护的内容与对比文件 1 公开的技术方案相比，区别特征为：①确定针对评论特征的家长控制，并基于家长控制来访问评论以便在屏幕上显示；②所述的操作方法还包括显示评论的字符计数；③所述的操作方法还包括向评论应用亵渎过滤器，输入评论包括输入具有文本字符限制的评论。基于上述区别特征，权利要求 1 实际解决的问题为：①如何保证用户社交网络内容健康且安全；②如何让用户确定可输入的评论字数；③如何保证社交网络评论内容恰当。

针对区别特征①，根据上述对比文件 2 公开的内容可知，对比文件 2 已经公开了该区别特征，并且其在对比文件 2 中所起的作用与上述区别技术特征在本申请权利要求 1 中所起的作用相同，都是允许父母介入网络内容的管理。因此，在对比文件 1 公开了共享游戏视频剪辑并发表评论的技术方案的基础上，本领域技术人员有动机及启示将对比文件 2 公开的家长控制用户评论的技术内容应用到对比文件 1 的技术方案中。

针对区别特征②，为了让用户确定可输入的评论字数，在界面上显示评论的字符计数是本领域技术人员的常用技术手段。

针对区别特征③，根据上述对比文件 3 公开的内容可知，对比文件 3 已经公开了该区别特征，并且其在对比文件 3 中所起的作用与其在权利要求 1 中所起的作用相同，均保证了社交网络评论内容恰当，符合一定的公序良俗或者网站政策。因此本领域技术人员有动机及启示将对比文件 3 公开的内容应用到对比文件 1 的方案中。

因此，在对比文件 1 的基础上结合对比文件 2 和对比文件 3 以及本领域公知常识得到权利要求 1 请求保护的技术方案，对本领域技术人员来说是显而易见的，权利要求 1 不具有创造性。

5. 案例启示

在检索前，若发现有其他国家的同族专利申请，可以首先通过追踪其他专利局的检索报告，获取同族的对比文件，但是要注意的是，由于各个国家和地区的审查标准存在多方面的差异，上述对比文件还需要仔细阅读，以判断其是否能够真正影响本申请技术方案的创造性。

在检索过程中，如果发现结果中与待评价技术方案相关的文献极少的情况时，一种情况可能是待评价的技术方案具有较高的独创性，因而现有技术中类似文献存量较少，另一种情况则是由于检索要素表达不完善导致未能命中以其他方式表达该检索要素的文献，或者因为引入了非必要的检索要素导致检索结果不佳。

因此，当遇到检索结果中相关文献较少的情况时，首先应核对检索要素表，判断是否应删除某个要素，分析检索要素的表达方式及其扩展是否存在遗漏。如果删除某个检索要素，有可能导致必须将原来检索预期的 X 类文件调整为 Y 类文件，此时必须考虑所获取的 Y 类文件之间在现有技术中是否存在结合启示。

因此，应当选择删除与发明构思相关度较低的检索要素，避免割裂发明的核心技术手段，使得剩余检索要素的组合基本上仍能大致反映原来的发明构思。

例如，在本申请中，最初确定的检索要素之一"家长控制"的目的是限定对比文件的用途，因而其排除了没有明确记载其方案的目的是便于家长控制的现有技术。删除该要素后，检索到的现有技术文献与本申请的区别主要在于网络评论方案的用途，而现有技术中存在这样的文献，其作用也是允许父母介入网络内容的管理，因而可以与作为最接近现有技术的文献结合评述权利要求1的创造性。

第四节 共享经济

一、共享经济技术综述

（一）共享经济产业概述

共享经济（Sharing Economy），又称为协同消费（Collaborative Consumption），在我国又被称为"分享经济"❶，是指拥有闲置资源的机构或个人有偿让渡资源使用权给他人，让渡者获取回报，分享者利用分享自己的闲置资源创造价值。

共享经济这个术语最早由美国德克萨斯州立大学社会学教授马科斯·费尔逊（Marcus Felson）和伊利诺伊大学社会学教授琼·斯潘思（Joel Spaeth）于1978 年发表的论文（*Community Structure and Collaborative Consumption：A Routine Activity Approach*）中提出。

最近几年，以第三方（商业机构、组织或者政府等）创建的、以信息技术为基础的市场平台作为运营基础的各类共享经济形式层出不穷，改变了传统产业的运行环境，形成了一种新的供给模式和交易关系。

这些共享经济形式的特点是：一是基于互联网、物联网、大数据、云计算、人工智能等技术支撑；二是广泛的数据应用；三是通过共享实现海量、分散、闲置资源的优化配置；四是市场化方式高效提供社会服务，满足多样化的社会需求；五是具有准公共产品的特征。共享经济由互联网提供的共享平台、社会

---

❶ 2015 年10 月，中共十八届五中全会公报首次提出了"分享经济"，李克强总理在夏季达沃斯论坛上也提出了通过分享、协作方式搞创新创业，大力发展我国的共享经济。

闲置资源和参与者三个最基本的组成部分构成。

共享单车是共享经济的一种形态，由企业或者政府提供自行车，用户在共享单车客户端实名认证注册，交付/免规定押金，按照规定的收费标准用车并通过客户端自动在线支付费用。国际上，公共自行车先后共经历了三个阶段：一是在1965年荷兰出现了第一代公共自行车系统（Bike Sharing System，BSS），二是第二代丹麦哥本哈根公共自行车系统（Public Bicycle System，PBS），三是20世纪90年代末在欧洲相继出现了基于信息技术和会员制管理的第三代公共自行车系统。[1] 我国的共享单车发展也经历了三个阶段：一是2007年以杭州公共自行车为代表的由政府主导、分城市统一管理的公共自行车系统PBS；二是2010年以永安行为代表的由私人企业接入、以承包的模式进行的公共自行车系统，三是2016年以来以摩拜单车、哈罗单车为代表的无桩单车模式的共享单车。[2]

窥一斑而见全豹，由于共享经济涉猎范围广，因此，本节主要围绕共享单车这一具体领域，分析该领域专利申请的概况，归纳该领域专利申请的特点，浅析该领域专利申请在检索和创造性评判上的重点。

（二）专利申请特点概述

在CNABS数据库中使用关键词进行统计，截至2020年10月，全球共享单车相关的专利已公开4368件，并且其申请量仍处于增长趋势，其中中国、韩国、美国是专利主要集中地区，专利数量分别为4227件、52件、31件。

从专利技术构成看，IPC分类中G06Q是共享单车相关专利的主要集中领域，其专利数量为1073件，其次是G07F分支、B62H分支、G07C分支、B62J分支、H04L分支、H04H分支、H04W分支、E05B分支、G08G分支、H02J分支，其专利数量分别为861件、840件、799件、719件、480件、471件、406件、397件、387件、259件，如图1-4-1所示。

在共享单车领域的专利申请中，申请量位居榜首的申请人是东峡大通（北京）管理咨询有限公司（ofo）（以下简称东峡大通（北京）），相关专利申请量达257件，第二位是北京摩拜科技有限公司（以下简称北京摩拜），相关专利申请量达175件。紧随其后是上海量明科技发展有限公司（以下简称上海量明）、成都一步共享科技有限公司（以下简称成都一步）、福州台江区超人电子有限公司（以下简称福州台江区超人）等，如图1-4-2所示。

---

[1] 周杨，张冰琦，李强. 公共自行车系统的研究进展与展望 [J]. 城市发展研究，2014（9）：118-124.

[2] 鹤翔. 从政府主导到无桩单车，共享单车发展的三个阶段 [EB/OL]. "雷锋网"公众号，2016-12-14.

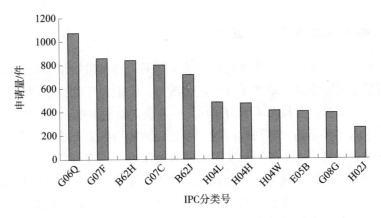

图 1 - 4 - 1 共享单车专利主要 IPC 分类号分布图

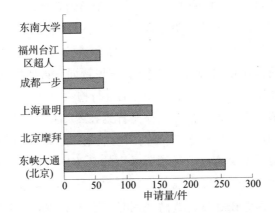

图 1 - 4 - 2 共享单车类主要申请人及申请量

通过对该领域的专利申请进行统计分析发现，在共享/公共/租赁自行车相关的专利申请中，首先最经常出现的主题是车辆租赁系统/方法，申请的技术方案涵盖共享单车的系统构成、运营方法等；其次是与车辆共享特性相关的专利申请，涉及共享单车智能锁、开锁方式、太阳能充电、定位方法等。此外，还有一些申请涉及共享单车的车座、车轮、前叉以及其他零部件，这些申请占总申请量的一半以上，但这类申请本质上是对车辆机械构造的改进，与车辆是否用于共享使用的关系并不大，因而与共享经济这一新商业模式的相关度不高。

共享单车产业在高度竞争与快速发展的同时也带来了许多新的问题。例如，单车质量参差不齐、乱停乱放严重，道路秩序混乱、城市车道规划布局不完善、押金存在风险、用户素质不一。现阶段虽然"无桩"自行车在市场占优，但"无桩"自行车的海量投放使得乱占道、乱停放的现象严重、企业也不易回收维修，给城市管理增加了难度。因此，通过技术创新来解决上述问题的专利申请应运而生。

二、检索及创造性判断要点

如前所述，共享单车相关专利申请的主题既可以着眼于单车机械性能的提升，也可能是对整个共享单车运营环境的改进，它们属于完全不同的领域。前者本质上是原有自行车技术革新的延续，后者则是新业态在不断发展中的产物。因此，检索共享单车相关专利申请时，首先应判断待检索的技术方案所属的技术领域，通过阅读申请文件判断发明对现有技术的改进究竟是自行车自身结构的改进，如新的车锁、前叉、可调节车座，还是在应用于共享环境过程中对发现的新痛点而提出的新措施。例如，改善现有共享单车信息交互的缺陷，或者为共享单车找到了全新的停车或付费管理方案。明确发明所属的技术领域，有助于寻找最相关的 IPC、CPC 分类位置，有利于检索到最接近的现有技术。

检索涉及共享经济技术的发明专利申请的另一个要点是使用准确的关键词对检索要素进行表达，常见误区之一是关键词扩展不够。以共享单车为例，对于新兴行业，申请人可能会在方案中使用一些新词、自造词来表达某些特征。因此，可以考虑使用描述技术效果的关键词进行检索。

通过阅读申请文件，必要时通过补充背景技术知识才能对发明请求保护的技术方案有准确的理解。在检索前，应正确解读发明要解决的技术问题，并由此准确认定发明为了解决该技术问题所采用的必要技术手段，从而正确筛选出用于检索的检索要素。共享经济或共享单车领域的专利申请同样可能涉及商业规则和方法特征，因而在进行创造性评判时，也需要考虑方案中的商业规则和方法特征是否对方案有技术贡献。

三、典型案例

（一）案例 1-4-1：共享单车管理方法及系统

1. 案情概述

本申请属于共享经济技术在公共自行车停放管理的商业领域中的应用。无桩公共自行车使用者随意大量无序停放造成城市路面拥堵，所以规范停放位置成为急需解决的问题。目前已有电子围栏，如摩拜模式，采用蓝牙短距离定位技术，或采用电子桩使自行车强制回桩，这些方式都需要电子硬件设施，需要电源，不易推广。另外，由于用车的"潮汐"现象，即短时间会出现同一地点的归还停放堆积，或短时间出现同一地点的无车可用。

本申请提供了一种共享单车管理方法和系统，可以为多个共享单车运营商提供统一服务，强制共享单车回归管理点后方可完成手机客户端交费，如此可以规范共享单车的归还地点或区域。通过车位占用统计计算将移车信息提供给移车客户端，通过移车指引与操作，用于消除用车的"潮汐"现象。此外，本申请还提供第三方场地注册备案，实现闲置场地盈利管理模式。

本申请独立权利要求1的技术方案具体如下：

1. 一种共享单车管理方法，其特征是，包括步骤：

（1）管理服务器建立归还点或区域ID数据库，所述ID数据库中还包括每个归还点或区域的最大容量数及其地理位置信息，并将所述ID标识以二维码在对应归还点或区域的物理位置公示；

（2）共享单车归还至归还点或区域后，共享单车客户端必须扫描公示的ID二维码并上报该归还点或区域公示的二维码信息至共享单车服务器，共享单车服务器将ID信息传送至管理服务器，通过管理服务器ID数据库认证后将认证确认信息返回至共享单车服务器方能完成支付；

（3）共享单车服务器将归还至ID归还点的单车id及归还点ID报送至管理服务器，由管理服务器进行归还统计，共享单车服务器将ID归还点借走的单车ID报送至管理服务器，由管理服务器进行借走统计，归还数减借走数为该ID归还点实时单车数，总容量数减实时单车数为空闲车位数，实时统计数据由管理服务器发布。

2. 充分理解发明

本申请要解决的是现有无桩共享单车随意停放的问题，其避免用户任意停放的手段是强制共享单车回归管理点后方可完成手机客户端缴费。本申请实质上是通过经济上可能发生的惩罚措施引导用户正确停放车辆，即如果不能在使用后把车辆归还到可停放的位置或者区域，则无法完成缴费，随意停放的后果是车辆持续对用户的账户计费，从而产生惩罚性的收费。尽管上述停车管理措施蕴含了根据用户表现在经济上奖优罚劣的原则，但上述原则是通过技术手段得以贯彻和实施，并在权利要求的解决方案中进行了明确的限定。

权利要求1的技术方案包括三个主要步骤：第一步，建立归还点或区域ID数据库并标示归还点或区域，该步骤的作用是在物理上建立可供用户辨识的停放位置，并在运营共享单车的计算机系统内记录这些位置；第二步，共享单车归还至归还点或区域后客户端必须扫描公示的ID二维码并上报至服务器方缴费，该步骤的作用是利用第一步所建立的许可停放位置信息，在使用者归还车辆时核验是否满足停放条件，仅在核验通过的前提下停止计费。第三步，服务器进行归还统计得到空闲车位数，该步骤用于对停车位置数量信息进行统计，以便向单车用户提供准确的可停放位置的参考。由此可见，第一步和第二步的组合已经解决了本申请声称要解决的技术问题，第三步是为了避免因停车空间限制导致用户不能归还车辆的改进步骤。

3. 检索过程分析

（1）检索要素确定及表达。

权利要求 1 的三个步骤是本申请的核心技术内容。根据此前分析可知，前两个步骤的组合实际上已经能够解决避免随意停放共享单车的问题，并且步骤一和步骤二是不能分割的，因为仅当建立了归还点或区域 ID 数据库以及将所述 ID 标识以二维码形式进行公示的前提下，才可能依据扫描结果判定共享单车的停放位置是否符合预期要求。因此，如果现有技术中存在能够破坏权利要求 1 新颖性和/或创造性的文献，则其必须同时公开了步骤一和步骤二。至于步骤三则与前两个步骤相辅相成，从共享单车运营方管理的角度确保有序停放。在初步检索时，可以把这三个步骤均列为检索要素进行检索。如果检索过程中未能找到公开了所有检索要素的现有技术文献，则应转而检索公开了步骤一和步骤二的文献。由此选的检索要素表如表 1-4-1 所示。

表 1-4-1　案例 1-4-1 检索要素表

检索要素	共享单车	租借归还	空闲管理	识别收费
中文关键词基本表达	自行车，单车，脚踏车共享，公共，公用	停，租，赁，借，还，地点，区域，位置，坐标	空闲，空余，闲置，未使用	二维码，ID，标识，扫描，识别，读取
英文关键词基本表达	bicycle，bike，cycle，shar +，public	rent，hir +，stop，return，position，site，place，location	leisure，free，occup +	identification，scan +，recogniz +，read，repay，pay
分类号基本表达	G06Q30/06 G06Q20/14 G06Q20/32			G07C9/00

（2）检索过程。

本申请中判定用户是否将共享单车归还到指定地点的关键技术手段是由用户在归还时扫描指定地点设置的二维码等标识，本申请所要解决的问题是与无桩共享单车的使用特性密切相关的。然而，由于扫描二维码几乎是所有类型的共享单车出借和归还时必不可少的操作，因此如何在表达检索要素时把本申请中扫描设置于特定位置上的二维码的动作与一般共享单车使用过程中的扫码操作区分开是检索本申请的难点。可以设想，简单地以"扫描"和"二维码"作为关键词检索时，现有技术中对停放位置没有限制的共享单车方案必然也会被命中，作为检索噪声出现，在这种情况下如果文献量较多，依靠人工筛选将不可行。

为了避免出现上述不利状况，可以选择优先检索全文数据库，并使用同在算符组合各检索要素，表达本申请通过扫描设置在规定位置处的二维码来判断是否允许停车的构思。

在具体的检索过程中，首先考虑采用扩展领域限定法对庞大的共享车辆进行限定，由于目前还存在共享汽车，其也可能对停放地点有类似的规范要求，因此考虑到相近性，将其也收纳进来以避免漏检，然后使用上述关键的三个步骤的扩展关键词构建检索式，当结果数量比较多的情况下，使用申请日、分类号进一步去除噪声。

经过初步检索发现，当加入"空闲管理"这一检索要素时，检索结果中包含的文献数量急剧下降，且其中不包括具有权利要求1三个步骤要素的文献，这说明现有技术中可能不存在同时具备所有要素的文献，应及时调整检索要素，尽量检索公开了权利要求1的步骤一和步骤二的文献。具体检索过程如下：

1	CNTXT	78786	（共享 or 公共 or 租）s（单车 or 自行车 or 脚踏车 or 电车 or 汽车 or 机动车）
2	CNTXT	1640	（扫描 s（ID or 标识 or 二维码））and（（停 or 放）s（地点 or 区域 or 位置））
3	CNTXT	186	统计 s（借 or 还 or 停）
4	CNTXT	76	pd＜20171225
5	CNTXT	52	G06Q/IC

在检索结果的数量比较适合进一步筛选时，对检索结果进行人工阅读，使用检索系统中的高亮和高密显示提高阅读效率，经过筛选后即可得到最接近的现有技术文献。

4. 对比文件分析与创造性判断

（1）对比文件分析。

该篇对比文件公开了一种共享单车二维码配对管理系统：包括二维码显示牌、单车和移动终端；所述二维码显示牌固定设置在指定区域（相当于本申请的还点或区域），所述二维码显示牌上显示有第一二维码，所述二维码显示牌内设置有控制芯片；

所述单车上设置有第二二维码和电子锁；所述移动终端扫描所述第一二维码后，将第一二维码的扫描信息发送至所述二维码显示牌内的控制芯片上；所述移动终端扫描所述第二二维码后，将所述第二二维码的扫描信息发送至所述二维码显示牌内的控制芯片上；所述二维码显示牌内的控制芯片接收所述第一二维码和第二二维码的扫描信息后，对扫描信息进行分析判断，扫描信息经分析判断并确定匹配后，所述控制芯片发送开锁或关锁命令至所述电子锁；所述电子锁收到所述控制芯片发送的开锁或关锁命令后，执行开锁或关锁命令。

所述二维码显示牌固定设置在居民区、公交站、写字楼、商业区等人口出行的集中片区，或者在城市管理部门规定的区域和比较方便停车的公共区域；共享单车使用者在使用单车时需要使用移动终端如手机等分别对二维码显示牌上的第一二维码和单车上的第二二维码进行扫描，并通过手机 APP 将包括时间、地点、单车车号等扫描信息发送至二维码显示牌内的控制芯片上，第一二维码和第二二维码包含了特定的信息，控制芯片在分别收到第一二维码和第二二维码的信息后，判断相应信息是否为第一二维码信息和第二二维码信息后，发送无线信号至电子锁内控制电路的无线信号接收模块，电子锁收到所述控制芯片发送的开锁或关锁命令后，执行开锁或关锁命令，从而完成共享单车使用者用车和还车的需求；使用者需要在特定区域才能完成单车的借用和归还，保证了共享单车能够定点归还及使用，减少随意停放对城市环境的影响，保障了单车使用的安全问题。

该篇对比文件也公开了后台数据管理器，所述后台数据管理器对第一二维码和第二二维码的扫描信息进行数据统计管理，后台数据管理器通过数据统计可以分析出当前站点可供使用的单车数量，并对单车的使用状况进行记录，方便单车管理方进行不同区域单车的协调配置和管理。也就是说，对比文件教导了获取站点内单车数量信息，但并未考虑站点自身的单车容量问题。

（2）创造性判断。

对比文件公开了建立归还点或区域 ID 数据库和共享单车归还至归还点或区域后客户端必须扫描公示的 ID 二维码并上报至服务器，权利要求 1 请求保护的技术方案与对比文件 1 公开的技术内容相比，区别特征在于：归还点或区域 ID 数据库包括每个归还点或区域的最大容量数；归还点总容量数减实时单车数为空闲车位数。

根据该区别特征可以确定，本申请实际解决的问题是如何实时获知共享单车归还点或区域是否有空闲位置，以便用户确定前往该归还点或区域停放。

然而上述区别特征是停车管理领域的公知常识：现有停车位的管理方案包括对停车场的容量统计，并实时监测车位占用情况以实时公布空闲停车位供用户提前选择是否前往该停车场停车。而将现有技术中的机动车空闲车位实时公布方案应用到共享单车的停放管理中是本领域普通技术人员容易想到的且并不需要本领域技术人员付出创造性劳动即可实现。因此,在对比文件的基础上结合上述公知常识以获得权利要求1所要求保护的技术方案,对所属技术领域的技术人员来说是显而易见的,因此权利要求1请求保护的技术方案不具备突出的实质性特点和显著的进步,因而不具备创造性。

5. 案例启示

本申请的技术方案在技术上并没有任何艰深的内容,其解决技术问题的手段普通人在日常生活中也有所体验,但这并不意味着检索这样的技术方案就会简单,因为能够表达本申请关键技术手段的术语如"扫描""二维码"等与现有的共享单车系统的操作方法所对应的术语在字面含义上高度重叠,无论如何从语义上扩展这些关键词,都无法仅通过关键词的简单逻辑组合将本申请的技术方案与现有技术可靠地分离。在这种情况下,由于文摘库不一定能体现细节的区别,应优先检索全文数据库,并使用同在算符组合各检索要素,构造语义上符合本申请发明构思的检索式以避免噪声干扰。

本申请的另一特点是其利用对不按指定区域停车的车辆进行惩罚性计费这样的经济手段来控制使用者随意停放共享单车,因而本申请的技术方案既包括技术特征(设置二维码、在数据库中存储相关数据及比对等),也涉及商业规则和方法的特征。但是在本申请中,执行经济手段的前提是通过技术手段准确判定单车停车位置,因而这二者存在技术上的关联并且密不可分,判断该方案的创造性时应考虑全部特征对创造性的贡献。

(二)案例1-4-2:公共自行车租赁点自然需求预测方法

1. 案情概述

本申请属于共享经济技术在公共自行车需求管理的商业领域中的应用。随着公共自行车系统规模逐渐增大、使用频率逐渐增加,公共自行车系统的管理和服务出现了一系列问题,主要是租赁点锁桩的空位状态或满位状态时间过长导致用户不能及时借或者还车、寻找还车点不便、设备养护欠佳和老化等。这些问题导致部分潜在用户逐渐流失。

本申请要达到的效果是预测公共自行车的自然需求,对设计未来规划方案、安排合理调度方案,及缓解出行者借、还车难问题将具有重大意义。

本申请独立权利要求的技术方案具体如下:

1. 公共自行车租赁点自然需求预测方法,包括以下步骤:

步骤1 公共自行车分担率预测

11. 建立分担率预测模型

假设 A_n 为出行者 n 的出行方式选择方案集合，V_{in} 为出行者 n 选择交通方式 i 的效用函数，则出行者 n 从出行选择方案集合 A_n 中选择第 i 种出行方式的概率如式（1）所示

$$P_{in} = \frac{eV_{in}}{\sum_{j=1}^{A_n} eV_{jn}} \tag{1}$$

式中，P_{in} 为出行者 n 选择方案 i 的出行概率，即为该种出行方式的客运分担率；

12. 出行特性指标量化

本申请通过对出行选择方式的经济性、快速性、直达性、安全性和准时性进行量化并构建效用函数 V_{in}；

121. 经济性；采用运价率 E_i 来表示第 i 种交通方式的出行费用，即单个出行者每公里所需费用；

122. 快速性；出行者出行需经历出发、换乘、抵达 3 个阶段；采用 3 个阶段所需时间之和为快速性衡量指标，用 T_i 表示为

$$T_i = t_{13} + t_2 \tag{2}$$

式中，T_i 为出行者选择第 i 种交通方式时的全程出行时间，t_{13} 为两端换乘衔接及候车平均时间之和；t_2 为该种交通方式运输通道上的运行时间；

123. 直达性；采用出行者在该种交通方式运输通道上的出行时间与全程出行时间之比来量化直达性；用 D_i 表示

$$D_i = \frac{t_2}{T_i} \tag{3}$$

124. 安全性；安全性参考按照各交通方式的事故比率对安全性进行量化；事故发生次数越多，其安全性就越小；用 S_i 表示第 i 种交通方式的安全性指标；

125. 准时性；本申请用准点率对各交通方式的准时性进行量化；用 P_i 表示第 i 种交通方式的准时性；

13. 构建效用函数

通过步骤 2 量化好的指标构建效用函数，效用函数效用值的大小决定了出行者的出行选择行为；

效用函数 V_{in} 的一般形式为

$$V_{in} = \sum_{(k=1)} \theta_k X_{ik} \tag{4}$$

式中，X_{ik} 为第 i 种交通方式的相关出行特性参数，θ_k 为该特性参数的系数；由于安全性和准时性对于其他出行特性具有独立性，并且这两者与其他特性同时较优时，该方式的效用值才能最优，因而这两者与其他特性应是乘法关系；因此，构造基于出行选择的交通方式效用函数为

$$V_{in} = (\theta_1 E_i + \theta_2 T_i + \theta_3 D_i) S_i P_i \qquad (5)$$

式中，E_i 为第 i 种交通方式的运价率，T_i 为第 i 种方式的快速性，D_i 为第 i 种方式的直达性，S_i 为第 i 种方式的安全性，P_i 为第 i 种方式的准时性，θ_1，θ_2，θ_3 分别为不同特性参数的系数；

步骤2 公共自行车自然需求预测

对步骤1预测得到的公共自行车分担率同实际分担率进行相关性分析，在租赁点大样本历史数据基础上，采用相关系数法对公共自行车租赁点自然需求进行预测；

21. 计算相关系数；假设 Q_i 为根据公共自行车历史租赁需求统计得到的当前分担率，P_i 为通过式（1）预测得到的包含潜在用户的分担率；Q_i 与 P_i 大致呈比例趋势，通过对 Q_i 与 P_i 进行线性拟合，进而得到相关系数 ρ_{QP}；

22. 根据之前得到的相关系数 ρ_{QP}，以及公共自行车历史租赁需求量 $Y_0(k)$，可以预测得到公共自行车自然租赁需求量 $Y_p(k)$。

$$Y_p(k) = Y_0(k) \rho_{QP} \qquad (6)$$

2. 充分理解发明

该权利要求的技术方案主要涉及算法的改进，包括建立分担率预测模型、构建效用函数、计算相关系数等。

根据说明书可知，本申请通过对影响公共自行车需求量的出行特性的分析，对公共自行车在客运总量中的分担率作出预测。根据模型预测分担率同当前实际分担率的相关性及相关系数，以及租赁点大样本历史需求数据基础上，对公共自行车系统自然租赁需求进行预测，最终生成自然租赁需求预测结果。权利要求1中包括6个公式，具体限定了本申请分担率预测模型的数量特征。

3. 检索过程分析

（1）检索要素确定及表达。

本申请的技术方案涉及数学模型并且在权利要求中包括数学公式，数学公式是本申请所建立的预测模型的关键特征，因此应针对性地检索采用相同或者类似模型并具有大致相同公式的现有技术。然而由于大部分的专利和非专利数据库都不支持直接输入公式进行检索，所以只能通过检索公式计算的结果或者解决的问题间接发现相关文献。

此外，通过本申请的说明书及权利要求书的记载，能够看得出本申请的方案具有较强的"学术性"，并且其申请人为高等学校，这意味着在学术期刊或者硕博士论文数据库等非专利文献中可能存在较为相关的现有技术文献。

由此确定的检索要素表如表1-4-2所示。

表 1 - 4 - 2　案例 1 - 4 - 2 检索要素表

	公共交通	需求	预测	拟合
中文关键词表达	公共交通	需求，需要，要求	预测，预计，估计，估算，预估	历史，训练，线性，曲线，校正
英文关键词表达	public, transport, traffic, vehicle	demand, need, requirement	Forecast, predict +, estimat +	history, train, linear, curve, correction
分类号基本表达	G06Q30/06		G06Q10/04	

（2）检索过程。

检索 CNKI 等非专利数据库时可以按题名、摘要、全文的层次逐步缩小检索范围。对于本申请而言，可以采用"公共"并且包含（"交通"或"出行"）对名称进行第一层限定，采用（"需求"或"需要"或"要求"）并且包含（"预测""预计""估计""估算""预估"）对摘要进行第二层限定，采用剩余关键词在全文中进行限定作为第三层，直至得到的结果数量合适进行浏览。

通过粗读摘要对检索结果进行初步筛查，对于阅读后认为比较相关的文献通过快速阅读全文的方式进行进一步筛查，如果认为非常相关再进行通篇细读，重点关注是否公开了与本申请相似或者相同规定的模型，是否具有相似或者相同的数学公式。

通过上述方式，即可获得一篇非专利文献（对比文件 1）"基于交通方式选择的公交出行需求预测"。但是该文献并没有公开本申请中涉及"对统计结果和预测结果进行线性拟合得到相关系数，用于从公共自行车历史租赁需求量计算自然租赁需求量"的内容。

当未能进一步获得 X 类对比文件时，考虑到已经获得的对比文件 1，针对基于历史数据对预测结果进行校正这一手段进行补充检索，过程如下：

1	CNTXT	10524	（预测 or 预估 or 估计 or 估算 or 预计）s（历史 or 记录）s 训练
2	CNTXT	4614	G06Q /IC
3	CNTXT	114	pd < 20140804

经筛选，可以得到另一篇现有技术（对比文件 2）。

4. 对比文件分析与创造性判断

（1）对比文件分析。

对比文件 1 公开了一种基于交通方式选择的公交出行需求预测，并具体公开了以下的技术特征：为预测各种交通方式的出行比例，采用交通方式划分多项 Logit 模型，此概率交通方式预测模型假定，交通方式选择是以各种交通方式所需的时间、成本等阻抗参数构成的各种交通方式的阻抗大小为基础,以一定的概率关系进行的,它通常采用 Logit 型的概率交通方式预测模型,函数形式为:$P_{in} = eV_{in} / \sum_{j \in A_n} eV_{jn}$,式中,$P_{in}$ 为出行者 n 选择方案 i 的概率,V_{in} 为出行者 n 选择方案 i 的效用的固定项,i 为所有交通方式的种数;V_{in} 可表示为向量 $\theta = [\theta_1, \cdots, \theta_k]$ 和 $Xin = [X_{in1}, \cdots, X_{ink}]$ 的函数,$V_{in} = f(\theta, X_{in})$,式中 θ_k 为第 k 个变量所对应的未知参数,X_{ink} 为出行者 n 的第 i 个选择方案中所包含的第 i 个特性变量,要解决的问题就是根据已经获得的数据估计参数 θ 的数值,最常用的形式为假设变量 X_{ink} 与效用函数 V_{in} 呈线性关系:$V_{in} = \sum_{k=1}^{K} \theta_k X_{ink}$。

效用函数的效用因子常规包括出行时间、出行成本、年龄、性别和收入,更细致选择需要深入考虑步行时间、等车时间、乘车时间、停放车时间、转换车时间等细微的因素,对比文件 1 以不同交通方式的出行时间和出行成本(燃油费用、车费)等作为描述选择方案 i 特性的变量。

影响公交出行选择的因素及重要性排序,厦门市从高到低为直达性、准时性、安全性、出行时间、步行距离、获得时间、票价及线路信息,舒适性、公交出行时间少于小汽车、票价、IC 卡付费和换乘费用。

对比文件 2 公开了一种风电场超短期风速预测方法,并公开了如下技术特征:获取需要预测风速时段的前一时段风速曲线,并从历史风速数据库中搜索、提取与前一时段风速曲线相似的曲线簇,组成输入曲线集合;搜索各相似曲线的下一时段风速曲线,组成输出曲线集合;将输入曲线集合和输出曲线集合分别作为神经网络的输入和输出样本,对神经网络进行训练,得到训练好的神经网络系统;将需要预测时段的前一时段风速曲线作为神经网络系统的输入,得到初步的风速预测值;分别以输入曲线集合中的曲线为输入,通过神经网络系统计算,得到各相似曲线的预测值;用各相似曲线的预测值与各相似曲线的下一时段风速曲线中的风速值进行比较,得到各相似曲线的预测误差值,并求取误差值的平均值;用求得的误差值的平均值修正初步的风速预测值,得到需要预测的风速值。

(2)创造性判断。

该权利要求所要求保护的技术方案与对比文件 1 的区别技术特征在于:①出行特性指标的经济性、快速性的具体计算方法,和将直达性、安全性及准时性同样作为描述选择方案特性的变量构建基于出行选择交通方式效用函数的方法;②对统计结果和预测结果进行线性拟合得到相关系数,用于从公共自行车历史租赁需求量计算自然租赁需求量。

基于上述区别技术特征可以确定,权利要求 1 的技术方案相对于对比文件 1

实际解决的技术问题是：①如何构建基于上述出行特性的交通方式选择效用函数；②如何更准确地预测公共自行车自然租赁需求量。

对于上述区别技术特征①：如对比文件1所述，直达性、安全性和准时性也是影响公交出行选择的因素；而采用单个出行者每公里所需费用是衡量交通方式经济性的惯用手段；在已经考虑步行时间、等车时间、乘车时间、转换车时间的情况下，将全程出行时间定义为两端换乘衔接及候车平均时间与该种交通方式运输通道上的运行时间之和，将直达性定义为出行者在该种交通方式运输通道上的出行时间与全程出行时间之比对于本领域技术人员来说是容易想到的；用各交通方式的事故比率评价交通工具的安全性是本领域的惯用手段，用准点率评价交通工具的准时性是本领域的惯用手段；而在构建效用函数时，根据实际评价需要对各项特性指标进行加和与乘积运算也是本领域技术人员容易想到的常用计算方法。

对于上述区别技术特征②：对比文件2公开了上述技术方案。虽然对比文件2预测的内容与本申请不同，但其公开了一种将初步预测结果与历史数据相比较，根据比较结果对预测结果进行修正，得到最终预测值的预测结果修正方法，其目的也是为了提高预测的准确性，因此，对比文件2给出了利用历史数据修正预测值的技术启示；进一步的，对于大致具有比例关系的历史数据和预测值，通过线性拟合计算得到二者的相关系数是本领域技术人员常用的技术手段，而使用所获得历史数据与预测值的相关系数对当前预测结果进行修正同样是本领域技术人员解决如何获得更准确的预测结果时容易想到的计算方法。

由此可知，在对比文件1的基础上结合对比文件2和本领域的公知常识，得出该权利要求保护的技术方案，对本技术领域的技术人员来说是显而易见的，因此该权利要求所要求保护的技术方案不具有突出的实质性特点和显著的进步，因而不具备创造性。

5. 案例启示

本申请的技术方案中采用建立公共自行车分担率预测模型、对出行指标特性量化、构建效用函数、采用相关系数法等都是对算法的改进。该解决方案的算法特征与技术特征在功能上相互支持、存在相互作用关系，实现了对自然租赁需求进行预测及规模分析，因此，应一并作为检索和创造性评述的重要内容。

由于算法特征中包含的公式及参数定义是很难进行检索的，而方案解决的技术问题和实现的技术效果是很好的切入点，更加容易提取关键词并进行扩展，同时，针对社会热点问题或者比较新兴的事物，专利数据库存在延迟，而非专利数据库是非常及时、丰富的资源，因此在制定检索策略时应充分考虑申请的领域和特点，选取合适的数据库、关键词进行检索。

本申请的技术方案既包括商业规则和方法特征，也包括技术特征，二者存在技术关联并且密不可分，因此该方案需要从整体上分析判断其是否具备创造性。与本申请相关的检索结果有两篇，对于使用两篇相关文献判断一项技术方案是否具备创造性的情况，重点是两篇相关文献是否有结合启示，即对比文件2是否给出了将其结合到对比文件1得到本申请请求保护的技术方案的技术启示，避免"事后诸葛亮"。

第五节　虚拟现实与增强现实

一、虚拟现实与增强现实技术综述

（一）虚拟现实与增强现实产业概述

虚拟现实技术的英文名称为 Virtual Reality，简称 VR 技术，也有人将其翻译为灵境技术。[1] 一般认为 VR 技术的概念最早起源于1965年一项名为"终极的显示"的报告，而"Virtual Reality"这一术语则是由美国 VPL 公司杰伦·拉尼尔（Jaron Lanier）提出，20世纪90年代 VR 技术开始形成和发展[2]，是一种通过使用计算机生成一种具有交互性和动态性的三维效果，从而模拟真实世界的背景或是环境，使得使用者在作出各种实体行为的过程当中能够实现实时互动的技术。

增强现实技术（也有人翻译为现实增强技术）的英文名称为 Augmented Reality，简称 AR 技术。AR 技术的概念出现晚于 VR 技术，一般认为该技术出现在20世纪末。[3] AR 技术将使用者所处的真实世界与计算机产生的虚拟世界中的信息内容同步地呈现在同一个显示设备当中。[4] 由于虚拟世界与真实世界中的现实对象通常是通过相互叠加的方式来显示，因而非常有利于实现真实世界信息和虚拟世界信息之间的补充和完善。增强现实技术通过传感器实时追踪现实环境中目标的运动状态，对目标的运动状态进行识别，利用计算机图形技

---

[1] 王健美，张旭，王勇. 美国虚拟现实技术领域专利计量分析 [J]. 情报杂志，2010，29（B06）：31-35.

[2] 田志武，胡明琦. "虚拟现实+会展"前景初探 [J]. 明日风尚，2016（8）：354-355.

[3] 李壮，陈小莉，王溯，等. 增强现实技术专利分析 [J]. 高科技与产业化，2015，234（11）：45-49.

[4] 吴帆，万平英，张亮，等. 增强现实技术原理及其在电视中的应用 [J]. 电视技术，2013，37（2）：41-43.

术和可视化技术对虚拟物体进行三维注册，标注虚拟物体在现实环境坐标系中的位置及姿态，以实现文字、图像或动画等形式的虚拟数字信息与现实环境的实时融合展示与人机交互。

AR 与 VR 的共同之处在于均依赖计算设备及必要的辅助设备产生虚拟对象及完成使用者与虚拟对象的交互，但二者之间仍存在明显区别。在 VR 技术中，使用者被置身于由计算机创建的虚拟世界，使用者化身为该虚拟世界中的一部分；AR 技术则以真实世界为基础，其展示的场景、人物是真实世界对象与虚拟对象的叠加结果❶。

VR 用户一般必须借助必要的装备与环境中的对象进行交互作用、相互影响，产生亲临对应真实环境的感受和体验，虚拟现实技术存在以下几大特点：沉浸感、存在感、交互性、想象性。由于具有上述特性，目前 VR 技术在军事、视频、医疗、商业、社交、娱乐、教育等多种产业中实现了很多重要的应用，包括对战场环境和工程制造对象的模拟、VR 游戏和电影、数字化课程展示等应用场景。

限于 VR 技术自身的成熟度和可靠性以及成本因素，现阶段 VR 最主要的市场应用是游戏、教育及医疗服务，以视频游戏应用最为成功和典型，在教育方面也得到越来越广泛的应用。在医疗系统及装置领域，借助 VR 技术提供清晰的可视化图像技术，使诊断与治疗更加准确方便，并使得远程医疗更具有实用性。

AR 技术可被应用于飞行器驾驶模拟、数据可视化、娱乐、医疗、家装、商业等领域。❷ 在教育领域，使用 AR 技术能够降低成本，很多课程不需要准备实体材料；在游戏和娱乐中，AR 技术能够增强游戏体验。在医疗服务中，AR 技术能够产生"AR 放大镜"，可以放大手术创口，使医生看到肉眼难以分辨的细微情况。

总体来说，VR/AR 的应用领域虽然有较多的重叠，但是因其具有不同的技术特性，因而催生出了不同的应用场景。

（二）专利申请特点概述

图 1-5-1 示出了在德温特专利数据库中检索的截至 2020 年 9 月全球范围内涉及 VR/AR 技术的专利申请量逐年变化趋势。

虽然 VR/AR 技术的概念出现很早，但是限于显示技术、计算技术和通信技术的发展水平，VR/AR 在起步早期发展并不迅速，21 世纪之前数十年内全球累计相关专利申请仅有数百件。21 世纪初 VR/AR 研发活动开始平稳发展，在

❶ 杨西平. 增强现实中若干关键技术研究 [D]. 武汉：华中科技大学，2007.

❷ AZUMA R. A survey of augmented reality, Presence [J]. Teleoperators & Virtual Environments, 1997, 6.

2010年之前的十年里,这一领域年专利申请量长期保持在每年400件左右。

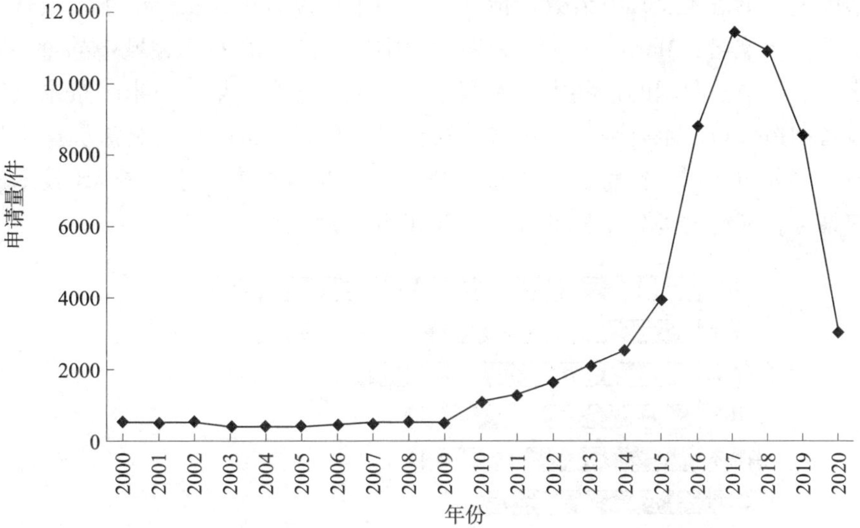

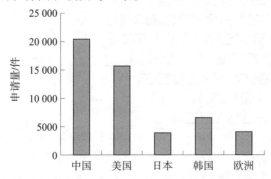

图 1 – 5 – 1   2000 年至 2020 年 9 月全球 VR/AR 技术专利申请量变化趋势

注:2020 年统计数据截止到 9 月。

VR/AR 技术在 2010 年之后迎来新一轮发展热潮,这与 VR/AR 技术在娱乐、游戏和教育产业中得到实际应用从而刺激了投资与研发密不可分,相关专利申请量增长迅速,特别是 2015 年之后,专利申请量出现爆发式增长,2017 年达到顶峰,之后有所下降。(图 1 – 5 – 1 中显示 2019 年之后的申请量减少主要受发明专利申请公开滞后影响,不代表该领域申请量骤然下降)。

图 1 – 5 – 2 示出了在中美日韩和欧洲专利局递交的涉及 VR/AR 技术的专利申请数量的情况。从 2000 年至 2020 年 9 月,在中国递交的 VR/AR 专利族数量最多,其次是美国、韩国、欧洲与日本。

图 1 – 5 – 2   在各国/地区递交的 VR/AR 专利申请量

图1-5-3和图1-5-4分别示出了在中美两国递交VR/AR技术相关专利申请的主要申请人及其申请数量情况。从图中可以看出，三星电子、微软和奇跃公司（英文名：Magic Leap）在中美两国均是VR/AR技术领域中的重要专利申请人。在中美两国的这些主要专利申请人中，既有苹果、小米、京东方等移动设备制造公司，也有腾讯、脸谱等社交媒体公司。奇跃公司和深圳虚拟现实科技有限公司（以下简称深圳虚拟）则是新近出现的专注于VR/AR技术的新兴申请人，其绝大多数专利申请均在2010年之后提交。

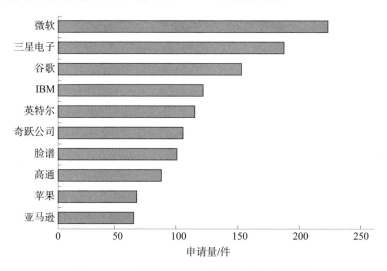

图1-5-3 美国VR/AR技术主要专利申请人

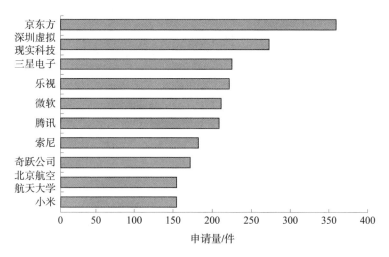

图1-5-4 中国VR/AR技术主要专利申请人

这些主要专利申请人的主要业务范围及其研发领域涵盖了 VR/AR 技术的核心关键技术体系。❶ 例如，近眼显示技术、追踪技术和交互技术是 VR/AR 技术的重要组成部分。

近眼显示方式主要包括 LCD 显示屏、AMOLED 柔性显示屏和光场显示技术。京东方、三星电子作为显示设备的重要研发和制造企业，在这一领域具有先天优势，因而提交了大量相关申请。

追踪技术主要包括组合式 MEMS 传感、3D 光学传感等传感融合技术，三维重建、SLAM 即时定位与地图构建等机器视觉处理技术。获得谷歌、阿里融资的奇跃公司作为一家初创公司，追踪技术是其取得竞争优势的切入点，其围绕光场显示和相关算法在中美两国累计提交了超过 300 项相关专利申请。

微软、苹果等计算机技术公司在人机交互技术上具有数十年的技术积累，因而其在眼球追踪、力反馈、语音识别等人机交互技术上具有先发优势，因而在适用于 VR/AR 场景的人机交互技术专利申请上占据主流。

此外，教育系统的仿真系统培训和示范、教育和娱乐系统的视频内容、平视显示应用程序、头戴式显示器及游戏的音频/视频记录等也是较为热门的专利申请方向，腾讯、脸谱等社交媒体公司是这类技术相关专利的主要申请人。

构成 VR/AR 技术体系的各重要组成技术主要涉及的 IPC 分类如图 1 - 5 - 5 所示：

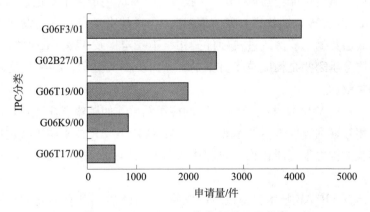

图 1 - 5 - 5 VR/AR 技术主要 IPC 分类

❶ 侯长海. 2015 年虚拟现实产业发展状况分析 [J]. 互联网天地, 2016 (4): 51 - 54.

除此之外，IPC 分类中 G09G、H04N 等小类也是 VR/AR 技术相关专利申请可能具有的分类号，可用于表达涉及图像再现、目视指示等技术概念。

二、检索及创造性判断要点

VR/AR 技术的雏形出现在 20 世纪 60 年代，在 20 世纪末获得真正的应用和长足的发展，VR/AR 技术相关文献在 20 世纪 90 年代中晚期之后大量出现。VR/AR 技术是以计算机图像处理技术为核心的典型多学科交叉合作发展的产物，其核心关键技术体系主要包括显示技术、传感技术、数据处理和通信技术，对应的 IPC 分类号涵盖图像处理、通信、人机交互、光学系统、数据检索等技术领域。此外，随着 VR/AR 技术的日益成熟，其被作为一种能够极大地增强用户感官体验的交互手段引入了许多传统引用，如视频游戏、在线教育、电子商务等。

因此，检索涉及 VR/AR 技术的发明时，首先要判断待检索的发明所属的技术领域，通过阅读申请文件初步判断发明对现有技术的改进是 VR/AR 技术自身的改进，例如，新的设备或者数据处理算法，还是应用 VR/AR 技术所提供的特性来改善原有交互手段的缺陷，抑或是为 VR/AR 技术找到了全新的应用场景。

其次，要使用准确的关键词对检索要素进行表达。避免把 VR/AR 及其英文全称、虚拟现实/增强现实作为关键词限定检索范围。然而如前所述，对 VR/AR 技术自身进行改进的专利申请与应用这些技术的专利申请有时可能属于不同的技术领域，后者可能会强调 VR/AR 技术给原有应用带来了变化，因而在这些发明中 VR/AR 可能构成检索要素，而对 VR/AR 技术自身改进的发明则可能侧重具体的底层数据、算法改进或硬件架构，不一定提及 VR/AR 这些典型术语。因此，需要分辨哪些是构成技术方案的必不可少的关键词，哪些是能够反映发明构思的关键词。

此外，目前 VR/AR 技术较为活跃的应用领域，如游戏产业和娱乐产业，由于经常使用互联网媒体进行展示和推广，某些将 VR/AR 技术用于特定场景以提高用户体验的构思很可能在推广过程中被公开，因此不可忽视对互联网资源的检索。

对于涉及 VR/AR 技术自身改进的发明，构成技术方案的技术手段主要涉及图像处理、传感技术、数据处理和通信等领域，最接近的现有技术文件往往是公开了最多共同特征的对比文件，据此确定的区别技术特征及其实际解决的问题一般指向某种技术手段在 VR/AR 技术中的应用，因而判断其是否显而易见与常见的图像处理或人机交互技术发明较为类似。

对于涉及 VR/AR 技术与特定应用场景结合的发明，重点则在于正确判断这种结合本身对创造性可能存在的贡献。当现有技术已经公开了这种结合时，创造性的判断要点是客观地衡量所做的技术细节方面的改进高度是否达到了专利法上创造性的要求。而当现有技术中不存在 VR/AR 技术与特定应用场景结合的公开教导时，应站位本领域技术人员分析现有技术中是否存在这种结合的启示，其产生的有益效果从本领域技术人员角度出发是否具有可预见性和必然性。

三、典型案例

（一）案例 1 - 5 - 1：一种虚拟试衣方法及系统

1. 案情概述

本申请属于增强现实（AR）技术在服装销售等商业领域中的应用。将 AR 技术应用于服装、帽饰、首饰等商品的销售存在巨大的潜力。例如，当销售服装时，频繁使用换衣间更换衣物可能会影响购物体验。AR 技术能够让消费者在无须试穿的情况下了解衣物的款式、颜色、尺码等与自身的匹配程度。电子商务兴起之后，通过网络销售这类个人物品的一大障碍是客户难以预先判断所选购的产品类型、款式、颜色、尺寸等是否真的合适。AR 技术能够一定程度上克服上述缺陷，使得用户在不真正试穿试戴的情况下就能够大致知晓拟购产品与自身的匹配程度。

本申请要达到的效果是当消费者看到心仪的衣服时，可以将其作为目标衣物，并对上述目标衣物的特征数据进行采集，以根据采集结果获取与该目标衣物相匹配的衣物图像。接下来，将获取的衣物图像与用户的体征图像进行融合，以虚拟出用户穿戴衣物的试衣图像，最后显示出能够模拟真实试衣效果的试衣图像。这样一来，在用户采用上述虚拟试衣方法的过程中，无须亲自对目标衣物上身试穿，便可以观测到试穿有目标衣物的虚拟图像。因此当用户挑选有多个目标衣物时，只需要多次重复上述步骤即可，无须多次上身试穿，从而可以节约用户的时间和精力。

本申请独立权利要求的技术方案具体如下：

1. 一种虚拟试衣方法，其特征在于，包括：

对多件衣物的特征数据分别进行采集；调取用户的服饰偏好数据；当一衣物的特征数据与一服饰偏好数据相匹配时，在具有该特征数据的衣物所在位置处显示标记图标，将所述显示标记图标的衣物中的部分衣物或者全部衣物作为目标衣物；

根据所述目标衣物的特征数据获取衣物图像；

将获取的衣物图像与用户的体征图像进行融合，以得出用户穿戴所述衣物的试衣图像；

显示所述试衣图像；

接受用户输入的存储指令，对所述试衣图像中目标衣物的特征数据作为所述服饰偏好数据进行存储。

2. 充分理解发明

该权利要求的技术方案由三组技术特征组成：第一组特征用于确定目标衣物；第二组特征用于获取衣物图像和用户的体征图像以产生试衣图像并显示；第三组特征则用于根据用户指令把目标衣物的特征数据作为服饰偏好数据进行存储。

阅读说明书可知，在本申请中目标衣物的特征数据可以为目标衣物的尺寸、颜色、款式、二维码或商标信息等。用户的体征图像是指能够表达用户体型、体貌特征的人体模型，该图像可以通过采集用户肌肉以及骨骼数据后模拟出的。衣物图像和体征图像均可为二维图像或三维图像。服饰偏好数据包括衣物的种类、样式以及用户偏好的颜色等特征。服饰偏好数据由 2~3 个衣物特征构成组合而成。当服饰偏好数据包括的衣物特征小于 2 个时提供给用户的选择范围过大，不利于节省用户的选择时间。当服饰偏好数据包括的衣物特征大于 3 个时，提供给用户的选择范围较窄。

另外需要注意，在本申请中，衣物的图像不是由用户现场采集的，而是由商家预先生成并存储的标准图像，也就是说，权利要求中"根据所述目标衣物的特征数据获取衣物图像"这一步骤并非在现场利用摄像头等设备拍摄获取对应图像，而是以检索数据库的形式查询预先存储的衣物图像。最终通过把查询获取的衣物图像与用户的体征图像进行融合，以虚拟出用户穿戴衣物的试衣图像，从而显示出能够模拟真实试衣效果的试衣图像。

3. 检索过程分析

（1）检索要素确定及表达。

由于构成权利要求的三组特征彼此之间相对独立，可以被视为三个独立的子方案，其中第一组特征和第三组特征与如何产生虚拟试衣效果没有直接关系，而是用于简化对待试穿目标衣物的选择过程。因此，假设现有技术中存在能够影响本申请新颖性/创造性的文件，其至少应该公开了第二组特征组成的子方案，也就是说，应该以第二子方案选取检索要素进行检索，但是不排除现有技术中可能存在同时公开子方案 2 以及子方案 1 或者子方案 3 其中至少一个的文献的可能性。

对于第二个子方案，其发明构思可以被概括为基于人体模型参数的虚拟试衣，因而基本检索要素包括虚拟试衣、人体、模型和融合。检索要素表如表1-5-1所示。由于现有分类体系没有非常准确的能够描述本申请主要概念的分类位置，因此为了避免漏检，在实际检索过程中至多限制到G06Q或G06T小类，以体系本申请构思的应用领域或者其使用的关键技术手段所述领域。

表1-5-1 案例1-5-1检索要素表

检索要素	虚拟试衣	人体	模型	融合
中文关键词基本表达	穿衣，试衣，试穿	体征，体感，人体	三维，二维，模型	组合，合并
英文关键词基本表达	virtual, clothing, dressing, fitting, wearing	body, figure	two dimension, three dimension, model	merge, combination
分类号基本表达	G06Q30/06		G06T3/40	

（2）检索过程。

具体检索过程如下：

1	CNABS	439	虚拟 and（穿衣 or 试衣）
2	CNABS	448626	体征 or 体感 or 人体
3	CNABS	308	1 and 2
4	CNABS	85	3 and（合并 or 融合 or 组合）
5	CNABS	65	4 and 模型（命中对比文件）

在中文摘要数据库中以关键词表达各检索要素，通过块检索方式能够快速命中本申请对比文件。根据检索过程的第一个检索式能够看出，该领域现有技术数量有限，比较容易把文献数量减少到可人工浏览的水平。在这种情况下，如果没有直接命中对比文献，为避免漏检，可以考虑适当减少要素，通过人工筛查的方式在合理时间内获取结果。

4. 对比文件分析与创造性判断

（1）对比文件分析。

对比文件公开了一种虚拟试衣系统及方法，包括以下内容：建立服装模型库，将大量的服装模型构建好，储存于服装模型库中，并将服装的二维码信息与服装模型库索引关联起来，通过读取服装二维码信息直接调取服装模型，与用户个人模型进行匹配，提高了试衣效率。

虚拟试衣方法包括：步骤1，个人模型生成：采集用户个人信息，生成包括用户人体体型特征及面部特征的三维模型，其中对用户进行拍摄，得到用户三维影像，根据三维影像读取用户的人体体型特征和面部特征，结合用户身高、体重、三围选择合适的基础人体模型，并根据用户的三维影像及用户的身高、体重、三围数据对所选的基础人体模型的体型特征进行调整，生成具有用户人体体型特征及面部特征的人体模型；步骤2，服装选择：根据待试穿服装的二维码信息读取待试穿服装的服装模型库索引，生成待试穿服装模型，其中所述虚拟试衣系统包括服装模型库用于存储各种服装的三维模型，所述服装模型库根据不同服装建立了服装模型库索引，服装选择模块用于根据待试穿服装的二维码信息读取待试穿服装的服装模型库索引，生成待试穿服装模型，所述虚拟试衣系统还包括基于云服务平台的服务器，所述服装模型库设于所述服务器，这相当于公开了对目标衣物的二维码进行扫描，从远程服务器中调取与所述二维码相匹配的衣物图像；步骤3，匹配步骤：从个人模型库中读取个人模型，并与所述服装选择模块生成的待试穿服装模型进行匹配；步骤4，组合展示：将匹配后的个人模型与服装模型进行组合，生成一张用户试穿所述待试穿服装的三维虚拟影像。

（2）创造性判断。

对比文件公开了如何获取衣物图像和用户的体征图像以产生试衣图像。权利要求的技术方案与对比文件公开的内容的区别在于子方案1和子方案3，这与检索之前对现有技术中可能存在的文献公开内容的预期结果相同。

根据该区别特征可以确定本申请实际解决的问题是如何确定目标衣物。

虽然对比文件并没有公开如何选择待试穿服装，即目标衣物，但是在日常生活中，依据颜色、款式、价格、尺码等因素选择目标衣物的方式是广泛而常见的，用户服饰偏好本身也是用户的自主选择的体现，因此商家采集多件衣物的特征数据，用于与特定用户的服饰偏好数据进行匹配是本领域技术人员为了简化衣物筛选过程，提高购物体验容易想到的手段，其实质是将公知的人工筛选过程转换为由计算机根据预定参数执行筛选。因此，对于本领域技术人员来说，在对比文件的基础上结合本领域公知常识得到权利要求的技术方案是显而易见的。

5. 案例启示

本申请的主题名称为一种虚拟试衣方法，但技术方案中实际包含了较多与虚拟试衣的实现没有直接关联的技术特征，因此在制定检索策略时可以把这些特征与用于实现虚拟试衣的特征分离，优先检索发明的基本构思部分，避免将无关特征作为基本检索要素。

另外，由于构成权利要求的三组特征彼此之间相对独立，三组特征之间关联度较小，因而可以被视为三个独立的子方案，从还原发明过程的角度看，如果能从现有技术中检索到公开了某些子方案构思的现有技术，则确定的区别技术特征实际解决的技术问题将对应于剩余某个子方案解决的技术问题，产生的技术效果此时判断整个技术方案的显而易见性的问题实际上转变为判断未被公开的子方案的显而易见性。

（二）案例1-5-2：图像处理设备和图像处理方法

1. 案情概述

本申请属于增强现实（AR）技术在服装销售等商业领域中的应用。申请人认为在本申请的申请日之前，已经存在把各种对象与通过捕捉获得的图像（也称为"捕捉图像"）进行合成的技术。各种对象可与捕捉图像合成，并且如在捕捉了被摄体（如人或动物）的图像的情况下，被摄体穿着的物品（如衣服或包）的图像可作为对象与捕捉图像合成。通过观看把衣服的图像与人的图像进行合成而获得的合成图像，即使用户未实际在商店中试穿衣服，用户也能够知道当用户穿着衣服时用户将会看起来如何的情况下选择衣服。

申请人认为现有的虚拟试穿/试戴技术存在的问题是用户看到的合成图像是用户自身与衣物直接合成的结果，用户真实穿着的衣物/佩饰可能会与试穿/试戴的虚拟衣物/佩饰冲突，因而影响通过 AR 技术进行虚拟试穿/试戴后对匹配程度的评价。例如，在捕捉图像中显示的用户把衣服穿着在他/她的身上的情况下，如果用户已经穿着的衣服从该衣服露出，则难以自动地从捕捉图像消除该露出的部分。

如图1-5-6所示，穿着裤子32A的消费者21希望试穿的对象是31A所代表的一条裙子。通过常规的图像合成技术所产生的图像如左侧所示，直接将试穿的裙子的图像与消费者的图像合成，但是这样得到的结果将会显示一部分从裙子下方漏出的裤子，这显然不是消费者正常的服饰搭配选择。消费者希望看到的景象如右侧图像所示，即已经将从裙子下方露出的消费者所穿着的裤子从合成图像中消除的图像。

在右侧的捕捉图像中，消费者21实际上仍穿着裤子，并把裙子放在裤子上。通过观看显示的捕捉图像，消费者能够知道当她穿着该裙子时她将会看起来怎么样，因为此时显示的图像与消费者21实际穿着裙子并且腿从裙子的底部露出的情况完全一致。

因此，在检测到裙子和裤子相邻的情况下，可利用腿（如肤色部分）替换裤子。例如，基于与捕捉图像中显示的对象相邻的对象的颜色和形状中的

图1-5-6　删除部分衣物前后的图像对比

至少一种，可检测捕捉图像中显示的对象和所述预定对象相邻。例如，检测单元确定从裙子露出的多余部分的形状是否是腿形状，并且在确定该多余部分不是腿形状的情况下，由于假定裤子从裙子露出，所以可检测裙子和裤子相邻。

另外，检测单元确定从裙子露出的多余部分的颜色是否是腿颜色（如肤色），并且在确定该多余部分的颜色不是腿颜色的情况下，由于假定裤子从裙子露出，所以可检测裙子和裤子相邻。另外，即使检测单元确定从裙子露出的多余部分的颜色是腿颜色，但在具有腿颜色的多余部分不具有超过阈值的尺寸的情况下，由于并不假定该腿颜色的部分是腿，所以可检测裙子和裤子相邻。

以这种方法，检测单元能够基于从裙子露出的多余部分的形状或颜色检测裙子和裤子相邻。腿形状或腿颜色可预先登记，或者可通过学习积累。需要注意的是，在检测到捕捉图像中显示的对象和叠加在捕捉图像上的预定对象相邻的情况下，通过利用另一对象替换捕捉图像中显示的对象的处理，可合成虚拟对象与捕捉图像。

除了可以消除一部分图像之外，还可以在合成图像中增加部分特征。

如图1-5-7所示，消费者31H所穿着的是船形领衣服。该消费者并未佩戴耳环作为饰品。如果把消费者穿着的衣服与预期佩戴的饰品图像合成，则通过观看与饰品合成的捕捉图像，消费者能够知道适合他/她穿着的衣服的饰品。因此，可根据检测到的衣服的类型改变与捕捉图像合成的饰品的类型。该图右侧显示了合成有耳环的捕捉图像。这里合成的耳环是垂下的耳环。这是因为，通过使用耳环使得在垂直方向上看起来较长，整体上的平衡变得更好。需要注意的是，虽然在图中显示的例子中消费者穿着存在于真实空间中的衣服，但即使在用作虚拟对象的衣服叠加在被摄体21上的情况下，也可执行改变饰品的类型的处理。

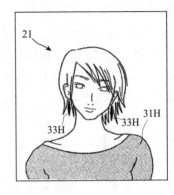

把耳环叠加在捕捉图像上

图 1 - 5 - 7　计算机增加饰品前后的图像对比

本申请独立权利要求的技术方案具体如下：

1. 一种图像处理方法，包括：

基于捕捉图像中显示的对象的状态或类型，确定将要与捕捉图像合成的虚拟对象，

其中当所述捕捉图像中显示有两个对象时，根据所述两个对象的关系确定所述虚拟对象的图像处理。

2. 充分理解发明

根据说明书的记载，本申请所涉及的 AR 技术主要用于各种试穿/试戴衣物、饰品的场景，粗看权利要求书的文字，似乎该技术方案仅仅是将两幅图像进行合成，大量现有专利和非专利文献已经披露了类似的技术方案。然而，应注意到，该权利要求方案中要合成虚拟对象的目的并非为了如现有技术中那样单纯地生成具有沉浸感的环境，而是首先确定图像中显示的对象的状态或类型，然后"根据所述两个对象的关系确定对虚拟对象的图像处理"，这导致其与常见的 AR 技术存在区别。常见的 AR 技术往往是把视觉信息通过计算机仿真后叠加应用到真实世界，真实的环境和虚拟的对象实时地叠加到同一个画面或者空间中，而本申请的技术方案中，计算机仿真生成的虚拟对象与真实环境中的对象不是无条件的简单叠加，其叠加关系受到两个对象之间的关系的影响，因而可将本申请的基本构思概括为在生成增强现实图像时"根据两个对象的关系确定另一对象"。

3. 检索过程分析

（1）检索要素确定及表达。

为了达到使专利保护范围最大化的目的，权利要求 1 并没有将技术方案限定到其说明书实施例所教导的虚拟试衣领域，而采取了较为概括的方式进行记载，因此很难提炼关键词，给检索造成一定难度。在检索之前，不能排除在一般的增强现实领域已经存在类似技术方案的教导。

用关键词或者分类号表达"根据两个对象的关系确定另一对象"这一技术构思存在较多困难。较为容易想到的思路是表达和检索以 AR 技术为基础的所有类似的应用场景，假设出其他可能的方案。由于类似的 AR 技术在生活中尚未普遍应用，因此检索员有可能缺乏对此类技术及应用场景的直观认识和体验，在这种情况下，最简单可行的方式是根据说明书中所描述的具体实施例进行关键词的拓展，如将项链、衣服、耳环、眼镜等作为关键词分别构建对应的应用场景。对于英文关键词的扩展则可通过检索过程中阅读中间检索结果获得启示，进而扩展得到更准确的英文表达方式。

本申请技术方案涉及图像处理，因此检索时可把 IPC 分类号中 G06T 小类作为相关分类号。此外需要注意，图像处理领域的分类号不只 G06T 小类，还包括 G06K9/00 大组等相关位置，检索时避免遗漏。

此外，由于本申请要求了日本申请的优先权，而索尼、任天堂等公司在日本是增强现实和虚拟现实领域的重要申请人，存在较多以日文公开的现有技术文献，因此在检索时应该重视日文数据库及日文文献的检索。本申请的检索要素如表 1－5－2 所示。

表 1－5－2　案例 1－5－2 检索要素表

检索要素	试穿	对象	虚拟	关系
中文关键词基本表达	穿衣，试衣，试穿，试戴	衣服，首饰，项链，耳环，发型，配饰	合成，合并，虚拟，模拟，增加，减少，增强	关系，位置，距离，搭配，调整
英文关键词基本表达	clothing，dressing，fitting，wearing	clothes，jewelry，necklace，earring，object?	remove，replace，add +，size，shape，connect	relation，Position，distance，match，adjust
分类号基本表达	G09G2340/12（CPC）		G06T5/50 G06T3/00	

（2）检索过程。

在中文摘要数据库中的初步检索过程如下。这一步骤的目的主要是较为粗略地对现有技术中合成虚拟图像的文献进行检索和浏览，对选取的检索要素有效性进行验证。

1	CNABS	533723	捕捉 or 获取 or 捕获
2	CNABS	372543	图像
3	CNABS	1078323	合成 or 结合
4	CNABS	49913	1 5d 2
5	CNABS	1359754	状态 or 类型
6	CNABS	380218	对象 or 目标
7	CNABS	18394	5 5d 6
8	CNABS	682	4 and 7
9	CNABS	6385	虚拟 3d（现实 or 对象）
10	CNABS	22	8 and 9
11	CNABS	561	3 s 9
12	CNABS	13	11 and 7

通过浏览，发现检索结果主要涉及利用增强现实技术或者虚拟现实技术生成虚拟的合成图像，无法检索到合适的对比文件，因此重新调整检索策略，设法更准确地表达出图像之间的"关系"。

1	CNABS	189	虚拟 s 试衣
2	CNABS	29	虚拟 and 试衣 and（修改 or 改变）
3	CNABS	32	试衣 and（增强 or 混合）
4	CNABS	243	（增强 or 混合 or 扩张）and 现实 and（改变 or 修改 or 变换）and 对象
5	CNABS	185	（增强 or 混合 or 扩张）and 现实 and（改变 or 修改 or 变换）and（颜色 or 形状）
6	CNABS	15	试衣 and 虚拟 and（改变 or 变换 or 修改）and（颜色 or 形状）
7	CNABS	641	虚拟 and（现实 or 真实）and（角色 or 对象）and（改变 or 修改 or 变换）
8	CNABS	2907	G06T5/50/IC
9	CNABS	8	7 and 8
10	CNABS	482895	叠加 or 增强
11	CNABS	168	and 10
12	CNABS	241	捕捉 or 拍摄）and 虚拟 and 叠加
13	CNABS	80	（捕捉 or 拍摄）and 虚拟 and 叠加 and（修改 or 改变 or 变换）

| 14 | CNABS | 277 | 虚拟 and（对象 or 物体）and（修改 or 改变 or 变换）and（混合 or 增强 or 扩张）and（现实 or 真实） |

由于在上述检索结果中未获取理想的对比文件，基于上述关键词在中文非专利文献资源，如 CNKI、读秀、百度学术以及外文专利数据库，DWPI、VEN 进行了进一步检索。

中文非专利文献资源：

1. 虚拟 and 图像合成

2. 虚拟 s 图像合成

3. （生成 or 合成）s 虚拟 s 图像

4. 图像 and（合成 or 生成）and 虚拟图像

5. 图片 and（合成 or 生成）and 虚拟图像

6. 照片 and（合成 or 生成）and 虚拟图像

7. （图像 or 图片 or 照片）and 内容 and（生成 or 合成）and 虚拟对象

外文专利数据库：DWPI，VEN

1	VEN	20	（captur + s image s object?）and determin + and（virtual s object?）and（G06T3/ +/ic or G06T5/ +/ic）
2	VEN	89	photo + and（person or cloth or garment or necklace or earring）and（generat + or creat + or add +）and（visual s object +）
3	VEN	17	photo + and（person or cloth or garment or necklace or earring）and（generat + or creat + or add +）and（visual s object +）and（G06T1/ +/ic or G06T3/ +/ic or G06T5/ +/ic）
4	VEN	114	photo + and（person or cloth or garment or necklace or earring）and（position or distance）and adjust + and（G06T1/ +/ic or G06T3/ +/ic or G06T5/ +/ic）
5	VEN	30	（photo + s（person or cloth or garment or necklace or earring）s（position or distance））and adjust + and（G06T1/ +/ic or G06T3/ +/ic or G06T5/ +/ic）
6	VEN	10	photo + and person and add + and（garment or necklace or earring）
7	VEN	30	image and automatic and add + and（garment or necklace

or earring or ornament）

8	VEN	15	photo + and automatic and add + and（garment or necklace or earring or ornament）
9	VEN	115	（photo + s object?）and（add + or creat + or generat + ）and（virtual s object?）and（G06T1/ +/ic or G06T3/ +/ic or G06T5/ +/ic）
1	DWPI	3412	（image? or picture? or photo?）and（character? or figure? or person?）and（necklace? or cloth? or earring? or decoration? or ring? or glasses or hairstyle?）and（remov + or replac + or add + or size or shape or skeletal）
2	DWPI	989	（image? or picture? or photo?）and（character? or figure? or person?）and（（necklace? or cloth? or earring? or decoration? or ring? or glasses or hairstyle?）s（remov + or replac + or add + or size or shape or skeletal））
3	DWPI	42532	G06T5/ic
4	DWPI	9	2 and 3
5	DWPI	23	1 and 3
6	DWPI	72	virtual and（character? or figure? or person?）and（（necklace? or cloth? or earring? or decoration? or ring? or glasses or hairstyle?）s（remov + or replac + or add + or size or shape or skeletal））
7	DWPI	3639	virtual and（character? or figure? or person? or object?）and（connection? or relation?）
8	DWPI	2	3 and 7
9	DWPI	163378	G06T5/ic or G06T1/ic or G06T3/ic
10	DWPI	48	7 and 9

4. 对比文件分析与创造性判断

（1）对比文件分析。

经过检索最终发现的最接近现有文件是一篇专利文献，其公开了执行身体扫描并使用面部识别技术和/或身体识别技术来标识用户的特征的技术方案。所述系统可以对与用户的所标识的特征最接近的类似的用户视觉表示作出选择。所述系统可在将选择应用于视觉表示之前修改该选择。用户可在将选择应用于该用户的视觉表示之前指示系统作出修改。例如，如果用户是超重的，则该用户可以指示系统选择用于该用户的视觉表示的较苗条的身材。

如图1-5-8所示，深度相机608捕捉用户602所存在于的物理空间601中的场景。深度相机608处理深度信息，深度信息可用于显示用户602的视觉表示。视觉表示可以是物理空间601中另一个目标的视觉表示，诸如另一个用户或非人类物体，或者视觉表示可以是部分的或完整的虚拟物体。

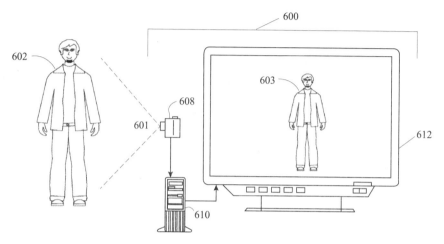

图1-5-8 具有深度信息的视觉表示

系统可以检测用户的特征中的至少一个，并从特征库中选择代表所检测到的特征。系统可以将所选择的特征自动应用于用户的视觉表示603。由此，用户的视觉表示603具有如系统所选择的用户的相像性。例如，特征提取技术可以映射用户的面部特征，并且从特征库选择的特征选项可用于创建用户的卡通表示。视觉表示603是使用从特征库选择的类似于用户的所检测到的特征来自动生成的，但在该示例中，视觉表示是用户602的卡通版本。视觉表示具有用户602的头发、眼睛、鼻子、服装（如牛仔裤、夹克、鞋）、身体位置和类型等的卡通版本。

在物理空间601中检测到的用户的视觉表示还可以采取替换的形式诸如动画、人物、化身等。视觉表示可以是用户602的特征与动画或库存模型的组合。例如，猴子表示605可以从猴子的库存模型来初始化，但是猴子的各个特征可以根据系统600从特征选项目录所选择的类似于该用户的特征来修改。例如，用户正在物理空间中皱眉。系统检测该面部表情，从特征库中选择最接近地类似于用户的皱眉，并且将所选择的皱眉应用于猴子，使得虚拟猴子也在皱眉。

（2）创造性判断。

对比文件属于AR技术的范畴，其公开了"在物理空间601中检测到的用户的视觉表示还可以采取替换的形式诸如动画、人物、化身等"这样的技术特征，因而相当于公开了权利要求技术方案中"基于捕捉图像中显示的对象的状态或类型，确定将要与捕捉图像合成的虚拟对象"。然而，对比文件尽管公开了"用户的面部表情、身体位置、所说的单词或任何其他可检测的特性可被应用于虚拟猴子 605，并且如果合适的话可被修改"，但是在对比文件中始终将被拍摄物体或者人物作为一个整体对待，对比文件中对被拍摄对象的修饰是将其作为一个整体进行的特征替换或者修饰，因此对比文件中并未公开或者教导"根据所述两个对象的关系确定所述虚拟对象的图像处理"。

在现有 AR 技术中，为达到对真实世界景象进行补充和完善的技术效果，往往通过将真实景象与虚拟景象叠加产生合成图像实现场景增强，而本申请则逆其道而行之，除了根据需求将不同来源的图像（即权利要求技术方案中的两个对象）进行合成以外，还根据衣物/佩饰试穿/试戴场景的实际需求，将可能影响最终效果的部分图像从合成结果中隐去，因此上述区别特征也不是本领域的公知常识。实际上，与其说本申请的方案是"增强现实"，不如说它是"减弱现实"的一个实例更为恰当。

由于存在上述区别技术特征，权利要求 1 的方案产生的直接有益效果是最终获取的合成图像客观上减少了原有装束的干扰，更接近图像处理系统使用者的试穿/试戴需求。综上，权利要求 1 请求保护的技术方案具备创造性。

5. 案例启示

本申请的技术方案属于增强现实技术在商业场景中的应用，与前一个虚拟试衣的方案相比，本申请的技术方案文字较为简单，技术概念高度概括，因而导致检索存在困难，如何表达图像对象之间的"关系"是检索本申请的关键和难点。由于"减弱现实"的在技术上并不常见，因而难以扩展出与本申请发明构思较为贴切对应的术语。在这种情况下，在检索过程中只得退而求其次，通过"穷举"所有可能符合本申请"减弱现实"构思的应用场景，如首饰搭配、衣物搭配、发型搭配等，即将权利要求中抽象的图像对象具象为特定的有搭配需求的衣物服饰等对象，从而将本申请请求保护的构思实例化，达到可检索的目的。

本申请权利要求的技术方案概括较为抽象，但结合说明书中提供的实施例并不难理解，本申请使用的图像捕捉、合成和消除技术都是常规的图像处理技术，因而本申请从技术实现的角度看并不复杂。然而，由于本申请通过隐去不属于试穿对象的部分衣物或者根据需要改变部分衣物/服饰特征的组合关系的技术方案满足了虚拟的试穿/试戴场景下消费者对各种服装、配饰的组合及其与消费者真实影像的搭配程度作出较为真实的判断的需求，是将 AR 技术革新与应用需求密切结合的方案，检索结果表明申请日之前的现有技术中不存在针对这种需求提出的类似解决方案。通过浏览检索结果发现，虽然能够获得大量的涉及图像捕捉、合成和消除技术的文献，但是这些文献都未体现本申请的构思，因而不适于作为最接近现有技术来评价本申请技术方案的创造性。

第二章
"互联网＋"

"互联网＋"是指互联网与传统行业的融合，通过信息通信技术和互联网技术推动传统行业的优化升级，改造传统行业的固有生产模式，提升行业效率。

在2015年3月5日召开的十二届全国人大三次会议上，李克强总理在政府工作报告中首次提出"互联网＋"行动计划，积极推动移动互联网、云计算、大数据、物联网等与现代制造业结合。"互联网＋"不仅能够创造新兴产业、提升传统产业，而且对整个社会的生活方式也有深远的影响。

本章将围绕仓储物流、金融保险、医疗保健、网络安全等方面，介绍上述领域相关专利申请在检索和创造性评判方面的特点和重点。

第一节 "互联网＋仓储物流"

一、"互联网＋仓储物流"技术综述

（一）"互联网＋仓储物流"产业综述

物流是随着经济的发展而逐渐形成的，中国物流与采购联合会颁布的《中华人民共和国国家标准——物流术语》中物流的定义是，"物流是物品从供应地向接收地的实体流动过程，根据实际需要，将运输、储存、搬运、包装、流通加工、配送、信息处理等基本功能实施有机结合"。

现代仓储物流的基本功能是通过库存物品的缓冲与调节，帮助供应链平稳运作，与传统仓储业比较，现代仓储业的主要特点发生了改变，主要体现在以下六个方面：管理对象由管理仓库到管理物品、管理手段由手工/垛卡/表单到信息系统、管理方法由粗放到规范精细和个性、服务对象由单一企业到供应链、服务功能由单一的储存保管到系列化的增值服务、经营业态由简单/雷同到多元化/细分。

仓储物流的发展经历了不同的历史时期和阶段，从原始的人工物流仓储到现在的智能仓储，通过各种高新技术对物流仓储的支持，仓储的效率得到了大幅度的提升，物流业得到了迅猛的发展。

仓储物流的发展过程分为以下三个重要阶段：第一，人工和机械化的仓储物流阶段，这个阶段物资的运输、仓储、管理、控制主要是依靠人工及辅助机械来实现，物料通过各种传送带、输送车、机械手、堆垛机等来移动和搬运，其实时性和直观性是明显优点；第二，自动化仓储物流阶段，这个阶段对仓储技术和发展起到重要促进作用的是自动化技术，如自动化引导小车（AGV）、自动货架、自动存取机器人、自动识别和分拣等，信息技术成为仓储技术的重要支柱；第三，智能化物流仓储阶段，在这个阶段，人工智能将推动仓储物流技术的发展，仓储物流系统能模仿人的智能进行感知、学习、推理判断和自行解决某些问题，体现在利用条形码、射频识别技术、传感器、全球定位系统等先进的物联网技术通过信息处理和网络通信平台在物流仓储的各个环节实现高效率优化。

（二）专利申请特点概述

中国国家知识产权局网站提供的物流产业专利信息服务平台，将物流产业分为六类行业：装卸搬运、物流运输、库存（仓储、保管）技术、流通加工、分拣包装配送系统和物流信息技术。

2000—2020 年，中国、美国和日本递交的该产业相关专利申请数量如图 2-1-1 所示。

由图 2-1-1 可知，中国、美国、日本在物流产业六大行业的专利申请数量所占比例不同，中国所占比重最大的是物流信息技术，美国、日本所占比重最大的是装卸搬运。装卸搬运在物流过程中是不断出现和反复进行的，是决定物流速度、物流费用、物流效率的重要环节，美国、日本发展仓储物流的历史比较早，这方面的专利申请数量占有一定优势。我国物流信息技术的专利占比最高，并且在仓储物流产业近十年专利总量最高，是我国对物流信息技术的重视和促进现代物流发展的成果。

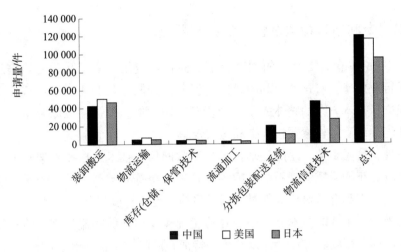

图 2 - 1 - 1 中、美、日物流产业六类行业专利申请量

中国物流产业的专利申请中，物流信息行业占据产业专利总量的 44%，装卸搬运行业占据 32%，包装配送行业专利数量占据 17%，而流通加工行业、仓储业、物流运输业比例较低，总共占整个产业专利数量 7% 的比重。可见物流产业的各个行业专利产出差距较大，其中比较薄弱的行业为流通加工行业、仓储业、物流运输业。

图 2 - 1 - 2 示出了基于互联网的仓储物流技术的专利申请趋势状况，从图中可以看出，2010—2014 年，我国的申请量呈现平稳增长，从 2014 年开始，申请量增长速度明显加快。2019 年和 2020 年趋势下降是由于部分申请未公开。

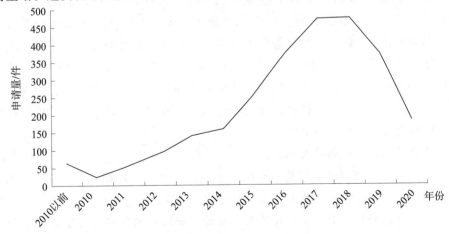

图 2 - 1 - 2 基于物联网的物流仓储技术的专利申请趋势

二、专利申请检索及创造性判断要点

"互联网＋仓储物流"的创新成果面向行业应用、依托互联网等信息技术提高了行业效率。对这类专利申请的检索不能局限于权利要求中记载的文字描述，而应从技术方案的整体入手，分析其应用领域、关键手段以及整体通信框架，才能准确确定检索要素、提高检索效率。

另外，这类申请采用的基础技术是互联网信息技术，在技术架构上与电子政务系统、车辆租赁管理系统、网约车管理系统等有类似之处，当无法在仓储物流领域检索到合适对比文件时，可以将检索范围扩展到上述领域。

这类专利申请的技术方案中，有可能既涉及与仓储物流规则、路径优化算法有关的商业规则和方法特征以及算法特征，同时涉及各种电子信息处理设备、控制软件的配合。因此，应当细致梳理仓储物流的规则特征、智能算法特征与硬件设备、控制软件等技术特征之间的关联，如果它们在功能上彼此支持、存在相互作用关系，则这些物流规则、智能算法与其他技术特征可以共同构成技术手段。

三、典型案例

（一）案例 2 - 1 - 1：基于移动互联网的用于收派员操作和信息交互的系统

1. 案情概述

本申请属于物流仓储技术在收派员信息交互领域中的应用。目前快递行业有官网在线下单、电话下单、手机 APP 下单、第三方接入下单等各种服务方式，但依然存在揽收不及时、服务不规范、客户体验低等问题。本申请通过基于 LBS 的地图服务，采用百度或高德地图 API，为客户和收派员实时提供位置信息。基于位置定位服务能实时显示收派员当前位置信息，为客户提供周边收派员信息，还能定位包裹位置，提高派件效率。通过派送轨迹服务，可以提供最优收派线路，提高业务员效率。

本申请的独立权利要求如下：

1. 一种基于移动互联网的用于收派员操作和信息交互的系统，包括收派员客户端、客户操作终端、网点收派管理终端、服务器，其中：

收派员客户端：用于收派员的基本操作、和客户的通讯、对客户位置的查询及对收派员自身基本信息的维护；

客户操作终端：用于客户对快递单、包裹的操作、对收派员进行评价和在线支付；

网点收派管理终端：统计汇总收派员每天收派的线路，查看快递员实时位置、查看收件和派件热点图；

服务器：和收派员客户端、客户操作终端及网点收派管理终端建立通信连接，并且存储包括订单、地理位置、业务员信息在内的数据。

2. 充分理解发明

本申请的技术方案包括三个终端：收派员客户端、客户操作终端、网点收派管理终端，其中，收派员客户端为手机 APP，用于收派员的基本操作、与客户通信、对客户位置进行查询并对收派员自身基本信息进行维护；客户操作终端用于客户对快递单、包裹的操作、对收派员进行评价和在线支付；网点收派管理终端用于统计汇总收派员每天收派的线路，查看快递员实时位置、查看收件和派件热点图。本申请主题名称中限定所述系统是"基于移动互联网"的，因此至少收派员客户端应理解为移动终端，客户操作终端、网点收派管理终端的类型则无限制。本申请的技术方案还包括用于为上述三个终端建立通信连接的服务器，该服务器用于存储各种业务相关数据。

说明书中记载的技术效果包括两个方面：一是通过位置定位服务实时显示收派员当前位置信息、为客户提供周边收派员信息。二是使用文件存储位置数据，以便后期使用 HADOOP 来分析使用数据。根据当前权利要求的方案能够获得前一技术效果，但是后一技术效果是利用大数据技术分析物流数据才能产生的，与物流服务本身关系不大，且权利要求中也并未记载任何相应的特征。为获得前一技术效果，系统必须同时具有收派员客户端和服务器，用于采集位置信息并且用于记录位置信息以便客户查询。因此，仅当现有技术文献中同时存在上述两项特征时才可能影响本申请的创造性。

3. 检索过程分析

根据上述分析可知，本申请请求保护的系统由客户端、客户操作终端、网点收派管理终端、服务器四方构成，其相互之间的数据传送反映的是快递行业特定的业务流程。如果将客户端、客户操作终端、网点收派管理终端、服务器这四方作为基本检索要素，由于上述参与通信的四方都是本领域中常见的硬件设备，那么仅将构成该系统的硬件组成作为检索要素进行检索时，必然会引入大量噪声，也不会检索到与本申请领域相近、解决的问题相同的解决方案。

从技术方案的整体考虑，其体现了互联网与物流行业的融合，所采用的关键技术手段是通过位置定位服务实时显示收派员位置信息、定位包裹位置、提供派送轨迹，从而优化收派线路，提高业务员效率。因此，从应用领域和采用的关键技术手段可以进一步确定"快递""定位"两个检索要素。对于物流领域，IPC 有两个分类号 G06Q50/28（物流，如仓储、装货、配送或运输）和 G06Q10/08（物流，如仓库、装货、配送或运输；存货活库存管理，如订货、采购或平衡），从技术释义看，这两个分类号非常相近，但根据分类实践，涉及物流的大多发明专利申请是分到 G06Q10/08 下的。因此，在表达该检索要素和实际检索时，可将两个分类号一起检索，以防漏检，也可优先检索 G06Q10/08 以便快速命中对比文件。

在此基础上，继续梳理权利要求中的技术特征。如前述分析，本申请通信的内容与订单直接相关并最终实现了订单的支付，因此选择"支付"作为又一检索要素。基于本领域的分类知识可知，用于实现支付的解决方案有专门的分类号 G06Q20，从而可以利用关键词和分类号一起进行检索要素的表达。

综上分析，最终确定的检索要素表如表 2-1-1 所示。

表 2-1-1　案例 2-1-1 检索要素表

基本检索要素	快递（行业应用）	定位（关键技术手段）	四方通信（补充要素1）	支付通信架构（补充要素2）
中文关键词基本表达	快递，收派，收件，取件，揽件，派件，订单，接单，抢单，下单，投递，包裹，货物，快件	定位，位置，路线，线路，路径，导航，目的地，地图，热点，密集，集中，区域，街道，街区，范围	通信，通讯，交互	支付，费用，收费，计费，付钱，付款
英文关键词基本表达	express +，delivery，pickup，send，order，package，goods	appoint，location，position，path，route，way，navigat +，destination，map，place	pay，charg +	communication，message，summar +
分类号基本表达	G06Q10/08 G06Q50/28			G06Q20/00

根据上述检索要素表，主要检索过程如下：

1　CNABS　107　（快递 or 收派 or 取件 or 收件 or 揽件 or 派件）and（位置 or 定位）and（路线 or 线路 or 路径 or 导航 or 目的地 or 地图）and（包裹 or 订单 or 快件 or 货物 or 接单 or 抢单）and（支付 or 付费 or 费用 or 收费 or 计费 or 付款）and（通信 or 通讯 or 交互）

2　TODB　（将 CNABS 中的检索结果转至全文数据库 CNTXT）

3　CNTXT　97

4	CNTXT	62	（快递 or 收派 or 取件 or 收件 or 揽件 or 派件）s（位置 or 定位）
5	CNTXT	54	G06Q/IC

在上述检索式命中的文献中，可以得到与本申请内容较为相关的发明名称为"一种便捷的快递收件服务系统"的现有技术1。该篇现有技术公开的快递收件服务系统包括用户端、快递终端及快递收件服务平台且可以实现与本申请的收派员客户端、客户操作终端和服务器相同的功能，但未公开有关本申请网点收派管理终端及其功能。

当未能在外文专利数据库及非专利数据库中检索到更为相关的 X 类文献后，进一步寻找在解决如何获得订单位置密集度的问题时，现有技术中是否存在通过统计汇总收派员线路、查看快递员实时位置、查看收件和派件热点图的方式予以解决该问题的技术启示。具体检索式如下：

6	CNABS	1075	热点 or 集中 or 密集
7	TODB		
8	CNTXT	1057	
9	CNTXT	303	pd＜20151103
10	CNTXT	44	（G06Q10 OR G06Q50）/IC

在上述检索式命中的文献中，经浏览发现一篇发明名称为"一种基于订单的调度方法和调度系统"的现有技术2。该篇现有技术为解决如何确定订单密集度的问题时，采用了与本申请类似的技术手段。由此，可以将检索到的现有技术1作为与本申请最为接近的现有技术的对比文件1，将检索到的现有技术2作为对比文件2结合评述本申请的创造性。

4. 对比文件分析和创造性判断

（1）关于对比文件。

对比文件1公开了一种便捷的快递收件服务系统（相当于基于移动互联网的用于收派员操作和信息交互的系统），包括用户端（相当于客户操作终端）、快递终端（相当于收派员客户端）及快递收件服务平台（相当于服务器）；所述用户端下载安装有用户 APP，用于实现与快递收件服务平台的通信，以实现用户信息的注册、快递相关信息的填写、计算快递费用及快递费用支付功能（相当于客户对快递单、包裹的操作、在线支付）；该用户端还能够通过与快递收件服务平台通信，实现查询订单信息以及对已收件快递员的服务评价（相当于客户对收派员进行评价）；所述快递终端下载安装有快递员 APP，用于实现与快递收件服务平台的通信，以实现快递员信息的注册、快递订单信息的接收、快递订单的抢单、快递订单的退订、收件路径的规划以及上门收件时间的计算功能，所述快递终端还能够通过外接打印机打印快递订单；快递员根据接受的订单信息查询用户位置，并通过 GIS 软件规划路径，以便于找到需快递的用户（相当于收派员的基本操作、和客户的通信、对客户位置的查询及对收派员自身基本信息的维护）；所述快递收件服务平台用于管理用户、快递员、订单信息（相当于服务器存储包括订单、地理位置、业务员信息在内的数据），且该快递收件服务平台上安装有 GIS 软件，以实现用户的位置定位、快递员的位置定位、快递员收件路径的规划、快递员当前位置的查询功能；待用户支付后，APP 将快递订单信息发送至快递收件服务平台的云管理系统，云管理系统通过安装在其上的 GIS 软件定位用户位置，并发送快递订单信息至距离该用户 5 公里范围内的快递员，同时，通过手机上的 APP 告知用户已经发送给几位快递员该快递订单信息。

对比文件 2 公开了一种基于订单的调度方法和调度系统，并具体公开了：所述系统包括区域订单管理终端，用于对管辖区域内的订单信息进行统计和维护；对前一天或前几天预定时刻或时间段内的订单数据进行统计分析；订单量的热点值可以用于地图中标记给定区域的颜色。

（2）创造性分析。

权利要求 1 的技术方案与对比文件 1 公开的内容相比，其区别特征为：网点收派管理终端用于统计汇总收派员每天收派的线路，查看快递员实时位置、查看收件和派件热点图。基于上述区别特征，权利要求 1 的方案实际解决的技术问题是：如何确定并查看网点区域中具有密集快递业务需求的地理位置。

对于上述区别特征，对比文件 2 公开了对区域内的订单历史数据信息进行统计分析并在地图中绘制订单热点图的技术内容。对于快递业务而言，为了确保快递的实效性，时间和空间是两个同等重要且相互关联的维度，在对比文件 2 公开的有关时间密集度的统计和呈现方式的基础上，本领域技术人员容易想到将汇总分析的对象从时间密集度调整为地理位置密集度，从而供网点便于确定并查看区域中具有密集快递业务需求的地理位置。

因此，在对比文件 1 的基础上结合对比文件 2 从而得出权利要求 1 要求保护的技术方案，对本领域技术人员来说是显而易见的，权利要求 1 不具备创造性。

5. 案例启示

本申请的方案涉及客户端、客户操作终端、网点收派管理终端、服务器之间的通信，由于这四方设备都是本领域中常见的硬件设备，将其直接作为检索要素会引入大量噪声，这种情况下，应将本申请涉及的应用领域、关键技术手段一并作为检索要素。

具体来说，本申请的方案涉及仓储物流行业中最贴近日常生活的快递行业，所解决的问题是为快递员优化路线，所采用的关键技术手段是实时提供客户和收派员位置信息，因此，"快递""定位"是需要重点考虑的检索要素。在此基础上，还要考虑四方通信架构是否与本领域中常见的通信架构类似，在将其应用于本申请的快递业务时，是否需要对该通信架构和流程作出技术上的改进，是否产生了有益的技术效果，从而进一步扩展检索要素。

对这类申请的检索不能局限于权利要求的文字表述，而应从技术方案的整体入手，分析其应用领域、关键手段以及整体通信框架，才能准确确定检索要素、提高检索效率。

根据一般生活经验，本申请的技术方案是较为常规的技术，如作为快递用户，我们已经习惯了在各种终端上随时查询快递配送进程及其实时位置，这些实际体验一方面有助于理解发明，但同时又可能影响对发明创造高度的判断。为了避免这种主观经验影响对权利要求创造性的评判，应该注意准确站位，本领域技术人员应以申请日之前快递行业的技术水平为准，客观进行创造性评价。

（二）案例 2 - 1 - 2：货物进出口贸易中的预归类流程集成系统

1. 案情概述

预归类是指在海关注册登记的进出口货物经营单位，根据自己货物的情况可以在货物实际进出口的 45 日前，到直属海关申请要进出口的货物进行预先商品归类。货物经海关通过后发放决定书，目前，填写预归类申请表都是纸质文件，在审核过程中，难免会发生各种各样的遗漏或错误填写，只能通知申请人重新填写，导致申请人要多次到现场，严重影响申请进度。此外，纸质文件在审批过程中的流转，既浪费材料也浪费时间，容易造成丢失和积压。为了克服上述问题，本申请提供一种全电子化、简单高效的货物进出口贸易中的预归类流程集成系统。

本申请的独立权利要求如下：

1. 一种货物进出口贸易中的预归类流程集成系统，其特征在于，其包括：

归类申请书模块，负责提供人机交互界面，供申请人新增、修改、删除和提交归类申请书；

分派模块，负责提供人机交互界面，供分派人将提交的归类申请书分派给指定的审核人进行审核；

审核模块，负责提供人机交互界面，供审核人对提交的归类申请书进行审核；

所述审核模块包括：

初步审核模块：负责提供人机交互界面，供审核人对提交的归类申请书进行初步审核，初步审核通过的归类申请书流转到复审模块；初步审核未通过的归类申请书则在增加未通过理由后流转至归类申请书模块，供申请人进行修改；

复审模块：负责提供人机交互界面，供审核人对初步审核通过的归类申请书进行复审，复审通过的归类申请书流转到终审模块；复审未通过的归类申请书则在增加未通过理由后流转至初步审核模块，供审核人进行修改；

终审模块：负责提供人机交互界面，供审核人对复审通过的归类申请书进行终审，终审通过的归类申请书则标记通过，流转至归类申请书模块；终审未通过的归类申请书则在增加未通过理由后流转至复审模块，供审核人进行修改。

2. 充分理解发明

本申请涉及货物进出口贸易，具体是涉及跨境贸易中的海关报关。其方案将海关报关预归类流程电子化，提高了处理效率、增强了信息安全。因而，本申请的发明核心就在于各处理环节的模块化定制，包括针对申请人提交申请和进行修改等编辑操作环节的归类申请书模块、针对审核任务分派环节的分派模块、针对审核处理流程各环节对应设置的初步审核模块、复审模块和终审模块。

3. 检索过程分析

在充分理解发明的基础上，可以明确本申请的检索重点在于利用自动化手段实现预归类审核流程，从而将应用领域限定在海关、通关、报关等系统。

本申请公开文本给出的分类号 G06Q30/00 涉及特别适用于如购物或电子商务的商业目的的数据处理系统或方法，鉴于本申请涉及电子化政务，分类号 G06Q10/00（专门适用于行政、管理目的的数据处理系统或方法）更为贴近本申请的应用。此外，考虑到本申请涉及物流报关的实际操作环境，可以将分类号 G06Q50/28（特别适用于特定商业领域的系统或方法，如物流：仓储、装货、配送或运输等）用于检索。

综上，本申请的基本检索要素如表 2-1-2 所示。

表 2-1-2　案例 2-1-2 检索要素表

检索要素	预归类	审核	海关
中文关键词基本表达	预归类，分类，归类	初审，复审，终审，审核，申请，分派	海关，报关，进出口，口岸

续表

检索要素	预归类	审核	海关
英文关键词基本表达	pre - classification, classify, sort, rank, group	review, approve, application, request, claim, apply, assign, first, instance, primary, final, judgment, appeal, order	customs, clearance, declaration, import, export, port
分类号基本表达	G06Q10/00		G06Q50/28

首先，采用关键词"预归类"在中文摘要库 CNABS 和全文库 CNTXT 中进行初步检索：

1	CNABS	11	预归类
2	CNABS	11604989	PD＜20150213
3	CNABS	2	1 and 2
1	CNTXT	33	预归类
2	CNTXT	10075585	PD＜20150213
3	CNTXT	7	1 and 2

从上述检索过程可以看出，使用"预归类"单个要素的检索结果数量非常少，尤其是用本申请的申请日进行限定后得到的现有技术只有寥寥几篇。因而扩展"预归类"的关键词表达，并利用分类号和关键词一起继续在中文专利库进行检索，过程如下：

4	CNABS	6027	（（分类 or 归类）s 审核）or （（货物 or 贸易 or 商品）and （注册 or 登记））
5	CNABS	48345	海关 or 进出口 or 口岸
6	CNABS	6066	/ic G06Q50/28
7	CNABS	140539	G06Q10/ ＋/ic
8	CNABS	49	4 and 5 and （6or7）
4	CNTXT	99	（（分类 or 归类）s （初审 or 复审 or 终审））
5	CNTXT	5668	/ic G06Q50/28
6	CNTXT	139073	G06Q10/ ＋/ic
7	CNTXT	24	4 and （5or6）

通过上述检索过程并未获得有效的对比文件，同时，利用上述关键词的英文表达在英文专利数据库中检索也未发现合适的对比文件。

因而继续调整检索策略，选择关键词"预归类"和"审核"在"读秀"非专利数据库中检索，快速检索到了内容相关度较高的文献：具有预归类申请系统应用项目的电子口岸平台。该篇现有技术具体公开了通过预归类申请系统向海关归类部门提交商品预归类申请数据，并接受海关退回数据、审批通过的归类意见和预归类决定数据的电子化操作流程及人机交互界面。

4. 对比文件分析和创造性判断

（1）关于对比文件。

可作为对比文件的该篇文献公开了具有预归类申请系统应用项目的电子口岸平台，并具体公开了以下内容：通过中国电子口岸平台，政府部门之间、政府部门与企业之间、企业与企业之间、企业与中介之间实现数据交换和共享，政府部门的行政审批、监督管理等执法业务操作全部上网，中国电子口岸可以为政府部门和企业办理在线申请和审批服务。

电子口岸联网应用项目包括预归类申请系统和审批系统。各应用项目和系统功能都通过人机交互界面上提供的快捷键完成，数据的删除、修改、打印等操作也都有快捷键支撑，以报关申报系统为例，对于任何表体中的列表框，系统均提供右键菜单，对所选中的表体数据进行新增、删除、复制等操作。

预归类申请系统主要实现进出口人在货物实际进出口之前，向海关归类部门提交商品预归类申请数据，并接受海关退回数据、审批通过的归类意见和预归类决定数据。企业可以通过预归类申请系统向海关递交申请，系统将申请转交至海关负责审批的负责人，通过审批系统对递交的申请进行审批后，海关将签发的预归类决定书返回给申请人。在预归类申请系统界面上方的功能菜单栏中，点击"预归类申请录入"，进入预归类申请录入/申报界面，按照填制规范录入完毕，点击"暂存"按钮，审核无误后点击"申报"按钮，即可完成预归类申请数据的申报操作。可见，对比文件1公开了利用人机交互界面实现新增、修改、删除和提交归类申请书以及分派和审批的各环节。

（2）创造性分析。

该篇对比文件作为与本申请最接近的现有技术，公开了通过人机交互界面进行归类申请书、分派、审核的技术方案，权利要求1与对比文件1的区别在于审核模块还包括初步审核模块、复审模块和终审模块以及三个模块具体实现的业务流程。

基于上述区别特征，权利要求1的方案实际所要解决的问题是如何规范预归类审核流程。出于救济和公平的需要，将审核业务划分为初审、复审和终审是常用的技术手段，在对比文件已经公开了可以通过人机交互界面实现预归类申请的基础上，本领域技术人员根据公知常识容易想到同样利用人机交互界面的方式根据报关时预归类申请的业务特点细化审核流程，从而实现如本申请的初审、复审、终审模块的功能。因此，在对比文件 1 的基础上结合本领域公知常识从而得到权利要求 1 的方案是显而易见的，权利要求 1 不具备创造性。

5. 案例启示

对于"互联网＋物流仓储"领域的专利申请，由于其涉及的应用领域较为具体，因此在专利数据库中不能获得理想检索结果时，可考虑在非专利检索资源中寻找最接近的现有技术。另外，此类申请中，利用单要素进行检索有时难以获得合适的对比文件，应该根据方案要解决的问题，采用的核心技术手段，准确进行检索要素的确定和关键词的表达。

就该案例而言，其涉及货物进出口贸易中的预归类流程集成系统，显然是属于跨境物流领域的方案，但对这类申请的检索不能局限于其所属的行业，也不能局限于权利要求中的文字描述，例如"预归类"。从方案整体来看，其主要是利用人机交互技术实现政务信息的电子化和自动化，因此，检索过程中要关注涉及电子政务系统等相近领域是否有合适的对比文件。

第二节 "互联网＋金融"

一、"互联网＋金融"技术综述

(一)"互联网＋金融"技术概述

近年来，"互联网＋"成为炙手可热的词汇之一，互联网技术在诸多领域有了广阔的应用空间，在我们的日常生活中也时常会听到人们谈论阿里巴巴的余额宝、蚂蚁金服、花呗，京东白条、苏宁任意付等金融产品，"互联网＋金融"日益受到人们的关注。

什么是互联网金融呢？以互联网为代表的现代信息科技，特别是移动支付、社交网络、搜索引擎和云计算等，对人类金融模式产生颠覆性影响，互联网金融模式是既不同于商业银行间接融资，也不同于资本市场直接融资的第三种金融融资模式❶。

在移动互联网、大数据、云计算、区块链等信息技术的有力推动下，以网络借贷为代表的互联网金融迅猛发展，在提高金融服务效率，降低交易成本，

---

❶ 谢平，邹传伟. 互联网金融模式研究 [J]. 金融研究，2012 (12)：11-22.

满足精细化、多元化投融资需求，提升金融服务的精准适配性等诸多方面，发挥着积极作用。基于用户的金融需求，互联网金融大致分为四类：支付、融资、风险管理和投资理财。

（二）专利申请特点概述

对于涉及"互联网＋金融"的专利申请，截至 2020 年 9 月，其全球范围内的专利申请总量已超过 3 万件。图 2 - 2 - 1 示出了"互联网＋金融"专利申请量的逐年变化趋势。从图中可以看出，该行业的发展始于 2006 年左右，在 2006—2014 年，专利申请量整体上呈缓慢增长的趋势。2015 年至今，该领域专利申请量的增长速度迅猛，充分体现出了该领域的研发活跃性。

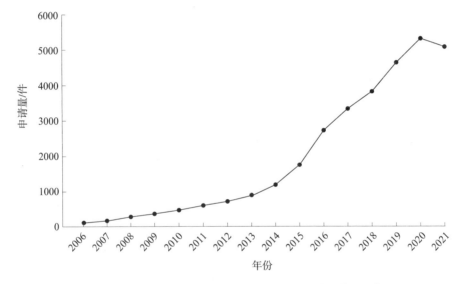

图 2 - 2 - 1　国内外"互联网＋金融"专利申请量变化趋势

图 2 - 2 - 2 示出了在中国、美国、日本、韩国和欧洲专利局递交的"互联网＋金融"的专利申请数量的情况。从该领域专利申请的地域分布看，在中国递交的金融技术相关专利数量最多，其次是美国、日本、欧洲与韩国，在中美两国递交的专利数量远超其他国家和地区。

图 2 - 2 - 3 示出了"互联网＋金融"相关专利申请的 IPC 分布情况。根据数据统计结果，按照申请量排序，排序靠前的 IPC 分类号有：

G06Q40／：金融；保险；税务策略；公司或所得税的处理；

G06Q30／：商业，例如购物或电子商务；

G06Q10／：行政、管理；

G06Q50／：特别适用于特定商业领域的系统或方法；

G06Q20/：支付体系结构、方案或协议；

G06F3/：用于将所要处理的数据转变成为计算机能够处理的形式的输入装置；用于将数据从处理机传送到输出设备的输出装置，例如，接口装置；

H04L29/：用于数据信息的传输的装置、设备、电路和系统；

从 IPC 分类号分布来看，"互联网＋金融"专利申请的热点主要集中 G06Q。

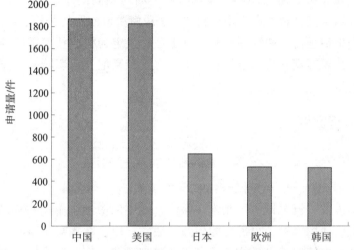

图 2-2-2 "互联网＋金融"专利申请量分布

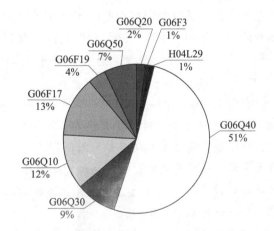

图 2-2-3 "互联网＋金融"专利申请的 IPC 分布

二、专利申请检索及创造性判断要点

"互联网＋"技术在保险、融资等相关行业中有着广泛的应用，对于这类专利申请的解决方案，要关注各行业中的特定商业模式是否给方案整体带来了技术上的改进，在检索过程中既要关注技术特征也要关注涉及金融规则的商业规则和方法特征，对于商业规则和方法特征的检索需要拓展检索资源，将各类非专利数据库纳入检索范围。还需注意的是，在与申请相关的特定应用领域未能发现理想的检索结果时，需要将应用领域扩展至相近领域进行检索。例如，当在车险领域无法获得理想的检索结果时，面对相同的难题，可考虑在寿险、财产险等领域寻找是否存在采用相同技术手段解决该问题的技术启示。

对这类申请进行创造性评判时，对于已经认定为构成技术手段的商业规则和方法特征，要客观看待其给权利要求的方案带来的技术影响，不能将其从方案中割裂对待。

三、典型案例

（一）案例 2－2－1：车险保费退费处理方法和装置

1. 案情概述

本申请涉及"互联网＋"技术在保险行业中的应用。车险一直以来都为人们对于车辆的使用提供了很重要的保障，通常，用户在购买车险时，都是按年度缴纳保费，即使在不出行的日子也仍然要交保费。相关保险机构为了实际业务需要以及配合某些政府政策的执行（比如单双号限行的政策），会推出一些相关的车险退费业务，比如，可以将用户申请的不出车的时间所对应的部分车险险别的保费退还给用户。然而，由于车险保费退费的情况比较多，并且需要处理的退费申请量比较大，如果仅依赖人工柜台手动进行车险保费退费处理，则效率非常低。

本申请的独立权利要求 1 如下：

1. 一种车险保费退费处理方法，所述方法包括以下步骤：

获取退费请求，所述退费请求中包括退费时间段和用户标识；

从所述退费请求中提取退费险别标识，所述退费险别标识所对应的险别；

获取与所述用户标识对应的车险保单号，查找所述车险保单号对应的保单信息中与所述退费险别标识对应的年保费；

根据所述退费时间段和所述年保费计算出所述退费时间段对应的退费金额，包括：

获取年保费对应的有效期，从该有效期中选取一个大于所述退费时间段中的退费终止时间的时间，作为退费参照时间；减少费用的时间段为所述退费时间段中的退费起始时间至所述退费参照时间之间的时间段，其中所述减少费用的时间段中包含所述退费起始时间和所述退费参照时间。

2. 充分理解发明

本申请是互联网技术在车险行业的典型应用，通过阅读本申请得知，现有技术中通常面临车险保费退费情况复杂，退费申请量较大等问题，而传统解决方案通常仅依赖人工柜台以手动方式处理退费请求，因此效率比较低。

本申请提供的车险保费退费处理方法与人工处理方式相比，改进之处主要在于，将原来需要手工处理的步骤转化为由计算机程序流程实现，在保险产品设计上未针对投保、退保流程进行任何有利于自动化处理的改变，也未体现出数据处理效率、安全性等技术上的进步，仅仅是利用计算机固有的数据处理能力实现原有的线下业务流程。对于这样的申请，最适于作为最接近现有技术的文献中应该包括以计算机程序流程实现类似保险退费服务的解决方案。如果检索不到最为理想的文献，则可以考虑在其他险种的应用中寻找公开了类似保险退费流程的文献作为对比文件。

3. 检索过程分析

（1）检索要素确定及表达。

基于上述分析可知，权利要求方案中的特征可分为两组，第一组特征主要涉及如何根据用户退费请求确定退费时间段和年保费，第二组特征主要涉及根据退费时间段和年保费计算退费金额。由此确定的检索要素较为明确，即车险、退费、时间段、年保费。

表 2 - 2 - 1　案例 2 - 2 - 1 的检索要素表

基本检索要素	车险	退费	时间段	年保费
中文关键词基本表达	保险、车保、车险、车辆保险，汽车保险	退费、退款、退还、计费、扣费	时间段、时段、起始点、终止点、起始时间、终止时间、参照时间、分段、时间间隔、时间点	全年保险费、保费、全年、一年、整年
英文关键词基本表达	Car, insurance, vehicle, insurance	Premium, reimburse＋, refund	Period, quantum, start time, end time	AFYP, Annual, premium
分类号基本表达	G06Q40/08			

（2）检索过程。

在进行检索时，可以先对申请人、发明人等进行追踪检索，并利用互联网检索的便利性，进行背景知识的补充，从而在背景技术的基础上修正并扩展关键词的表达，如"退费"的英文关键词是专用术语"reimburse"。

在中文摘要专利库中尝试进行全要素检索，主要检索式如下：

1	CNABS	124008	车险 or 保险 or 车保
2	CNABS	27210	退费 or 退款 or 扣费 or 计费
3	CNABS	216260	时间段 or 时段 or 起始点 or 终止点
4	CNABS	7514	年保费 or 保费 or 全年 or 整年
5	CNABS	14927173	pd < = 20160720
6	CNABS	2	1 and 2 and 3 and 4 and 5

由第6检索式的检索结果可知，全要素检索中使用关键词较多，限定范围较窄，可能会漏掉相关文献，从而尝试块检索以扩大检索范围，使用的检索式如下：

7	CNABS	11	（保险 or 车险 or 车保）and（退费 or 退款）and 5

通过块检索得到11篇现有技术，其中包括发明名称为"一种车辆保险计费系统"的现有技术1。该文献与本申请的发明构思相同，均是解决保险行业不能"按天"计算保费的不足，满足车主对按出行天数承保的需求。

继续在中文摘要库中针对时间段和年保费两个检索要素进行检索并未发现相关文献，具体检索式如下：

8	CNABS	124008	车险 or 保险 or 车保
9	CNABS	27210	退费 or 退款 or 扣费 or 计费
10	CNABS	216260	时间段 or 时段 or 起始点 or 终止点
11	CNABS	13	8 and 9 and 10 and 5

考虑到根据时间段计算退费的操作方式并不是保险行业所独有的，在其他金融相关行业应当也有涉及，因而扩展检索领域，不再局限于保险行业，根据权利要求1中多次使用的"分段计费"，进一步构建检索式：

12	CNABS	53	（（分段 or 时间段 or 时段）W（计费 or 退费 or 退款））and 5

但上述检索结果中并没有发现相关度更高的文献。此外，利用检索要素的英文表达在外文专利数据库中进行检索，也未发现其他更为合适的文献。

4. 对比文件分析与创造性判断

（1）对比文件分析。

作为对比文件的现有技术1公开了一种车辆保险计费系统，其目的在于克服保险行业不能"按天"计算保费的不足，满足车主对按出行天数承保的需求。该系统提供车辆免保周期申请服务，用户可以随时随地向后台管理中心发送免保周期的申请；审核通过后，将从已缴纳的保险费用中返还免保周期内按天测算的保费。基于上述保险费用的缴纳方式，可以按照实际产生的出行天数缴纳保费，从而实现了保费查算模式的创新，有效避免资源浪费。该系统包括：移动终端，用于账户绑定、提交减免车险保费申请（相当于获取退费请求，退费请求中包括用户标识）；免保申请核验流程如下：车主在移动终端的 APP 应用里选择免保的起止时间（相当于退费请求中包括退费时间段），获取车辆定位，提交申请；后台管理中心从保单存储数据库中调取用户的车险保单数据，确认用户已缴纳的车保费用（相当于获取与所述用户标识对应的车险保单号，查找所述车险保单号对应的保单信息中退费险别标识的年保费）；保费查算接口从数据库中获取免保金额数据；后台管理中心调取申请绿色出行车辆在申请时间段内的历史 GPS 行驶记录和停留状态，对其提交的申请进行真实性核验；如该申请车辆在申请周期确实没有出行，则将该段时间节省的保费返回至其账户（相当于根据所述退费时间段和所述年保费计算出所述退费时间段对应的退费金额）。

（2）创造性判断。

权利要求 1 所要求保护的方案与对比文件 1 所公开的内容相比，其区别特征为：①从所述退费请求中提取退费险别标识、退费险别标识所对应的险别。②获取年保费对应的有效期，从该有效期中选取一个大于所述退费时间段中的退费终止时间的时间，作为退费参照时间；减少费用的时间段为所述退费时间段中的退费起始时间至所述退费参照时间之间的时间段，其中所述减少费用的时间段中包含所述退费起始时间和所述退费参照时间。

基于上述区别，权利要求 1 的方案所要解决的问题是如何在数据库中对退费险别进行区分，以及如何确定减少的车险保费费用。

对于区别特征①，在本领域中，使用数据项 ID 来区分不同数据项是常规的数据库管理技术，利用险别标识来对不同险种进行区分标注，是本领域技术人员根据本领域公知常识所容易想到并实现的常规处理方式。

对于区别特征②，其限定了计算减少的车险保费费用的方式，具体限定了减少费用的时间段为退费起始时间至退费参照时间之间的时间段，这种计算方式所遵循的是车保行业内的经营规则，并没有遵循自然规律，基于该区别所解决的问题是确定减少的车险保费费用，也不是技术问题，因此，上述区别②并没有给现有技术作出技术上的贡献。

综上，在对比文件 1 基础上结合本领域公知常识得到权利要求 1 的技术方案是显而易见的，权利要求 1 不具备创造性。

5. 案例启示

本申请涉及互联网技术在保险行业的应用，从方案整体看，其涉及对车险保费退费等数据进行处理的具体过程。这种数据处理过程的改变是由保费计算和缴纳模式的改变带来的，因此在检索和创造性评判过程中，应当关注保费的计算和缴纳模式。另外，虽然本申请的方案限定了其用于保险行业，但基于本领域的背景技术可知，基于时间段计算退费的操作并不是保险行业所独有的，在其他金融相关行业应当也有涉及，因而在检索时要注意扩展检索领域，而不能局限于保险行业。

（二）案例 2-2-2：房地产交易防风险融资方法及对应的网络系统

1. 案情概述

房地产投资就是将资金投入到房地产综合开发、经营、管理和服务等房地产行业的经济活动中，以期将来获得收益。在投资过程中，收益与风险并存，房地产投资的风险种类繁多且复杂。

目前，一方面，房价过高，许多人面临首付不足的问题，如果全部以融资的形式支付房款，则存在购房者违约，容易造成不良融资的风险。另一方面，当房地产处于下行期，房价下降，甚至降价额超过首付款额度时，也会造成一部分购房者违约，形成不良融资的风险，尤其是在一手房产交易市场，房价由开发商自行制定，导致潜在风险加大。

本申请的独立权利要求 1 如下：

1. 一种房地产交易防风险融资方法，其特征在于，所述的方法包括以下步骤：

购房者向网络融资平台方提交融资申请；

网络融资平台方或其他第三方审核、备案购房者相关资料，并提前代投资者收取并监管一定额度的未来融资额对应利息；

在网络融资平台发布融资信息；

所融资金由网络融资平台方或其他第三方为监管；

为抵御房产降价及买房者违约风险，资金按所达到阶段支付条件，由资金监管方（网络融资平台或其他第三方）将一定比例融资额交于卖房者，剩余部分继续由资金监管方（网络融资平台或其他第三方）监管；

各阶段资金监管方（网络融资平台或其他第三方）监管依次按约定阶段支付条件支付房款，至全部房款支付完成。

2. 充分理解发明

本申请是互联网技术在融资行业的典型应用。现有技术中，购房者通常面临首付不足的状况，如果允许购房者以融资的形式支付房款，有可能导致不良融资风险。本申请的方案主要用于解决房地产交易中因购房者违约产生的不良融资风险。房地产融资过程中主要涉及三方：购房者、网络融资平台、投资方，本申请的发明构思为：购房者在达成房产交易后通过线上或线下方式向网络融资平台提交融资申请，然后，网络融资平台在审核、备案相关资料后发布融资信息，所融资金由网络融资平台代为监管。本申请通过上述解决方案实现了有条件的分布拨付及监管功能，进而降低了融资风险。

该权利要求的方案较为清晰，其包括的特征主要分为两部分：第一，购房者向网络融资平台方提交融资申请，由网络融资平台方或其他第三方审核、备案购房者相关资料、预收融资金额对应利息，并发布融资信息；第二，对所融资资金进行监管，分阶段按比例将所融资金交给卖房者，直到全部房款支付完成。

3. 检索过程分析

（1）检索要素确定及表达。

根据本申请所要解决的问题及采用的手段，可以确定基本检索要素包括：融资、违约、监管。

表2-2-2 案例2-2-2检索要素表

基本检索要素	融资	违约	监管
中文关键词基本表达	房地产，房产，楼盘，不动产，购房；融资，贷款，借贷，投资，筹资	违约，合同；风险，安全，欺诈	监管，监控，管理，控制，管控，监督，监测
英文关键词基本表达	Estate，house-purchase，house s price；Finance+，loan	Anti-risk，risk；Contract；safety；Cheat，fraud	monitor，management，supervise；control，charg+
分类号基本表达	G06Q30/00		

（2）检索过程。

本申请的检索过程概括起来如表2-2-3所示。

表2-2-3 检索过程

数据库	CNABS、CNTXT、USTXT、DWPI、SIPOABS、CNKI、读秀、百度学术、google、bing		
关键词	房，融资，贷款，借贷，抵押，投资，监管，监控，审核，违约，风险，House?，finance+，network?，anti? risk，invest+，supervis+，check/audit，mortgage? default?，G06Q30/ic，G06Q40/ic，G06Q50/ic		
检索手段	关键词、IPC/CPC分类号、追踪检索		
1	CNABS	108953	融资 or 投资 or 借贷 or 贷款
2	CNABS	520792	监管 or 监控 or 审核
3	CNABS	178080	违约 or 风险
4	CNABS	11250545	pd<=20141215
5	CNABS	124	1 and 2 and 3 and 4

鉴于近年来国内房地产市场较为活跃，且申请人为国内申请人，首先在中文摘要库中进行检索，通过浏览第 5 检索式对应的 124 篇现有技术，发现了一篇名称为"一种网络借贷平台"的现有技术文献，其公开了借款用户通过第三方支付平台实现向贷款用户融资的方案。

采用相同的检索策略在英文库中检索，获得的相关文献量较少且没有有效的现有技术文献。之后在 CNKI、IEEE 等非专利数据库及互联网资源中进行检索，也未获得更合适的对比文件。

4. 对比文件分析及创造性判断

（1）对比文件分析。

作为对比文件 1 的该篇现有技术文献公开了一种保障借贷双方安全、快捷、诚信的交易平台，包括：控制单元 1、借款用户 2 和贷款用户 3，所述控制单元 1 是网络借贷平台的建立者和借贷款的审核者，它包含有风险评估机制 11、投标机制 12、财务机制 13、债权转让机制 14；所述借款用户 2，通过网络借贷平台发布借款申请（相当于权利要求 1 的购房者通过线上方式向网络融资平台提交全额或部分购房资金融资申请，并在网络融资平台发布融资信息）；所述贷款用户 3 根据投标机制 12 及风险评估机制 11 发布的审核结果（相当于网络融资平台方审核、备案购房者相关资料）进行投资，投资时平台暂时冻结贷款用户 3 的账户资金，当借款用户 2 申请的借款达到借款金额时，另外的贷款用户还可以通过降低利率的方式继续投资，控制单元 1 按照"利率优先、时间优先"的原则进行选择，结果是没有被选中的贷款用户流标，被选中的贷款用户资金被解冻；控制单元 1 通过风险评估机制 11 进行借贷款的信息的最终审核，若审核通过，则中标的贷款用户按照其投标金额通过第三方支付平台 4 扣减账户金额，而借款用户 2 则通过第三方支付平台 4 获得借款，网络借贷平台通过财务机制 13 收取一定的服务费用，借款到期时，借款用户 2 按时归还本息；若审核拒绝则借款失败。

所述财务机制是指所述网络借贷平台通过财务机制向借款用户和贷款用户收取一定的服务费用，并且是在借款成功后按照借款期限对应的不同比例一次性收取。所述借款用户与贷款用户之间的资金流通是通过第三方支付平台来实现的（相当于所融资金由网络融资平台方代为监管）。另外，对比文件 1 还隐含公开了交易涉及的借款用户、贷款用户和第三方会签订借款协议。

（2）创造性判断。

权利要求 1 请求保护的方案与对比文件 1 公开的内容相比，区别在于：①资金监管方提前代投资者向融资者收取并监管一定额度的未来融资额对应利息；②房地产交易融资中，为抵御房产降价及买房者违约风险，资金按所达到阶段支付条件，由资金监管方将一定比例融资额交于卖房者，剩余部分继续由资金监管方监管；各阶段资金监管方监管依次按约定阶段支付条件支付房款，至全部房款支付完成。

基于上述区别，权利要求 1 的方案实际解决的问题是：①资金监管方如何收取所需费用；②如何约束购房者如期还款从而保证投资人的利益。

对于区别特征①，其限定了资金监管方代替投资者向融资者收取费用的具体方式，即收取并监管一定额度的未来融资额对应利息，这种收费方式遵循的是融资行业中的一般性商业规则，所解决的问题也并非技术问题，因此，上述区别特征①并没有给现有技术带来技术上的贡献。

对于区别特征②，其限定了购房者、卖房者及资金监管方就本次融资活动的进行还款、支付、资金监管的流程，然而上述流程遵循的仍然是房地产融资行业中的一般性商业规则，所解决的问题是约束购房者如期还款从而保证投资人的利益，上述问题也不是技术问题，同样没有对现有技术没有作出技术上的贡献。

因此，在对比文件的基础上得到权利要求 1 的技术方案是显而易见的，权利要求 1 不具备创造性。

5. 案例启示

本申请涉及互联网技术在房地产融资行业的应用，其方案是为了解决房地产交易中因购房者违约产生的不良融资风险，而在购房者、网络融资平台、投资方三方之间借助互联网建立新的融资监管模式。权利要求中既涉及网络融资平台等技术特征，也涉及融资活动的流程等商业规则和方法特征。对于这类申请的检索，要重点关注其方案所解决的问题、采用的关键手段，从而提高检索效率。对于这类申请的创造性评判，要充分考虑技术特征与融资活动流程等商业规则和方法特征之间是否存在功能上相互作用、彼此支持的关系，分析上述商业规则或方法特征是否给权利要求的方案整体带来了技术上的改进。

第三节 "互联网 + 医疗保健"

一、"互联网 + 医疗保健"技术综述

(一)"互联网 + 医疗保健"技术概述

"互联网 + 医疗保健"是互联网在医疗行业的新应用，其包括了以互联网为载体的健康教育、医疗信息查询、电子健康档案、疾病风险评估、在线疾病

咨询、电子处方、远程会诊、远程治疗和康复等多种形式的健康医疗服务。

当前"互联网＋医疗保健"发展热潮主要由中美两国引领。

美国从20世纪90年代开始推动信息技术在整个医疗领域进行应用，"互联网＋医疗保健"已基本覆盖医疗服务各个环节。

我国在"互联网＋医疗保健"领域方兴未艾。2015年7月5日，国务院发布《国务院关于积极推进"互联网＋"行动的指导意见》指出，推广在线医疗卫生新模式，探索互联网延伸医嘱、电子处方等网络医疗健康服务应用。该指导意见几乎囊括了目前"互联网＋医疗保健"重点探索的所有主要技术领域。

2018年4月28日，国务院办公厅印发了《关于促进"互联网＋医疗健康"发展的意见》，2018年7月17日，国家卫生健康委员会和国家中医药管理局组织制定了《互联网诊疗管理办法（试行）》《互联网医院管理办法（试行）》《远程医疗服务管理规范（试行）》。政策的扶持和监管，一方面促进了互联网医疗企业的发展，另一方面也为维护互联网医疗产业的市场秩序提供了保障。

目前我国共有25.5万家互联网医疗相关企业，全国互联网医院达300家，行业发展态势良好。我国在"互联网＋医疗保健"领域的主要应用实践有：医疗大数据领域，公司有卫宁健康、易康云等；医疗健康险领域，公司有中国平安、保险极客等；医疗智能硬件领域，主要包括监测仪和可穿戴设备，公司有力康、雅培等；医院/互联网医院诊疗领域，主要包括在线问诊、诊后康复、慢性病管理、合作医院、辅助检查、医药电商等，公司有中国平安旗下的平安好医生、阿里巴巴旗下的阿里健康、原身为挂号网的微医、好大夫在线、丁香园、春雨医生、中普达、医联等，腾讯觅影和汇医慧影主要用于辅助检查，医药电商主要包括京东大药房、阿里健康大药房、叮当快药、医药网等，并且与北京大学第一医院、北京大学第三医院、北京医院、中山大学附属第三医院等进行了合作；医院信息系统平台搭建领域，公司有卫宁健康、中普达、东软、微医等。

未来，"互联网＋医疗保健"的发展趋势会沿着政府主导与市场创新相结合、线下服务与线上服务并重（O2O模式）以及以大数据为基础的个性化医疗方向发展●，其在技术上亟须解决的问题有：

（1）医疗信息标准化。数据标准化是保障"互联网＋医疗保健"发展的基础，但随着智能穿戴设备、健康医疗移动应用等的快速发展，不同来源的数据采用其各自的存储方式和传输标准，不能迁移和共享，因此，需要从数据元、

● 参见百度文库：《医疗＋互联网现状及发展趋势》。

数据集、共享文档功能、信息存储与传输标准、数据交互规范等方面制定"互联网＋医疗保健"相关的信息标准。

（2）医疗信息共享。医疗信息的共享是现阶段人口健康信息化建设的迫切需要，更是实现"互联网＋医疗保健"服务价值最大化的重要途径之一。当前，我国公立医院，尤其是大型三甲医院的医疗数据开放程度相对较低。患者数据在不同的医疗机构中无法实现无缝衔接，无法实现电子病历、医学影像、健康档案、检验报告等医疗信息互通共享，亟须实现互联互通。

（3）医疗信息安全性。伴随"互联网＋医疗保健"的兴起，健康医疗信息的流通已成为必然。在医疗信息逐渐向互联网开放的过程中，医疗服务可能涉及第三方技术支持公司、网络运营商等新的参与主体，在信息安全保护制度和技术规范不完善的情况下，电子化的健康医疗数据安全和百姓个人隐私都面临重大的挑战，用户不信任、安全程度低将阻碍数据共享。

本节主要关注以互联网为平台开展与医疗保健相关的信息服务，但不包括远程会诊、远程治疗等更多涉及诊疗技术本身的内容。

（二）专利申请特点概述

在 DWPI 数据库中对截至 2019 年已公开的专利申请进行统计可获得全球范围和中国国内"互联网＋医疗保健"专利申请量变化趋势，如图 2 - 3 - 1 所示。

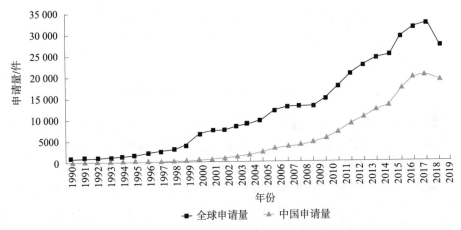

图 2 - 3 - 1　"互联网＋医疗保健"申请量趋势

美国从 20 世纪 90 年代后期开始大规模推动信息技术在医疗领域中的应用，在此之前将网络技术与在医疗保健结合的应用尚处于萌芽阶段，相关专利申请数量较少，仅占总申请量 8% 左右。从 1999 年开始，得益于互联网技术的迅速发展，"互联网＋医疗保健"专利申请量大幅度增长，尤其是 2010 年之后，随着移动互联网和智能终端的日益普及，"互联网＋医疗保健"专利申请量增长更为迅速。

中国"互联网＋医疗保健"产业发展起步稍晚，在 2010 年之前持续稳步发展，但 2010 年之后，尤其是 2015 年后，中国的"互联网＋医疗保健"专利申请量快速增长，这与我国政府在工作报告中明确提出"互联网＋"行动计划的时间点一致（2019 年的申请量相对较少，是因为大部分发明专利申请公开滞后还处于未公开阶段）。

图 2－3－2 示出了"互联网＋医疗保健"专利申请量排名前十三位的国家和地区。从申请量来看，在中国递交的"互联网＋医疗保健"领域专利申请数量最多，其次是美国、日本和欧洲。

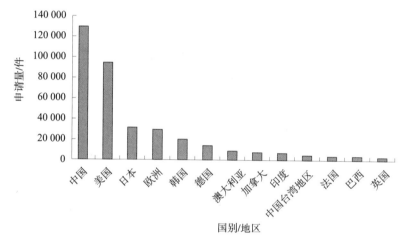

图 2－3－2　"互联网＋医疗保健"专利申请量国别统计

图 2－3－3 列出了全球范围内"互联网＋医疗保健"领域申请量前六位的申请人，均为大型跨国企业，其中申请量最多的是三星电子，这反映出虽然在韩国递交的"互联网＋医疗保健"专利申请总量远低于中、美、日、欧，但申请人可能较为集中。虽然在我国递交的专利申请最多，但并未出现高申请量的申请人，这可能是因为我国"互联网＋医疗保健"企业多，创新活跃度高但尚未整合，因而申请总量多，但申请人较为分散。

从"互联网＋医疗保健"相关专利申请的 IPC 分布来看，其分类号主要集中在 G 部和 H 部，也有少量分在 A 部。具体的，H 部主要集中在 H04L（数字信息的传输，如电报通信）、H04W（无线通信网络）、H02J（供电或配电的电路装置或系统；电能存储系统）、H04N（图像通信，如电视），H04B（电通信技术；传输），与实现基于互联网技术的底层基础技术相关性较强；G 部主要集

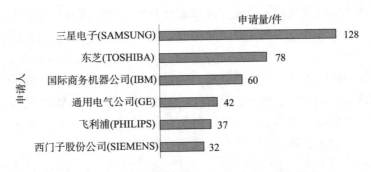

图 2 - 3 - 3 "互联网＋医疗保健"专利主要申请人

中在 G06F（电数字数据处理），G01R（测量电变量、测量磁变量），以及 G06Q（专门适用于行政、商业、金融、管理、监督或预测目的的数据处理系统或方法）；G16H 是医疗保健信息学，即专门用于处置或处理医疗或健康数据的信息和通信技术，但由于该分类号设立时间较短，所以目前分到该分类号下的申请数量有限；A 部主要在 A61B（医学或兽医学；卫生学；诊断；外科；鉴定）。

二、专利申请检索及创造性判断要点

常见的"互联网＋医疗保健"相关专利申请主要有两种类型。

一是，基于互联网平台的信息传输和分享功能，实现医疗保健数据展示、管理、统计和分析，以及权限管理，这些功能与需求和常规的信息管理系统如教务数据管理系统、图书管理系统基本相同，技术实质上区别不大。

二是，结合各种医疗保健的应用场景进行的流程步骤和应用模块的设定，这类案件由于医疗保健各个应用场景的不同而在数据处理方式、数据处理对象、数据传输方式等方面存在巨大区别，因此会给实现该方案的技术本身带来巨大区别。

对于第一种类型的专利申请，在检索时，需要注意优先关注应用领域相同的案件并兼顾跨领域延伸，以检索案件的技术特征为主，对于非技术性特征，在初始检索时可以选择表达，但在未能检索到恰当的对比文件时，可以选择删除与非技术特征相关的要素以扩大检索范围。

对于第二种类型的专利申请，需要对申请本身的案情有较清晰的认识，结合申请的背景技术，确定申请的发明点。在表达检索要素时，对于涉及发明点的技术特征，尽量采用多样化的表达形式，但要注意完整地表达最基本的发明构思，避免将待检索的技术方案割裂为多项技术特征。构成完整技术方案的各部分，往往彼此依存，紧密关联，缺少任何一部分都可能影响技术问题的解决、难以获得预期的技术效果。因此，在检索现有技术时，特别是在无法获得 X 类文献时，需要格外注意多篇文献之间是否存在结合启示，慎重选择 Y 类文献。

这一领域案件的分类号主要在 G 部和 H 部，其中 G16H 小类是最相关的分类号，但因 G16H 是最近新增的分类，专利数据库中申请时间较早的案件分类更新可能滞后，因此，在该领域检索时，可以将新、旧分类号一并进行检索。

由于此类申请流程多、细节多，在全要素检索时，全文库的检索必不可少，尤其是不同申请人会对同一技术特征采用各种不同的表达方式，因此在扩展关键词时，除了考虑方案中记载的技术特征，也可以通过各技术特征在方案中要实现的技术效果选择关键词进行检索，避免检索要素表达不全。

在进行部分要素检索时，需要对检索的目标有基本的预期，将技术方案分块，对于何种证据组合可以用来评述创造性做到心中有数，有些技术特征之间的联系较为紧密，互相作用才能产生相应的技术效果，无法拆分，将这样拆分后的块进行检索得到的对比文件仅仅是技术特征的堆砌，有"事后诸葛亮"之嫌，不能采用。

"互联网＋医疗保健"领域专利申请的创造性判断难点主要在于对比文件间的结合启示的问题，当无法检索到能够评述新颖性或创造性的 X 类文献时，应注意对证据的组合是否存在结合启示，避免生搬硬套。

三、典型案例

（一）案例 2－3－1：根据医疗行程推荐观光行程的方法

1. 案情概述

本申请是一种根据医疗行程以推荐观光行程的方法。传统的国际医疗服务仅着重于医疗行程的安排，而未相应地提供观光行程。随着社会的进步，人们在维持生计外，开始注重生活品质，除对衣食住行的要求更高外，对国内外观光旅行的需求也随之提升。很多人在国内外享受医疗服务时，也时常存在同时享受观光旅行的需求。但传统的国际医疗服务无法依据医疗行程同时推荐适合的观光行程，不符合现代人对观光及医疗的双重需求。本申请提出的技术方案能够满足消费者兼顾医疗目的和旅游目的进行行程安排的需求。

本申请独立权利要求 1 的技术方案具体如下：

1. 一种根据医疗行程以推荐观光行程的方法，其特征在于，包含如下步骤：

建立一数据库，以储存所述医疗行程及所述观光行程；

选择多个医疗行程中的至少一医疗行程，其中所述医疗行程包含多个医疗程度参数；

根据所述医疗程度参数及多个观光行程所包含的多个观光程度参数，以计算所述至少一医疗行程与每一所述观光行程的多个合适度；

所述医疗程度参数包含一预设手术恢复时间、一预设饮食注意项目及一预设行程注意项目；

所述观光程度参数包含一预设运动程度参数、一预设饮食程度参数及一预设行程程度参数；以及

根据所述合适度以推荐所述多个观光行程中的至少一观光行程。

2. 充分理解发明

本申请的目的在于为用户推荐一条医疗行程，该行程能够在满足用户关于医疗需求的同时，还能够满足用户对于观光旅行的需求。为了实现上述目的，在用户首先选定医疗行程后，通过计算多个观光行程与已选定的医疗行程之间的合适度来确定最终的观光行程。本申请中的"合适度"应理解为医疗行程与观光行程之间的匹配度。

通过计算匹配度作出行程推荐的专利申请在旅游、物流等行业屡见不鲜，但本申请的特殊之处在于，其要求的行程匹配不是空间或者时间上的匹配，而是以医疗保健目的为出发点，设置了多个衡量指标。具体而言，本申请为计算合适度利用了多个参数维度，医疗程度参数包含手术恢复时间、饮食注意项目及行程注意项目，观光程度参数包含运动程度参数、饮食程度参数及行程程度参数。由此可见，行程匹配仅仅是确定"合适度"的一个方面。用于衡量"合适度"的多个参数中，医疗程度参数的设置和选择与本申请的发明目的直接相关，这些参数是确保最终筛选的观光行程能够满足医疗行程的特殊需求的依据。因此，这些参数与行程的选择和计算过程直接相关，服务于要解决的技术问题，在判断本申请的技术方案是否具备创造性时应该考虑这些参数，不能简单地将其认定为人为设定的规则而不考虑其可能带来的技术贡献。

3. 检索过程分析

（1）检索要素确定及表达。

基于上述对发明的理解和分析，主要依据应用领域以及主要技术要点可以确定权利要求的基本检索要素为：医疗旅行、推荐观光旅行、合适度。

本申请的分类号是 G06Q50/14，含义为特别适用于特定商业行业的系统或方法，如公用事业或旅游，特别用于旅行社，该分类号只涉及旅游领域不涉及医疗领域。G16H 小类覆盖医疗保健领域，然而在 G16H 小类中也不存在与本申请内容对应的大组或者小组，因此分类号在本申请检索中作用有限，可用于辅

助表达检索要素，主要检索手段应为关键词。

由于这些基本检索要素都不是本领域公知的技术术语，因此在对上述检索要素进行表达和扩展时需要从其含义、具体技术手段、效果等方面进行扩展。首先需要对"医疗"概念进行关键词扩展，因为本申请虽然涉及医疗保健，但重点不在于具体采用了哪些诊疗手段，而在于医疗行为的发生过程及其目的，因此根据说明书记载的内容以及对医疗旅行的初步检索结果，把"整容"作为医疗旅行的表达方式之一。此外还对观光行程和医疗行程之间计算"合适度"的步骤进行表达，获得表 2-3-1 所示检索要素表。

表 2-3-1　案例 2-3-1 检索要素表

检索要素	医疗	观光推荐	合适度
中文关键词基本表达	医疗，治疗，整容	观光，旅游，景点，景区，旅行，出国，推荐，规划，制定，选择	合适度，匹配度
英文关键词基本表达	treat, care, disease, medical, plastic surgery	sightseeing, attraction, scenic spot, travel, trip, tourism, journey, abroad; recommend, degree, select, parameter	fit, match, suit
分类号基本表达		G06Q50/14	

（2）检索过程。

首先在中文摘要库和全文库中进行全要素检索，过程如下：

1	CNABS	881082	医疗 or 治疗 or 整容
2	CNABS	77439	观光 or 旅游 or 景点 or 景区 or 旅行 or 出国
3	CNABS	357691	（合适 or 匹配）s 度
4	CNABS	30	1 and 2 and 3
1	CNTXT	2247058	医疗 or 治疗 or 整容
2	CNTXT	289438	观光 or 旅游 or 景点 or 景区 or 旅行 or 出国
3	CNTXT	1913934	（合适 or 匹配）s 度
4	CNTXT	16	1 s 2 s 3

检索结果较少，没有发现合适的对比文件。在英文专利全文库和摘要库中进行同样的检索，也未检索到可用的对比文件。通过浏览检索结果，仅检索到了在观光行程推荐中考虑消费者特殊需求的技术方案。例如，相关文献1公开了一种选择旅游目的地和住宿的系统，其引导消费者选择期望的旅行位置。假期目的地选择系统通过后端和前端进行操作，后端识别可能对消费者重要的标准，对标准进行分类，并将图像分配给标准。消费者选择输入如旅客人数、旅客年龄、消费者想旅行的时间、假期的长度、消费者愿意旅行的距离以及预算

范围等信息，和目的地参数，包括住宿、个人需求、提供的特定活动、当地特征，食物选择等。在消费者对这些标准进行排序之后，系统通过将系统中的度假目的地的属性与消费者的标准进行合适度计算来确定哪些度假目的地最符合消费者的需求。

相关文献 2 公开了一种以独特用户的个人兴趣、偏好和对自我和同伴的特殊要求为依据的旅行计划系统，其根据出发时间、持续时间、预算、预订可用性和合适度进行优化，以纸张或电子形式制作完整和全面的旅行计划。考虑的数据包括兴趣、需求、偏好、特殊需求。即相关文献 2 公开了根据用户的特殊标准和偏好，计算多个观光行程与之的合适度，并根据该合适度优化地选择观光行程的技术方案。

上述两篇相关文献都公开了为用户提供一种定制符合用户个人特殊需求的旅行计划的方案，这里的特殊需求可以是时间、兴趣、饮食、残障人士特殊通道等。而本申请的发明目的在于根据具有医疗程度参数的医疗行程，为用户推荐符合医疗程度参数的旅行方案。上述两篇相关文献所解决的技术问题是如何根据用户的需求制定旅游路线规划。这样的技术问题与医疗行程毫无关联，在上述两种方案下，本领域技术人员没有动机主动改进现有的方案来满足"根据医疗行程以推荐观光行程"的需求。如果采用上述两篇相关文献评述本申请的创造性不具备说服力。

在这种情况下，在 IEEE、Springer、Elsevier 等非专利库中按原检索要素继续检索，其中在 IEEE 中的检索式如下：

（（"Abstract"：medical care）AND "Abstract"：tourism）

Filters Applied：2000—2013

该检索式共命中 3 篇相关文件，其中包括一篇可作为最接近现有技术的对比文件：*Applying Fuzzy Techniques to Select Suitable Scenic Spots for Medical Care*。

4. 对比文件分析与创造性判断

（1）对比文件分析。

该篇对比文件公开了一种应用模糊技术为医疗选择合适的旅游景点的方案，采用了模糊推理技术构建模糊专家系统，用于提出适合术后医疗旅行的建议。构建模糊专家系统的步骤包括选择的属性定义，合适度函数定义和合适的景点选择。所选属性包括景区信息和术后医疗保健。这些定义的属性用于收集数据，并且可以使用数据通过使用风景点模型和术后医疗模型来计算景区的合适度。数据库依据预定的属性包含术后医疗护理和景点信息。用户从多个术后医疗护理信息中选择自己进行的手术，以便据此来安排旅游。医生构建医疗美容手术信息，医疗机构构建个人医疗信息，旅游者构建景区信息。医疗管理系统（MCMS）提供景点选择和报警信息服务。

在风景点模型中，风景点的数据表示为 $P = \{p_1, \cdots, p_m\}$，其中每个 $p_k = (a, t, u)$ 表示景区 p_k 的信息。$a = \{a_1, \cdots, a_n\}$ 表示属性集合，如阳光因子、湿度、温度等，t 表示时间。

在术后医疗保健模型中，医疗保健数据表示为 $N = \{n_1, \cdots, n_m\}$，其中每个 $n_i = (a, u, v)$ 表示手术后第 i 天的信息。a 表示属性集（与风景点属性相同），v 表示 u 的合适度值。

通过景区信息和术后医疗保健信息，可以获得术后医疗旅行的意见。景点和术后医疗模型因此可以整合，并定义了合适度函数。

较高的合适度值意味着该景区更适合于推荐给该术后病人去旅行。

（2）创造性判断。

该篇对比文件的技术方案公开了计算任意选择的一个医疗行程和任意一个观光行程的合适度，合适度的计算是根据所述医疗程度参数及多个观光行程所包含的多个观光程度参数。还公开了数据库储存所述医疗行程及所述观光行程、选择多个医疗行程中的至少一医疗行程、根据所述合适度以推荐所述多个观光行程中的至少一观光行程。

权利要求请求保护的技术方案与对比文件的区别在于："所述医疗程度参数包含一预设手术恢复时间、一预设饮食注意项目及一预设行程注意项目；所述观光程度参数包含一预设运动程度参数、一预设饮食程度参数。"

上述特征虽然没有被对比文件直接公开，但对比文件公开了进行合适度计算可选取的属性，包括景区信息和术后医疗保健信息。例如，景点信息包括阳光因子、湿度、温度、时间等属性，医疗保健数据选择了与风景点相同的属性以及术后时间，以此来计算医疗行程和观光行程的合适度。因此，虽然对比文件选取的具体属性值与权利要求 1 不同，但是对比文件选取的特征同样体现了医疗行程的特性以及观光行程处于被支配地位，需要符合医疗行程需求的特性。因此，权利要求 1 实际解决的问题是：如何安排刚接受过手术的对象的饮食与运动。面对这样的问题，选择权利要求中的"医疗程度参数包含手术恢复时间、饮食注意项目及行程注意项目；所述观光程度参数包含运动程度参数、饮食程度参数及行程程度参数"是本领域技术人员根据实际需求可以作出的常规选择。因此，对于本领域技术人员来说，在对比文件的基础上得到权利要求 1 的方案是显而易见的，该权利要求不具备创造性。

5. 案例启示

本申请是将医疗目的的出行与休闲目的的旅行相结合的案例，将医疗与休闲旅行结合是在社会经济发展到较高水平之后才出现的新的需求，因此本申请的基本检索要素比较容易确定。虽然本申请的技术方案看似简单，但由于这是一种新的产业形态，专利文献中的记载非常少，并不容易迅速检索到可用于评价本申请新颖性和或创造性的专利文献。

现有技术中存在的大量关于旅行行程规划的解决方案，对正确评价本申请的创造性造成干扰。即使方案相对于最接近现有技术的区别特征是人为选定的参数或计算规则，但如果这些规则特征与其他技术特征之间紧密联系，与技术特征一起成为解决发明提出的技术问题的技术手段，那么，在检索和创造性评判过程中，不能忽视这规则特征的技术作用。如果构成权利要求技术方案的特征被多篇文献公开，但多篇文献之间并没有结合启示，则不能通过机械组合多篇文献公开的特征来评述权利要求的创造性，否则有"事后诸葛亮"之嫌。

（二）案例 2－3－2：一种医院智能导医装置及方法

1. 案情概述

随着模式识别、智能地图系统和无线网络技术的发展，医院的医疗服务，特别是导医相关工作也迎来了进一步改善的机遇。传统医院导医方法一般采用智能工具分析患者在医院系统存储的医疗信息，借助医院建筑结构图和布局图，生成导医路线建议，通过短信和彩信等方式推送给患者。如果碰到患者延时就诊，导医系统一般只能单向被动的调整导医路径，而造成医护人员时间的浪费，不能将患者的情况推回给医院系统进行双向调整，并且短信和彩信的导医方式很不直观，不方便患者及时到达诊室，同时，传统导医系统一般采用一种方式定位患者当前位置信息，而当这种方式因为某些限制性因素变得不够可靠时，容易丢失患者的实时位置。

本申请独立权利要求 1 的技术方案具体如下：

1. 一种使用医院智能导医装置的导医方法，所述医院智能导医装置包括医院导医服务器、GPS 服务器、视频服务器、摄像头、人脸识别服务器、无线路由器、智能手机和智能地图服务器；

所述医院导医服务器通过医院 LAN 分别与所述 GPS 服务器、视频服务器、人脸识别服务器、无线路由器、智能地图服务器连接；

所述视频服务器与所述摄像头连接；

所述无线路由器与所述智能手机通过医院无线网络连接；

所述 GPS 服务器用于查询患者当前所在的经纬度地理位置信息；

所述的视频服务器用于连接所有摄像头，实时采集摄像信息；

所述的人脸识别服务器用于识别摄像头采集的视频中每一帧图片的患者人

脸区域，并且与数据库中人脸进行匹配检测，并且判断识别出患者的摄像头所在的具体位置信息；

所述的无线路由器用于智能手机的网络连接，并且判断出智能手机当前所属具体楼层和位置信息；

所述的智能地图服务器用于根据患者当前位置和预约信息，实时计算出路径，提供给智能手机；

所述的智能手机用于接收医院各类信息；提供 GPS 定位功能；通过智能地图 APP 显示智能地图服务器提供的导医路径；

所述导医方法包括：

步骤1：患者访问医院导医服务器，申请路径规划；

步骤2：医院导医服务器查询患者将要就诊的房间所在位置的经度数值和纬度数值；

步骤3：患者智能手机上传当前 GPS 位置信息至 GPS 服务器，所述 GPS 位置信息包括经度数值和纬度数值；

步骤4：患者智能手机连接无线路由器，向医院导医服务器上传当前路由器位置信息，所述路由器位置信息包括经度数值和纬度数值；

步骤5：视频服务器接收摄像头实时采集的视频信息；

步骤6：人脸识别服务器处理视频服务器的视频信息，识别视频中每一帧图片的患者人脸区域，并且与数据库中人脸进行匹配检测，如果检测到患者所在摄像头区域，则上传摄像头位置信息至医院导医服务器，所述摄像头位置信息包括经度数值和纬度数值；

步骤7：医院导医服务器根据装置设定的优先级顺序，从 GPS 位置信息、路由器位置信息、摄像头位置信息中确定患者实时位置信息；

步骤8：智能地图服务器计算患者从实时位置到将要就诊的房间所在位置的相对路径，将所述相对路径作为就诊路径发送给患者的智能手机。

2. 充分理解发明

本申请是移动互联网在智能医疗场景的具体应用，其使用智能技术为患者提供导医服务。在本申请的技术方案中，整体架构主要分为两部分，一部分是患者端，具体为患者手持的智能手机，另一部分是医院端，具体为医院的各个服务器，患者手机能够向医院端的导医服务器上传请求信息，并从医院端的智能地图服务器接收路径规划，导医服务器根据各个服务器实时收集或处理后的位置信息，综合确定患者的实时位置。

结合本申请技术方案和背景技术中对现有技术缺陷的描述可知，本申请的发明点主要集中在以下两点：①患者能够主动申请路径规划，并且患者在智能手机端接收到的导医信息为路径信息；②结合智能手机 GPS 定位、摄像头定位、无线路由器定位这三种定位方式确定患者实时位置。通过上述方式，使得医院端能够与患者端进行双向信息传输，并通过更详尽的导医信息使患者更快的就诊，同时，还可以为患者提供尽可能准确的导医路径。

3. 检索过程分析

（1）检索要素确定及表达。

基于上述对发明的理解和分析，本申请涉及导医方法，发明点在于患者申请路径规划并接收导医路径、三种方式定位患者实时位置。因此，权利要求 1 所请求保护的技术方案的基本检索要素应包括：导医、申请/接收路径、定位及多种定位方式的组合（GPS、路由器、摄像头），检索要素表如表 2-3-2 所示。

表 2-3-2　案例 2-3-2 检索要素表

检索要素	导医	申请/接收路径	定位	GPS、路由器、摄像头
中文关键词基本表达	就医，就诊，导诊，看病，医院，诊所，诊室	请求，要求，查询，收到，传输，发送，传送；路线，道路，怎么走，怎么去	位置，地点	全球定位系统；网络；摄像，监控，录像，照相，人脸
英文关键词基本表达	hospital，doctor，medicare，clinic	apply，inquire，query，demand，request；route，path，way，roadmap	position，site，location	global position system；router，network；camera，monitor，photograph，face
分类号基本表达	G16H20/00，G16H40/00			

对于智能医疗领域来说，其具有较为集中的 IPC 分类号，即 G16H，具体到本申请的方案，其主要涉及的 IPC 分类号应当为 G16H20/00（特别适用于治疗或健康改善计划的 ICT，如用于处理处方，用于引导治疗或监测患者对医嘱的执行）以及 G16H40/00（专门用于安排或管理医疗保健资源或设施的 ICT；专门用于经营或运行医疗设备或装置的 ICT），因此，在使用关键词对本申请的技术领域及应用场景进行扩展的过程中，如果扩展词较为分散杂乱，或者可扩展的内容较多，或者检索结果与预期相差较大时，为了去除噪声以及避免重要遗漏，可结合使用上述 IPC 分类号进行检索。

（2）检索过程。

在确定完检索要素及其扩展方式后，首先使用全要素检索方式在中文摘要库 CNABS 中进行关键词的检索：

1	CNABS	57613	导医 or 就医 or 就诊 or 导诊 or 看病 or 医院 or 诊所 or 诊室
2	CNABS	21906478	申请 or 请求 or 要求 or 查询 or 收到 or 传输 or 发送 or 传送
3	CNABS	533523	路径 or 路线 or 道路 or 怎么走 or 怎么去
4	CNABS	6359446	定位 or 位置 or 地点
5	CNABS	131630	gps or 全球定位系统
6	CNABS	906556	路由器 or 网络
7	CNABS	956502	摄像头 or 摄像 or 监控 or 录像 or 照相 or 人脸
8	CNABS	27	1 and 2 and 3 and 4 and 5 and 6 and 7

通过浏览上述检索结果发现，检索得到的文献中大部分都与本申请的领域毫无关联，这说明关键词的扩展范围可能偏大，引入了不必要的噪声。因此，在后续检索过程中，可以使用上述检索要素表中的 IPC 分类号进行辅助限定。同时，由于上述检索结果得到的文献数量少，因此接下来的检索转到中文全文库 CNTXT 中：

1	CNTXT	5796	（导医 or 就医 or 就诊 or 导诊 or 看病 or 医院 or 诊所 or 诊室）and（G16H20 +/ic or G16H40 +/ic）
2	CNTXT	706284	（申请 or 请求 or 要求 or 查询 or 收到 or 传输 or 发送 or 传送）s（路径 or 路线 or 道路 or 怎么走 or 怎么去）
3	CNTXT	110419	（gps or 全球定位系统）and（路由器 or 网络）and（摄像头 or 摄像 or 监控 or 录像 or 照相 or 人脸）and（定位 or 位置 or 地点）
4	CNTXT	37	1 and 2 and 3

浏览检索结果发现，有部分文献的技术方案与本申请的发明构思较为接近，但经过对其公开日的核实，均不能构成本申请的现有技术。尽管如此，能够检索到内容类似的文献，这说明检索要素的选取及表达是有效的，可以更换数据库并应用同样策略继续检索。在外文摘要库 VEN 中检索过程如下：

1	VEN	225136	hospital or doctor or medicare or clinic
2	VEN	9710919	appl + or inquir + or quer + or demand or request
3	VEN	4315423	route or path or way or roadmap

4	VEN	9789444	position？or site？or location？
5	VEN	7956	（gps or（global w position w system））and（router or network）and（camera or monitor or photograph or face）
6	VEN	7	1 and 3 and 4 and

浏览第 6 检索式未发现有用结果，至此暂停检索专利文献数据库，转到非专利文献库中国知网 CNKI、IEEE 中继续检索：

CNKI：（主题＝导医 or 主题＝就医 or 主题＝就诊 or 主题＝导诊 or 主题＝看病 or 主题＝医院 or 主题＝诊所 or 主题＝诊室）and（主题＝定位 or 主题＝位置 or 主题＝地点）and（全文＝gps or 全文＝全球定位系统）and（全文＝路由器 or 全文＝网络）and（全文＝摄像头 or 全文＝摄像 or 全文＝监控 or 全文＝录像 or 全文＝照相 or 全文＝人脸）

IEEE：（hospital or doctor or medicare or clinic）and（position or site or location）and（gps or（global w position w system））and（router or network）and（camera or monitor or photograph or face）

浏览上述检索结果，均未获得有效的现有技术。

重新审视从上述过程，检索要素的确定是较为准确的，检索手段也较为充分，并未出现明显的缺失和遗漏，但是并未获得有效的现有技术。此时，可以考虑调整检索思路，经过对本申请技术方案的分析并结合前述检索过程中浏览到的文献公开的内容发现，在申请日之前几乎没有将三种定位方式结合在一起进行准确定位的技术方案，如果将这三种定位方式的组合方式从逻辑"与"调整为逻辑"或"，并判断现有技术中是否存在将三种方式结合在一起提高定位准确度的技术启示，也许能够检索到影响本申请创造性的 Y 类文献。基于上述思路在中文全文数据库中的检索过程如下：

1	CNTXT	5796	（导医 or 就医 or 就诊 or 导诊 or 看病 or 医院 or 诊所 or 诊室）and（G16H20＋/ic or G16H40＋/ic）
2	CNTXT	706284	（申请 or 请求 or 要求 or 查询 or 收到 or 传输 or 发送 or 传送）s（路径 or 路线 or 道路 or 怎么走 or 怎么去）
5	CNTXT	316846	（gps or 全球定位系统）s（定位 or 位置 or 地点）
6	CNTXT	381107	（路由器 or 网络）s（定位 or 位置 or 地点）
7	CNTXT	522904	（摄像头 or 摄像 or 监控 or 录像 or 照相 or 人脸）s（定位 or 位置 or 地点）

| 8 | CNTXT | 1010564 | 5 or 6 or 7 |
| 9 | CNTXT | 132 | 1 and 2 and 8 |

经过浏览以及对现有技术涉及的领域、公开的特征数量等因素的分析，并结合整体方案的对比，得到 1 篇发明名称为"一种就诊系统及方法"的现有技术，其涉及的领域与本申请领域相同，均为患者就诊过程中的导医方法，并且其方案中也涉及为患者进行路径规划并推送等操作。在英文摘要数据库中按同样策略进行检索，也命中了该文献。基于上述检索结果，最终选定该篇现有技术作为最接近的现有技术。

4. 对比文件分析与创造性判断

（1）对比文件分析。

对比文件公开了一种就诊系统及方法，其针对的现有技术是，患者在医院看病时，医院科室和窗口较多，患者常常会因为不熟悉地形而需要进行目的地导航，目前的技术中，导航之前需要对患者进行定位，并且定位的过程需要耗费一定的时间，从而可能会延误患者就诊，基于上述背景技术，对比文件提出了一种方便快捷的基于人脸识别的医院就诊系统及方法，并具体公开了如下内容：

医院就诊系统包括服务器 1、人脸识别模块 2、电子地图模块 3、患者客户端 5、网络摄像头 6、视频服务器 10、组网设备 9；

组网设备 9 为有线或无线方式的百兆或千兆带宽的局域网组网设备 9；

网络摄像头 6 可以是多个，每个网络摄像头实时采集场景图像，发送给视频服务器 10；

患者客户端 5 为智能手机，其能够通过组网设备 9 连接到医院网络，并使用相应的软件进行缴费、接收路径规划等信息；

服务器 1 通过医院内部网络与人脸识别模块 2、电子地图模块 3、患者客户端 5、视频服务器 10、组网设备 9 进行连接并进行数据交互；

人脸识别模块 2 接收由视频服务器 10 发送的多个网络摄像头 6 实时采集的视频数据，对其进行识别，将其中的患者人脸数据与数据库中的人脸数据进行对比分析，得到患者姓名和对应网络摄像头 6 编号，以网络摄像头 6 的经纬度数据作为患者当前位置数据，将其传送给服务器 1；

电子地图模块 3，当患者客户端 5 向服务器 1 请求路径导航时，电子地图模块接收到服务器发送的相应诊室的经纬度数据，以此作为目标地址，并接收到服务器发送的患者当前位置数据，以此作为起始地址，计算就诊路径，向患者客户端 5 输出就诊路径。

（2）创造性判断。

通过上述对比文件公开的内容可知，权利要求 1 相对于该对比文件的区别技术特征为：权利要求 1 中，医院智能导医装置还包括与导医服务器连接的 GPS 服务器，所述 GPS 服务器用于查询患者当前所在的经纬度地理位置信息，在导医过程中，在确定患者实时位置信息时，患者智能手机上传当前 GPS 位置信息至 GPS 服务器，并且患者智能手机连接无线路由器，向医院导医服务器上传当前路由器位置信息，最终由医院导医服务器根据装置设定的优先级顺序，从 GPS 位置信息、路由器位置信息、摄像头位置信息中确定患者实时位置信息；而在对比文件中，其仅依据患者所处网络摄像头的位置来确定患者的实时位置。

基于该区别特征，权利要求 1 实际解决的技术问题是：如何准确的获得患者的实时位置。

一种观点认为，对于本领域技术人员来说，采用 GPS 定位、无线路由器定位、摄像头定位都是本领域常见的定位方式，上述这些方式都能够对用户的实时位置进行准确定位，因此，将这三种公知的方式结合在一起，根据用户在这三种方式下分别的定位位置来综合确定用户实际的实时位置，这应当是本领域公知常识，而按照优先级的方式来实现上述综合确定的结果，也是本领域公知常识，因此，上述区别技术特征是本领域公知常识，权利要求 1 的技术方案相对于对比文件和公知常识的结合是显而易见的，从而不具备创造性。

上述观点的问题在于在确定现有技术启示时过于主观。在评判权利要求 1 是否具备创造性时，应当从对比文件的技术方案出发，判断本领域技术人员是否有要对其进行改进以解决相应技术问题的动机，同时，还要判断当本领域技术人员需要解决上述技术问题时，能否从其他现有技术中得到解决该问题的启示。

具体到本案，对比文件要解决的问题是方便快捷的对患者进行定位从而快速导航，基于此，其技术方案中采用了能够快速定位患者的方式，即摄像头定位方式，因此，本领域技术人员在面对对比文件的技术方案时，不会想到要对其进行改进，将其改进为与其他的定位方式结合，因为这样的改进方向与对比文件所要解决的技术问题背道而驰，因此，本领域技术人员并没有要对对比文件进行改进的动机；其次，虽然 GPS 定位、无线路由器定位、摄像头定位都是本领域公知的定位手段，但是，通过对本申请的技术方案分析可知，上述区别技术特征是本申请的发明点，因此，在缺乏证据的情况下，将上述三种方式结合在一起进行定位认定为是公知常识并不恰当。通过将这三种方式结合在一起，避免单一定位方式可能产生的盲区，提高了在整个区域内定位的准确度。因此，在当前证据的情况下，权利要求1相对于对比文件和本领域公知常识的结合具有突出的实质性特点和显著的进步，具备创造性。

5. 案例启示

部分"互联网＋医疗保健"专利申请的改进点实质上在于将公知技术或公知技术的组合应用于新的领域，在进行这类方案的创造性评判时，应当严格依据三步法进行，并且需要注意两点。

第一，创造性评判的基准是最接近的现有技术，应当考虑本领域技术人员在面对该最接近的现有技术时，是否有改进的动机。

第二，多个公知常识的叠加并不一定就是公知常识，尤其是这种叠加彼此作用构成发明点的情况下更要慎重判断，不但要核实每一项拟认定的公知常识自身，还要考察其叠加后产生的总体效果。除非有明确证据证明，否则一般不宜直接认定为多项公知常识的叠加仍为公知常识。

第四节　网络和信息安全

一、网络和信息安全技术综述

（一）网络和信息安全概述

随着信息技术的进步，互联网得到广泛普及，信息成为一种重要的战略资源，信息的获取、处理和安全保障能力成为一个国家综合国力的重要组成部分。信息安全事关国家安全、社会稳定，"信息安全""网络安全""数据安全"成为经常出现的话题。

信息科学研究领域一般认为信息安全是指信息在生产、传输、处理和储存过程中不被泄露或破坏，确保信息的可用性、保密性、完整性和不可否认性，并保证信息系统的可靠性和可控性。❶

狭义的网络安全是指网络系统的硬件、软件及其系统中的数据受到保护，不因偶然的或者恶意的原因而遭受到破坏、更改、泄露，系统连续可靠正常地运行，网络服务不中断。

---

❶ 信息安全演变史：数据安全、信息安全、网络安全有何区别与联系？［EB/OL］.［2018 - 04 - 11］. http：//m. elecfans. com/article/658757. html.

广义的网络安全还包括信息设备的物理安全性，如场地环境保护、防火措施、静电防护等。网络安全从其本质上就是网络上的信息安全，是信息安全的子集。

数据安全有两方面的含义：一是数据本身的安全，主要是指采用现代密码算法对数据进行主动保护，如数据保密、数据完整性、双向强身份认证等。二是数据防护的安全，主要是采用现代信息存储手段对数据进行主动防护，如通过磁盘阵列、数据备份、异地容灾等手段保证数据的安全。

信息安全的概念包含网络安全和数据安全，网络安全和数据安全是并行的概念，网络安全偏向于"动态"安全，即信息传递过程中的安全，数据安全是侧重于一个"静态"的数据安全状态。

近年来，信息安全领域的发展十分迅速，也取得了许多新的成果。现有的安全技术主要有：（1）密码学。密码技术是信息安全的核心和关键，包括密码编码（密码算法设计）、密码分析（密码破译）、认证鉴别、数字签名、密钥管理、密钥托管等技术。现在通用的做法是用高强度密码算法对信息进行加密，如加密算法（对称 DES/AES、非对称 RSA/ECC），签名算法；（2）计算机系统安全技术：系统的软硬件安全（安全芯片、安全操作系统、指纹识别、虹膜识别、信息隐藏、量子密码等），访问控制和授权，身份认证，审计，入侵检测和病毒防范等；（3）通信与网络安全：基于网络的入侵检测技术、防火墙技术、网络安全协议、因特网密钥交换、虚拟专网（VPN）、安全路由、公钥基础设施（PKI）与认证机制（CA）等。

信息安全问题是一个综合性的课题，除了依赖信息安全技术之外，还涉及信息的管理、应用、立法等诸多层面的协调应对，采取多种防范措施，共同提高信息的安全性。

（二）专利申请特点概述

近年来，随着各类信息安全事件不断被披露，全球信息安全市场得到快速发展。信息安全产品结构愈加丰富、厂商数量不断增加，截至 2019 年全球信息安全市场规模突破千亿美元。对于国内信息安全行业，随着各类安全政策法规的持续完善优化，网络安全市场规范性逐步提升，政企客户在网络安全产品和服务上的投入稳步增长，随着数字经济的发展，信息安全作为数字经济发展的必要保障，其投入也在不断增加。

技术变革也不断催生新的应用场景和市场空间，近几年陆续出现云计算、大数据、移动互联网、工业互联网、人工智能等互联网新技术、新应用和新模式，与信息安全相关的专利申请主题也随之演化，从最初多是针对单机数据的安全防护相关的方案，逐步发展为与网络安全、数据安全相关的解决方案。

在专利申请量方面，截至 2020 年 9 月，在中文摘要专利库（CNABS）中收录并公开的专利文献中，信息安全领域的专利申请数量为 1.3 万多件，图 2 - 4 - 1 示出了信息安全领域的专利申请量变化趋势，从图中可以看出，信息安全相关的专利申请量自 2010 年之后进入持续增长状态。

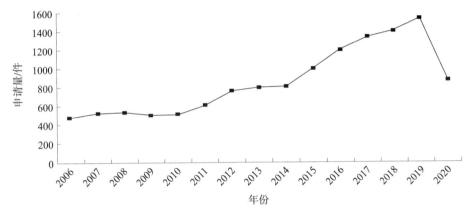

图 2 - 4 - 1 信息安全领域的专利申请量的逐年变化趋势

注：2020 年统计数据截止到 9 月。

图 2 - 4 - 2 示出了在中国专利局递交的信息安全领域专利申请的主要申请人情况。主要的国内申请人包括国家电网、华为技术有限公司等大型企业。国外申请人主要包括思科、IBM、三星电子、微软和东芝等传统科技公司。

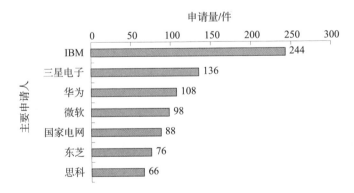

图 2 - 4 - 2 信息安全领域专利申请的主要申请人及申请量

图 2 - 4 - 3 示出了在中美日韩和欧洲专利局递交的涉及安全领域的专利申请数量的情况。从 2006 年至 2020 年 9 月，在中国递交的信息安全领域专利族数量最多，其次是美国、欧洲、日本、韩国。

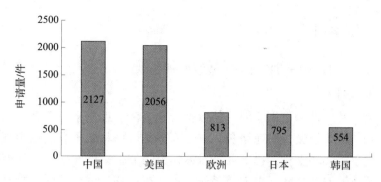

图2-4-3 在中美欧日韩专利局递交的安全领域专利申请量的情况

从IPC分类号分布来看，信息安全的专利申请热点主要涉及防止未经授权的信息或装置的访问的相关改进（H04L29）、与安全通信信道相关的改进（G06F21）等。

二、专利申请检索及创造性判断要点

通过上述的对专利申请情况的分析可以看出，与网络和信息安全相关的专利申请不仅涉及技术层面的改进，还涉及应用层面的改进，因此，在进行检索时，首先需要明确申请所要解决的问题，目前解决问题的手段存在哪些缺陷。明确问题之后，在阅读本申请解决方案时才能有的放矢。由于安全技术日新月异，因而从专业书籍、互联网资源中获取与申请相关的背景知识，能够更准确地理解发明，把握发明实质。涉及网络和信息安全的专业技术术语较多，在对检索要素进行关键词表达时应注意必要的扩展。

对网络和信息安全技术相关的专利申请进行创造性评判时需注意两个方面：

一是，安全领域涉及面较广，且专业性较强，技术储备要求高。随着信息技术快速发展和互联网的广泛普及，各类安全问题凸显，从底层安全到上层应用安全，从单机数据防护到网络信息安全交互均有涉及。在理解发明时，通常需要了解安全技术发展的过程以及现有技术发展状况，找准发明实质，进而进行准确的创造性评判。

二是，客观分析技术方案的改进动机或结合启示。在准确理解发明基础上，才能在与最接近现有技术进行特征对比时准确认定事实，找准区别特征。在某些应用场景中，发明的核心技术手段可能涉及与具体应用领域相结合时的技术改进，此时需要从整体上考虑方案记载的各个特征在方案中发挥的作用。

三、典型案例

案例 2 - 4 - 1：基于 TUI 的可信数据处理方法

1. 案情概述

本申请涉及一种基于 TUI 的可信数据处理方法。近年来，各类移动应用的用户规模和使用率均保持快速增长，电子商务类应用和娱乐类应用表现尤为突出，用户在享受移动支付、移动办公、移动娱乐等带来巨大便利的同时，也面临着日益严重的安全威胁。以安卓系统为例，感染恶意软件、钓鱼软件、安卓系统被破解获取到系统超级管理员账户权限等风险一直困扰着移动金融业务的健康发展。目前，终端大多集成了可信执行环境 TEE，TEE 由可信应用 TA 以及可信操作系统组成。安全元件 SE 可实现密钥等敏感数据的存储和密码运算，安全元件 SE 内受控资源（密钥等）使用时通过 TUI 方式由用户授权使用。

现有的 TA 使用安全元件 SE 内的受控资源进行签名的方式为：TA 调用 TUI 模块提供的 API，在 TUI 中显示交易信息以及确定按钮；在确定用户按下确认按钮对交易信息进行确认，并且 TA 接收到用户通过 TUI 输入的对于授权私钥进行签名操作的认证信息后，将交易信息以及认证信息等信息通过 APDU 命令发送到 SE 进行签名处理。但是，如果恶意的 TA 通过各种方式取得上述的 APDU 格式，以及用户的认证信息后，可以不使用 TUI 得到用户的许可，直接将信息发送 SE 进行签名，可以进行交易伪造，无法保证业务的安全。

本申请独立权利要求 1 的技术方案具体如下：

1. 一种基于 TUI 的可信数据处理方法，其特征在于，包括：

运行在可信执行环境 TEE 中的可信应用 TA 通过运行在所述 TEE 中的 SE 读写模块向安全元件 SE 发送数据处理请求消息；

所述 SE 读写模块接收所述 SE 发送的响应消息，判断所述响应消息中是否携带有用于标识需要进行用户确认的状态字；

如果是，则所 SE 读写模块将获取的用户确认信息发送给运行在所述 TEE 中的可信用户接口 TUI 进行显示，获取用户通过所述 TUI 输入的认证信息，并将所述认证信息发送给所述 SE；

所述 SE 对所述认证信息进行验证，基于验证结果对所述数据处理请求消息进行相应地处理，并通过所述 SE 读写模块向所述 TA 返回处理结果。

2. 充分理解发明

本申请是信息安全技术在移动支付领域的典型应用，由于移动支付具有广泛的应用市场，这类申请会尽可能要求更大的保护范围，在权利要求书中体现为所记载的方案比较上位，在理解发明时需要具体了解方案的每个细节。本申请权利要求 1 的方案中记载了大量专有名词或英文缩写词，如 REE、TEE、SE、TUI、TA、APDU 等。不了解这些英文缩写的技术含义，无法准确理解本申请。因此，首先结合说明书的记载以及通过互联网快速检索相关专业知识来了解这些英文缩写在方案中的含义和作用。

REE（Rich Execution Environment）指普通执行环境，包括运行在通用的嵌入式处理器上的普通操作系统及其上的客户端应用程序。

TEE（Trusted Execution Environment）指可信执行环境，旨在构建一个资源丰富的执行环境，从设备自身来提高安全性，能够进行各种各样的应用扩展，为用户使用和服务提供商的开发提供了更大的空间与自由度。

SE（Secure Element）指用于存放隐私数据的安全元件。

TUI（Trusted User Interface）指用于人机交互的可信用户界面。

TA（Trusted Application）指运行在可信执行环境中的可信应用。

APDU（Application Protocol Data Unit）指用于数据交互的应用协议数据单元。

此外，本申请还记载了一个不常见但是对理解本申请至关重要的词语"恶意的 TA"。从上文可知 TA 指运行在可信执行环境中的可信应用，那么其是如何变成"恶意的 TA"的呢？通过互联网检索可以了解到，虽然可信环境从软硬件架构上隔离出安全执行环境及非安全执行环境，有效地防止了安全数据被非法窃取，但是由于各个厂家研发实力不同，在具体实现时可能会因为技术储备不足遇到一些新的安全问题，从而导致防护失效。因此，本申请中的"恶意的 TA"应被理解为：可信应用 TA 存在漏洞，这些漏洞被入侵者利用后开始入侵行为时可信应用 TA 就变成恶意的 TA。由此，可以更清楚地理解本申请的所要解决的问题是提高 TA 对敏感数据访问的安全性的问题。

3. 检索过程分析

（1）检索要素确定及表达。

本申请的技术领域为信息安全领域，更具体而言涉及支付过程的安全，因此"信息安全"可以构成基本检索要素。本申请的实现环境包括可信执行环境 TEE、安全单元 SE、可信应用 TA，在表达该要素时，可进一步用其实现环境的关键词来表达。由于通过初步检索获知，TEE＋SEE 这样的安全框架目前在手机盾中应用较为成熟，因此，还可以使用更为下位的关键词，如手机盾、U 盾等来表达。

此外，本申请的技术方案对现有技术作出改进的技术手段为：只要 TA 访问安全元件 SE 中的受控资源时，必须通过 TUI 进行用户授权认证。由此可知，检索要素还应包括用户授权认证和TUI。表2-4-1是权利要求1的检索要素表及表达方式。

表2-4-1　案例2-4-1检索要素表

检索要素	信息安全	用户授权认证	TUI
中文关键词基本表达	信息安全，信息风险；支付，金融；交易；可信执行环境TEE，安全单元SE，可信应用TA；手机盾/U盾	用户授权/认证/确认/验证；认证码/生物特征信息/指纹/人脸/面部/虹膜/密码/签名/加密/解密	可信用户界面，TUI，显示，输入，输出，API
英文关键词基本表达	Information security（IS），risk；TEE/SE/TA/APDU，rich/trust+execution environment，（secure or safety）element，trust+application，application protocol data unit，U shield	authoriz+/accredit+/confirm+/verify/approv+；Pin/biometic information/fingerprint/fac+s recognition/iris/password/signature/encryption/decryption	TUI，trust+user interface；display，show，echo，input，output，api
分类号基本表达	G06Q20/38/IC；G06Q20/40/IC　　G06Q20/3821/CPC；G06Q20/401/CPC	G06K9/00/IC；G06F21/30/IC　　G06K9/00006/CPC；G06F21/30/CPC	G06F3/048/IC　　G06F3/0481/CPC

本申请涉及的检索要素有较为明确的 IPC 和 CPC 分类号，根据本申请具体的应用领域给出用于支付协议的 IPC 分类号 G06Q20/38 以及专用于电子凭证的 CPC 分类号 G06Q20/3821/CPC，用于支付中授权的 IPC 分类号 G06Q20/40 以及专用于交易验证的 CPC 分类号 G06Q20/401；对于方案中用户认证手段给出用于图形识别的 IPC 分类号以及专用于指纹或掌纹的获取或识别的 CPC 分类号，以及在安全应用中常用的身份或安全负责人授权的鉴定的 IPC 和 CPC 分类号 G06F21/30；对于方案中通过可信用户界面 TUI 进行交互的方法给出基于图形用户界面的交互技术的 IPC 分类号 G06F3/048 以及专用于基于显示交互对象的特定属性或环境如通过窗口或图标的交互 CPC 分类号 G06F3/0481。因此，本申请的检索过程可以根据检索策略充分利用关键词和分类号进行检索。

（2）检索过程。

在确定检索要素及其扩展方式后，首先使用追踪方式在中文摘要库 CNABS 中进行检索。

1　CNABS　　518　　（北京握奇智能科技有限公司）/PAAS

2　CNABS　　392　　（北京握奇智能科技有限公司）/PAAS and
　　　　　　　　　　　（pd<=20171201）/PD

3　CNABS　38　（北京握奇智能科技有限公司）／
　　　　　　　　PAAS and（TEE）／BI

4　CNABS　3　（石玉平）／IN

经过追踪检索，没有找到任何可用的对比文件。接下来，按照基本检索要素表进行全要素检索：

5　CNABS　19664　（支付 or 金融）and（安全 or 风险）

6　CNABS　97436　TEE or REE or SE or TA

7　CNABS　903　手机盾 or U 盾

8　CNABS　9577　G06Q 20/38/ic or G06Q20/40/ic

9　CNABS　478718　授权 or 认证 or 确认 or 验证

10　CNABS　264176　指纹 or 人脸 or 虹膜 or 签名 or 加密 or 解密

11　CNABS　5119115　可信用户界面 or TUI or 显示 or 输入 or 输出

12　CNABS　18464437　pd ＜ ＝20171201

13　CNABS　3137　（5 or 6 or 7 or 8）and 9 and 10 and 11 and 12

14　CNABS　163631　指纹 or 人脸 or 虹膜 or 签名

15　CNABS　2076405　可信用户界面 or TUI or 输入

16　CNABS　1412　（5 or 6 or 7 or 8）and 9 and 14 and 15 and 12

17　CNABS　247　可信用户界面 or TUI

18　CNABS　2　（5 or 6 or 7 or 8）and 9 and 14 and 17 and 12

19　CNABS　16263　信息安全 or 信息风险

20　CNABS　4628　（信息安全 or 信息风险）and
　　　　　　　　　（认证 or 确认 or 验证）and 12

21　CNABS　362　（手机盾 or U 盾）and（认证 or 确认 or 验证）
　　　　　　　　　and 12

22　CNABS　1871272　可信用户界面 or TUI or 显示

23　CNABS　126　（手机盾 or U 盾）and（认证 or 确认 or 验证）
　　　　　　　　　and 22 and 12

24　CNABS　98　（可信 s（数据 or 环境）or TEE）and
　　　　　　　　　（安全元件 or SE）and（TUI or 用户界面 or
　　　　　　　　　G06F3/48/ic）and 12

25　CNABS　57　（（可信 s（数据 or 环境））or TEE）and
　　　　　　　　　（安全元件 or SE）and（授权 or 认证 or
　　　　　　　　　确认 or 验证）and 12

在检索式 25 的检索结果中发现与本申请发明构思相似的文献 1 "一种安全的移动终端电子认证方法及系统",该篇文献公开了如何应对可信应用 TA 存在漏洞攻击的解决方案,但是未公开可信应用 TA 与安全元件 SE 进行信息交互的方法。

使用上述检索过程在英文专利数据库和非专利数据库中均未检索到更为相关的 X 类文献。故而,结合文献 1 公开的内容,考虑在现有技术中寻找是否有在可信应用与安全元件之间通信的技术启示,以便检索是否存在能够影响本申请创造性的对比文件。通过 SE 读写模块以及 apdu、状态字等关键词,在 CNABS 库中未能找到合适的文献,随即使用相同的检索策略在中文全文数据库进一步检索:

26	CNTXT	1	(SE 读写模块)
27	CNTXT	30	(TEE or TA) and (SE) and (状态字)
28	CNTXT	21	(TEE or 可信) and (apdu) and (状态字) and 12
29	CNTXT	30	(可信 or TEE) and (安全 s (单元 or 芯片)) and (认证 or 确认 or 验证) and (apdu) and 12

通过浏览检索结果,发现一篇发明名称为"一种 TA 和 SE 的交互方法"的文献 2,该文献公开了模块间使用专用 APDU 指令进行安全通信,且该文件与本申请领域相关,解决的问题相同,与文献 1 存在结合启示。

通过检索和对比文件筛选,确定文献 1 作为与本申请最接近的现有技术,即对比文件 1,文献 2 为对比文件 2,两篇对比文件的结合能够影响本申请的创造性。

4. 对比文件分析与创造性判断

(1) 对比文件分析。

对比文件 1 提出了一种安全的移动终端电子认证方法及系统,应用于移动终端认证的安全单元(SE)/可信执行环境(TEE)以及基于安全单元(SE)和可信执行环境(TEE)的移动终端安全服务系统和方法。

对比文件 1 与本申请的流程比如图 2-4-4 所示,图中左侧示出的是本申请方案处理的流程图,右侧示出的是对比文件 1 公开方案的流程图。从图中可以看出,对比文件 1 是由富环境(REE)中的 APP 向可信执行环境(TEE)中的 TA 发起交易签名请求,TA 将该请求发送给安全单元(SE)并使用私钥进行电子签名(相当于运行在可信执行环境 TEE 中的可信应用 TA 向安全元件 SE 发送数据处理请求信息);可信执行环境(TEE)中的 TA 程序回显用户的交易数据(相当于业务数据通过 TUI 进行显示),并由用户人工确认回显的交易数据是否与原始数据一致，如果发现交易数据被篡改则取消交易，确认正确，用户人工确认回显的交易数据原始数据一致后，在访问安全单元 SE 时，提示用户需要输入 SE 访问密码进行确认（访问 SE 时，SE 响应 TA 的访问请求并提示调用 TA 的输入功能获取用户密码信息，相当于安全元件 SE 发送响应信息，该响应信息中携带有需要用户确认的标识，将获取的用户确认信息发送给运行在所述 TEE 中的可信用户接口 TUI 进行显示，并通过 TUI 获取用户认证信息）；该子步骤还包括用户可以使用在 TA 中输入密码进行确认，或者输入用户指纹/虹膜及脸部特征进行交易确认（TA 中带有回显及输入功能，相当于获取用户通过 TUI 输入的认证信息）；用户确认后，可信应用 TA 将交易信息发送到安全单元 SE 进行签名；运行于安全元件（SE）中安全应用程序 applet 可实现公私钥对的产生，对数据进行签名、验签、加密、解密等计算功能；如果确认一致，则发送到安全单元（SE）中（相当于将认证信息发送给 SE）使用私钥进行电子签名（相当于 SE 对认证信息进行验证，基于验证结果对所述数据处理请求消息进行相应地处理）；签名完成后，将签名信息返回给富执行环境（REE）中的 APP〔交易签名请求是由富环境（REE）中的 APP 向可信执行环境（TEE）中的 TA 发起的，相当于将向 TA 返回处理结果〕。根据流程图的对比可知，对比文件 1 未公开可信应用 TA 与安全元件 SE 进行信息交互的具体方法。

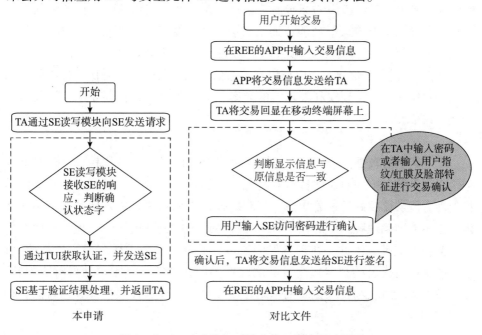

图 2-4-4 本申请与对比文件 1 的流程对比图

对比文件 2 公开了一种 TA 和 SE 的交互方法、TA、SE 及 TSM 平台，在对全终端 SIM 盾进行处理的过程中，一般通过 TA 与 TEE 之间的数据交互来实现。由于 TEE 有自己独立的软件和硬件资源，并对外提供安全服务接口，敏感数据的存储和处理都在这个环境中进行，从而能在一定程度上保证敏感数据的安全性。然而，由于 TEE 不具备反篡改机制，因此，上述在对全终端 SIM 盾进行处理的过程中，仍然存在很大的安全风险，出于以上原因，对比文件 2 公开了一种 TA 与 SE 的交互方法，该交互方法包括：TSM 平台将命令数据发送给移动终端中的 TA；所述 TA 执行所述命令数据，将存储于 TEE 中的敏感数据编译成第一 APDU 指令；所述 TA 将所述第一 APDU 指令发送给移动终端中的 SE；所述 SE 对接收到的第一 APDU 指令进行解析，得到所述敏感数据。

（2）创造性判断。

对比文件 1 已经公开了权利要求 1 的大部分特征，权利要求 1 与对比文件 1 的区别特征为：接收所述 SE 发送的响应消息，判断所述响应消息中是否携带有用于标识需要进行用户确认的状态字。以上区别特征，该权利要求实际解决的问题是：可信应用 TA 与安全元件 SE 如何进行信息交互。

对于上述区别特征，对比文件 2 公开了可信应用 TA 通过专有 APDU 指令与安全单元进行数据交流的技术方案。而本领域技术人员已知，APDU 是一种智能卡和智能卡读写设备间的标砖通信消息协议，通常使用 APDU 指令中的某个或某些字段标识当前通信功能或通信状态。在此基础上，当可信应用 TA 与安全元件 SE 通信时，本领域技术人员容易想到基于对比文件 2 公开的内容，在 SE 的响应信息中携带状态字以标识当前通信功能。因此，在对比文件 1 的基础上结合对比文件 2 得到权利要求 1 的方案是显而易见的，权利要求 1 不具备创造性。

5. 案例启示

本申请具有较强的技术性，以英文缩写形式出现的术语比较多，这对准确地检索现有技术中的对比文件有利有弊。有利之处在于这些术语具有比较强的排他性，能够比较好地过滤噪声，不利之处在于如果缺乏本领域的专业技术知识，就不能准确理解术语的技术含义并灵活地选择关键词进行表达，从而有可能遗漏相关文献。因此，在理解发明阶段，通过对相关术语和缩写进行梳理，了解各术语所代表的技术概念及其之间的关联，能够结合本申请要解决问题、核心技术手段对权利要求记载的术语作出取舍，合理选择检索要素，才能在检索时有的放矢。

第三章

大数据

最早提出"大数据"时代来临的是全球知名咨询公司麦肯锡，该公司在《大数据：创新、竞争和生产力的下一个前沿》中称："数据，已经渗透到当今每一个行业和业务职能领域，成为重要的生产因素。人们对于海量数据的挖掘和运用，预示着新一波生产率增长和消费者盈余浪潮的到来。"《华尔街日报》将"大数据时代""智能化生产"和"无线网络革命"统称为引领未来繁荣的三大技术变革。新浪 VR 的《大数据白皮书（2019 年）》曾预计，至 2019 年年底，全球数据量将达到 41ZB，2020 年全球大数据市场的规模将达到 560 亿美元。可见，大数据作为一种新的资源，其社会价值和经济价值不容小觑。

为了更好地研究和利用大数据，美国接连出台了《大数据研究和发展计划》《支持数据驱动型创新的技术与政策》《大数据：把握机遇，守护价值》等决策性和指导性文件，将大数据研究和应用提升到了国家战略层面。"棱镜门"事件曝光了美国对全球的监控计划，这一事件一方面凸显了美国在掌控全球数据方面的绝对优势，另一方面也为世界其他主要国家敲响了数据保卫战的警钟。欧盟成立了欧洲网络与信息安全局（European Network and Information Security Agency，ENISA），并出台了《数据价值链战略计划》。英国还专门制定了《英国数据能力发展战略规划》，日本、韩国也分别制定了《创建最尖端 IT 国家宣言》和《大数据中心战略》，显然，世界各国已将大数据的研发作为夺取新一轮竞争制高点的重要举措。

我国大数据产业发展迅速，融合应用不断深化。由于移动互联、社交网络、电子商务等极大拓宽了互联网的边界和应用，使得数据的获取来源越来越广，获取途径越来越多，获取手段越来越便利，人们在衣食住行各方面的行为习惯，都被以大数据的方式记录下来，并且通过对大数据的分析和利用，为人们提供更好的服务。

从 2015 年 3 月开始，我国政府接连制定了《"互联网 +"行动计划》《大数据产业"十三五"规划》，实施《加快推进云计算与大数据标准体系建设》计划，出台了《关于积极推进"互联网 +"行动的指导意见》和《促进大数据发展行动纲要》等，把大数据建设上升到国家战略层面。目前，除港澳台外，全国 31 个省级单位均已发布了推进大数据产业发展的相关文件。可以说，我国各地推进大数据产业发展的设计已经基本完成，陆续进入了落实阶段。

本章将围绕大数据相关发明专利申请，从大数据采集分析、大数据聚类、大数据预测等不同角度，阐释与大数据处理技术、大数据获取和利用等相关的发明专利申请，以及在检索和进行新颖性、创造性评判过程中需要关注的重点和要点。

第一节　大数据概述

一、大数据技术综述

（一）大数据相关概念

IBM 公司提出了大数据的"5V"特点：Volume，Velocity，Variety，Veracity，Value，实际上也就是大数据的五个特征：第一，数据体量（Volume）巨大。指收集和分析的数据量非常大，从 TB 级别，跃升到 PB 级别，但在实际应用中，很多企业用户把多个数据集放在一起，已经形成了 PB 级的数据量。第二，处理速度（Velocity）快，需要对数据进行近实时的分析。以视频为例，连续不间断监控过程中，可能有用的数据仅仅有一两秒。这一点和传统的数据挖掘技术有着本质的不同。第三，数据类别（Variety）大，大数据来自多种数据源，数据种类和格式日渐丰富，包含结构化、半结构化和非结构化等多种数据形式，如网络日志、视频、图片、地理位置信息等。第四，数据真实性（Veracity）。大数据中的内容是与真实世界中发生的事件息息相关的，研究大数据就是从庞大的网络数据中提取出能够解释和预测现实事件的过程。第五，价值密度低，商业价值（Value）高。

　　要想利用好大数据，大数据的采集和处理是两大重要环节。

　　大数据的数据来源非常广泛，涉及人类社会活动的各个领域，采集方式和存储形式也多种多样。由于数据来源、存储形式的多样性，数据在被处理之前通常需要经数据预处理技术处理，对原始数据进行"去噪""去脏"以及结构化存储等处理，在这一过程中，通常会用到数据清理、数据集成、数据规约与数据转换等预处理步骤。此外，由于大数据体量非常大，为了便于数据处理，数据预处理阶段还经常会运用压缩和分类分层的策略对数据进行集约式处理，比如数据压缩、数据抽样等。

　　大数据处理是一项非常复杂的系统工程，既需要硬件基础，也需要软件支撑，涉及的技术涵盖信息通信、计算机、信息网络、数据库等多个领域。关键技术主要包括大数据处理架构、数据感知与获取技术、数据预处理技术、数据存储与管理技术、数据分析技术、数据可视化技术以及数据安全与隐私保护技术等。

　　大数据在社会管理、电子商务、城市智能交通系统、教育、医疗健康、新闻传播、信息安全、工矿产业、智能家居、市场营销、金融等行业都有广泛应用。比如，亚马逊公司依托于对用户的购买行为以及用户在网站上的其他所有行为的分析，支撑新的投资行为，实现以更低的售价提供更好的服务。谷歌通过储存用户搜索关键词的行为来优化广告排序，将搜索流量转化为盈利模式。PredPol 公司利用犯罪数据开发了犯罪预测软件，可以将犯罪活动区域精确到 $150\mathrm{m} \times 150\mathrm{m}$ 的范围内。实时交通数据公司 Inrix 依靠分析历史和实时路况数据进行路况报告，帮助司机避开拥堵路段，规划行程。

　　大数据的应用提升了人们的生活品质，但实现这些应用的大数据技术本身目前还面临着诸多挑战，方巍等[1]研究人员在综述中对大数据技术所面临的诸多问题进行了系统的梳理：主要有数据的异构性和不完备性、数据处理的时效性、数据的安全与隐私保护、大数据的能耗问题和大数据的管理易用性。因此，涉及大数据相关的发明专利申请，在内容上涵盖了大数据采集、大数据可视化、大数据分析处理等处理技术上的改进，还涉及利用大数据进行预测、聚类过程中涉及的数据挖掘、机器学习、神经网络训练等手段的改变，乃至大数据在各领域应用时形成的解决方案。

---

　　[1]　方巍，郑王，徐江. 大数据：概念、技术及应用研究综述［J］. 南京信息工程大学学报（自然科学版），2014，6（5）：405－419.

（二）专利申请特点概述

在中国专利文摘数据库中围绕"大数据"等关键词的中英文及其扩展表达方式进行检索，并对所获结果按照 IPC 分类号进行统计结果反映出大数据相关专利申请在技术内容上的侧重和不同。

大数据相关发明专利申请主要涉及大数据处理技术以及大数据应用，分类号主要涉及 G06F、H04L、G06Q、H04W、G06K、H04N、G05B、G06T 等 IPC 小类，各分类下专利申请量如图 3-1-1 所示。其中，大数据应用方面的分类号主要集中在 G06Q（专门适用于行政、商业、金融、管理、监督或预测目的的数据处理系统或方法）分类位置下，其他分类号下的专利申请主要涉及实现大数据处理的相关技术，比如 G06F（涉及输入输出装置、数据变换、软件工程设计、程序控制设计等）、H04L（涉及数字信息的传输）、H04W（涉及无线通信网络）、H04N（涉及图像通信等）、G06K（涉及数据识别、数据表示等）、G06T（涉及一般的图像数据处理或产生）、G05B（涉及一般的控制或调节系统）。

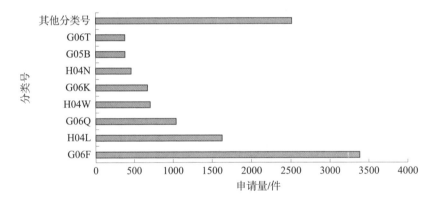

图 3-1-1 不同分类号下大数据相关专利申请量的分布

截至 2020 年 9 月，在中国专利文摘数据库中公开的大数据相关发明专利申请约有 4.5 万件。按照年份统计，此领域发明专利申请量在 2012 年后有较快增长。近年来，由于政策推动和市场环境的开放，大数据的研究热度在近五年迅速攀升，专利申请量也呈现出爆发式增长，如图 3-1-2 所示。

该领域主要申请人包括国家电网及其相关公司和部门、阿里巴巴、华为、平安科技、中兴、京东及其相关公司、高通、浪潮电子信息产业股份有限公司、百度等公司，华南理工大学、北京航空航天大学、东北大学、清华大学、西安电子科技大学等大专院校。可以看出，申请人的类型比较丰富，信息科技公司、大型国有企业、大专院校等都在该领域有较多申请。主要申请人情况如图 3 - 1 - 3 所示。

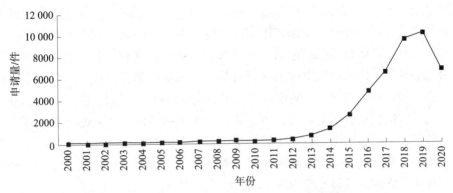

图 3 - 1 - 2　大数据相关发明专利申请在华申请量趋势图

注：2020 年统计数据截止到 9 月。

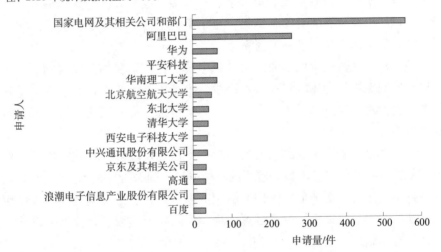

图 3 - 1 - 3　大数据相关发明专利申请的主要申请人及申请量

二、检索及创造性判断要点

大数据处理技术应用场景广泛。大数据处理技术自身涉及多种系统架构、算法，软硬件方面都有较高的技术要求，因此，大数据相关发明专利申请的检索和创造性评判的要点，主要在于如何准确、快速理解发明的技术实质，区分发明的核心技术手段涉及的是大数据处理技术自身还是大数据的应用。

对于改进大数据处理技术的发明专利申请，应进一步明确其解决方案对现有技术的改进之处在于算法特征还是技术特征；对于改进算法优化的专利申请，应准确判断其是否属于专利保护的客体。对于构成专利保护客体的技术方案，在检索时，不能仅简单比对算法特征的形式，如参数是否一样、公式是否一样，而应该理解算法改进的技术实质，还原有可能变形的公式等；当进一步判断是否具备创造性时，应一并考虑方案中算法特征的技术贡献。对于改进目的在于提升计算机内部运行性能的申请，在检索和创造性评判时，重点关注算法特征是否能够提升硬件的运算效率和执行效果，如减少数据存储量、减少数据传输量、提高硬件处理速度等。对于改进技术特征的申请，应根据现有技术的缺陷，明确用于解决技术问题的核心技术手段，如大数据清洗、大数据可视化等。有些手段虽然看似与通用的数据手段类似，但是在检索和创造性评判时，应更多站位大数据的难点和痛点，客观理解大数据环境下所采用的处理手段与一般数据处理手段之间的差异，准确站位本领域技术人员。

针对大数据应用的相关发明专利申请，如大数据预测、大数据分析等，有的解决方案篇幅长，方案实现的流程多、环节多、细节多；有的解决方案又过于简略，仅给出要聚类的对象和结果，至于聚类出的结果与要解决的问题之间是否符合自然规律，需要进一步判断。

因此，对于大数据应用类的发明专利申请，在检索和创造性评判前，对其是否属于专利保护的客体的审查必不可少，也是审查的难点。对于方案是否采用了遵循自然规律的技术手段，应结合具体案情进行准确判断，而后再进行检索和创造性评判。

此外，对于大数据应用的相关发明专利申请，在理解发明和检索时，要判断方案的核心技术手段与大数据应用的具体领域之间是否有技术上的紧密关联，假如一件申请限定了是某个具体领域的大数据应用，但是实现手段与该应用领域没有任何技术上的关联，检索时可适当扩展到相近领域进行检索，以获得更为有效的检索结果。

三、典型案例

（一）案例 3 - 1 - 1：一种基于大数据的经方药智能化辨证论治系统

1. 案情概述

现有的中医诊疗系统基本都是采用基于规则的决策推理方法来实现的，缺乏对患者"望、闻、问、切""四诊"的数据采集，导致诊疗结果不准确。

本申请提供了一种基于大数据的经方药智能化辨证论治系统，患者使用终端系统利用腕带式诊脉仪、常规智能手机、APP 程序系统和问诊接口等获取患者用户的左右两手"寸、关、尺"的脉搏波，以此进行切诊；利用摄像头对患者的面部、舌像和肢体动作进行望诊；利用麦克风对患者的声音进行闻诊；通过所述问诊接口询问患者的主诉症状，根据主诉症状询问患者一系列有针对性的问题，然后由患者周围的人根据腹诊演示程序，对患者进行腹诊以实现对患者的问诊，并将收集到的"望、闻、问、切""四诊"数据通过网络上传至计算机云服务器系统中，由计算机云服务器系统最后确定对症的经方药。

本申请独立权利要求的方案如下：

1. 一种基于大数据的经方药智能化辨证论治系统，其特征在于包括：

1）患者使用终端系统

患者使用终端系统包括腕带式诊脉仪、常规智能手机、APP 程序系统和问诊接口，所述腕带式诊脉仪和所述问诊接口均与所述常规智能手机电连接，所述 APP 程序系统安装在所述常规智能手机中；将已有检查报告通过所述常规智能手机输入至所述 APP 程序系统中，通过所述腕带式诊脉仪采集患者的左右两手"寸、关、尺"的脉搏波，传输至所述 APP 程序系统中以实现对患者脉搏波的切诊，通过所述常规智能手机的摄像头，对患者的面部和舌像进行照片拍摄，同时对患者的肢体动作进行录像，传输至所述 APP 程序系统中以实现对患者面部、舌像和肢体动作的望诊，通过所述常规智能手机的麦克风对患者声音进行音频录入，传输至所述 APP 程序系统中以实现对患者声音的闻诊，通过所述问诊接口询问患者的主诉症状，根据主诉症状询问患者一系列有针对性的问题，将结果传输至所述 APP 程序系统中以实现对患者的问诊；

2）计算机云服务器系统

计算机云服务器系统包括深度学习系统、四诊信息数据库系统、病症综合评判系统、六经辨证推理系统、辨证推理规则库系统、训练数据库系统、专家知识库系统、经方药大数据挖掘系统、经方药临床医案数据库系统。所述 APP 程序系统将收集到的"望、闻、问、切""四诊"初步数据通过网络上传至计算机云服务器系统中，所述深度学习系统基于所述四诊信息数据库系统将四诊初步数据进行标准化，然后将标准化的四诊信息传输至所述病症综合评判系统中；所述病症综合评判系统给出诊断报告反馈给所述 APP 程序系统，所述 APP 程序系统通过所述常规智能手机展示给患者，同时将诊断结果传输至所述六经辨证推理系统，所述六经辨证推理系统将诊断报告分别传输至所述辨证推理规则库系统、所述训练数据库系统和所述专家知识库系统，所述训练数据库系统和所述专家知识库系统根据诊断报告将对症的经方药信息传输至所述辨证推理规则库系统，所述辨证推理规则库系统基于所述经方药大数据挖掘系统和所述经方药临床医案数据库系统的数据信息，以及整合来自所述训练数据库系统和所述专家知识库系统的经方药信息反馈给所述六经辨证推理系统，通过六经辨证推理系统最后确定对症的经方药，然后给出药方推荐，反馈给所述 APP 程序系统；所述 APP 程序系统通过所述常规智能手机展示给患者，并通过患者治疗反馈对药方不断进行调整直至病愈。

2. 充分理解发明

本申请的技术方案根据远程收集到的"望、闻、问、切""四诊"数据对患者进行诊断，并由系统开出对症的经方药。该方案包含的技术特征很多，根据这些技术特征在方案中的作用，可以分为两部分。第一部分是用于获取"四诊"数据的手段，对应于数据的获取，具体为：利用腕带式诊脉仪采集患者的左右两手"寸、关、尺"的脉搏波，实现"切诊"；利用智能手机的摄像头对患者的面部和舌像进行照片拍摄，对患者的肢体动作进行录像，实现"望诊"；利用智能手机的麦克风对患者声音进行音频录入，实现"闻诊"；利用问诊接口询问患者的主诉症状，实现"问诊"，并将采集的信息通过 APP 传输给服务器。第二部分是用于将这些数据输入系统中，并向用户提供药方，对应于数据的处理和结果的应用，具体为：通过服务器中的各个子系统，进行数据标准化，利用"四诊"数据、专家库知识、规则库中的规则等信息为患者进行诊断，生成诊断报告，最后得到药方推荐。

需要注意的是，在对方案中记载的大量技术特征进行合并和归类时，不能简单、机械地将归类后的手段割裂看待，而是应该从申请要解决的问题入手，全面分析这些手段之间是否存在紧密关联、是否共同作用以解决该申请要解决的技术问题。因此，对技术特征的合并是为了明确案情，以更好地从整体上理解发明，而不是将发明割裂成独立的手段。对本案而言，虽然诸多的技术特征可以被合并为数据获取手段和数据处理手段，但是，根据背景技术部分记载的内容可知，现有技术的缺陷是因为没有采集患者的"四诊"数据而导致诊疗结果不准确，显然数据的采集是后续数据处理手段的前提，是本申请要解决的问题之一。

综上分析，在检索本申请时，应当围绕获取患者的四诊数据和根据"四诊"数据开出药方两大环节展开，检索预期应以检索到能够涵盖上述两个环节的对比文件为最佳。

3. 检索过程分析

（1）检索要素的确定和表达。

根据上述分析，确认如下检索要素（见表 3 - 1 - 1），并进行关键词扩展。同时，该技术方案利用医疗专家系统进行自动化诊疗，经查询分类表，发现该技术方案有较为合适的 IPC 和 CPC 分类号，并且 CPC 分类号对技术方案的细节有更准确的细分位置。例如，G06F19/34，计算机辅助医疗诊断或治疗，如使计算机化处方；G06F19/345，医疗专家系统，神经网络或其他自动化诊断；G06F19/3418，远程医疗，如远程诊断；G06F19/3443，医疗学数据挖掘；G06F19/3456，计算机辅助处方或药物递送。因此，优先采用 CPC 分类号进行检索。

表 3 - 1 - 1 案例 3 - 1 - 1 的检索要素表

检索要素	四诊				医疗自动诊断
	望	闻	问	切	
中文关键词	望, 拍照, 摄像, 照片, 拍摄	闻, 麦克风, 声音	问, 沟通, 交流	切, 脉	医疗, 诊断, 治疗, 药方; 自动, 辅助
英文关键词	look, inspect, video, photo	listen, microphone, voice	question, inquiry, communicate	feel, pulse,	medical, diagnosis, treatment, prescription, automatic, assist
	Four Diagnostic Methods				
分类号基本表达	CPC: G06F19/34; G06F19/345; G06F19/3418; G06F19/3443; G06F19/3456				IPC: G16H50/20

（2）检索过程。

考虑到该权利要求的技术领域属于中医自动诊断领域，而中医的应用及其研发主要集中在国内以及日本、韩国等东亚国家，因此检索时不能忽视这些国家的专利申请。本案主要展示如何在中文库中快速命中检索结果。

首先，在中文专利库中通过如下检索式进行检索：

1	CNABS	1797	G06F19/3443/cpc or G06F19/3456/cpc or G06F19/345/cpc
2	CNABS	1338	G06F19/3418/cpc
3	CNABS	257	1 and 2
4	CNABS	272	四诊 or（望 5d 闻 5d 问 5d 切）
5	CNABS	1	3 and 4

上述检索式对采集"四诊"数据和利用系统进行诊断的全部检索要素进行检索，检索出的数据量很少，没有检索到包含全部技术特征的技术方案。进而通过对检索策略进行反思和调整，通过"中医、中药"将检索重点限定在中医自动诊断领域，采用如下检索式进一步检索：

| 6 | CNABS | 294802 | 中医 or 中药 |

7　　　CNABS　　　24　　　　　3 and 6

浏览检索式 7 的检索结果，可以得到两篇相关的专利文献，即"一种基于中医药传承与大数据挖掘的生命周期动态健康管理管理系统"以及"一种基于望闻问切协同的中医智能辅助诊断系统"。然而这两篇相关文献均未公开如何远程获得"四诊"数据的技术内容。因此，进一步尝试用关键词重点检索远程获取"四诊"数据的相关文献，通过如下检索式进一步检索：

8　　　CNABS　　　1983867　　采集 or 获取
9　　　CNABS　　　93　　　　　4 s 8

通过上述检索过程，检索到了既能够实现自动诊断、又能够获取"四诊"数据有关的现有技术，即"一种中医'四诊'合参智能辨证方法和系统"，该文件可作为最接近的现有技术，此前获得的两篇专利文献则可与其组合评述权利要求的创造性。

4. 对比文件分析及创造性判断

（1）对比文件分析。

对比文件 1 公开了一种中医"四诊"合参智能辨证方法和系统，通过提取舌像和脉象特征，进行舌像和脉象的自动分析判别，并与闻诊、问诊信息相融合，通过计算机按如下方案实现。

1）数据获取。

①由压力可调的脉诊传感器（相当于本申请的腕带式诊脉仪）置于病人腕部挠动脉处获得脉搏电压信号，经由脉象采集电路转换为数字信号，输入计算机获得脉象图；②病人通过一个人脸模具将舌头伸入采集盒中，舌像采集盒内置标准光源和数码摄像机，由程序控制相机拍摄得到舌像图；③闻诊信息和问诊信息由问诊获得，根据病人主诉，以人机交互的模式输入系统（相当于本申请的问诊接口），通常是文字或数字。

2）数据处理。

①脉诊处理，通过基于贝叶斯网络的概率推理模型，建立脉图参数与脉象类别之间的非线性映射关系，从而实现脉象的自动分类，采用贝叶斯网络结构学习算法学习变量间的因果关系；②舌诊处理，由自拍程序控制数码相机拍摄病人舌像图，并存储在指定位置；③症状变量选择，经脉诊处理得到的脉诊结果和舌诊处理得到的舌诊结果与由病人主诉得到的闻诊、问诊信息组合起来，作为症状变量（相当于深度学习系统基于所述"四诊"信息数据库系统将"四诊"初步数据进行标准化）输入症状变量选择模块中，得到的症状变量是高维变量，将所研究的病种或证候类型所对应的典型症状集合作为匹配模板，将临

床病例中出现的症状集合作为待匹配序列；④证候辨识方法，采用"辨证统一体系"提出的辨证方法，根据病人的症状划分病人出现的病位、病性辨证要素，先检测出辨证要素，再由辨证要素组合成证候。采用与脉诊模块和舌诊模块相同的方法，基于贝叶斯网络的概率推理模型来建立症状变量集与辨证要素之间的映射关系，症状变量选择模块与证候辨识模块连接，选择得到的症状变量集作为证候辨识模块的输入（必然包括用于辨证推理、病症综合评判的系统）；⑤系统自学习系统，由脉诊数据库、舌诊数据库、问诊数据库组成（相当于该申请的"四诊"信息数据库系统），通过收集到的样本对系统的脉象诊断模型、舌像诊断模型以及证候辨识模型进行训练（相当于本申请的训练数据库系统、专家知识库系统），提高预测能力。

对比文件2公开了一种基于中医药传承与大数据挖掘的生命周期动态健康管理系统，包括用户端、服务器端、数据云平台；用户端与服务器端通过移动通信网络或者WiFi连接交互，数据云平台与服务器端通过互联网相连。用户端分为医生智能端、患者智能端；医生智能端、患者智能端通过智能设备的APP相互交互；服务器端设有服务平台系统，服务平台系统包括健康管理系统、中医传承模块、医患交流模块、健康管理模块、医养服务模块。本系统将深度学习神经网络应用于中医大数据分析，研究出的数据分析模型将应用于临床数据分析，并且能够介绍处方及中成药的组成及功效，提供远程诊疗咨询。

对比文件3公开了一种基于望、闻、问、切协同的中医智能辅助诊断系统，包括信息采集模块、中医药大数据信息资源库、中西医结合诊断模块、医院大数据分析模块和养生治疗模块。信息采集模块采集患者的病症信息，然后将采集到的病症进行中医的知识化表达，便于计算机的识别与计算；中医药大数据信息资源库中有大量诊断数据结果、互联网延伸医嘱和电子处方供医生参考借鉴；医院大数据分析模块根据患者在不同地区、不同海拔、不同体质的条件，依据中医药大数据信息资源库中的资源以及中西医结合诊断模块的解决方案具体分析患者病症，避免误诊情况；养生治疗模块分别是医用经典处方和养生调理两部分，首先通过借鉴医用经典处方由专家数据库自动开出"建议处方"供医生参考，再根据前述模块的诊断结果，给出个性化的养生调理方案，对比建议处方最终得出适合患者的养生治疗方案。

（2）创造性判断。

对比文件1公开了通过脉诊传感器、舌像采集盒内、人机交互的模式输入系统进行闻诊和问诊获取患者的疾病信息，并利用系统自学习系统进行辨证的技术方案。

权利要求与对比文件 1 的区别特征在于：①患者通过智能手机、APP 实现"四诊"信息的收集，并通过网络传至计算机云服务器系统；②计算机云服务器系统还包括六经辨证推理系统、经方药大数据挖掘系统、经方药临床医案数据库系统；病症综合评判系统给出诊断报告反馈给 APP 程序，APP 程序通过常规智能手机展示给患者，同时将诊断结果传输至六经辨证推理系统，六经辨证推理系统将诊断报告分别传输至辨证推理规则库系统、训练数据库系统和专家知识库系统，所述训练数据库系统和所述专家知识库系统根据诊断报告将对症的经方药信息传输至所述辨证推理规则库系统，所述辨证推理规则库系统基于所述经方药大数据挖掘系统和所述经方药临床医案数据库系统的数据信息以及整合来自所述训练数据库系统和所述专家知识库系统的经方药信息反馈给所述六经辨证推理系统，通过六经辨证推理系统最后确定对症的经方药，然后给出药方推荐，反馈给 APP 程序，所述 APP 程序通过常规智能手机展示给患者，在通过患者治疗反馈对药方不断进行调整直至病愈。由此，本申请实际所要解决的问题是实现远程问诊及药方推荐。

对于区别特征①，对比文件 2 公开了利用智能手机、APP 与远程服务器进行交互从而实现远程问诊的解决方案，并给出系统可以介绍方剂及中成药的组成及功效的启示，本领域技术人员容易想到利用智能手机的摄像头拍摄患者面部、舌像照片并对肢体动作录像，利用麦克风进行音频录入，由患者周围人根据腹诊演示程序对患者进行腹诊，从而利用智能手机和 APP 实现"四诊"信息的收集。

对于区别特征②，权利要求中包括多个子系统，对获取的"四诊"数据进行处理获取诊断报告，并根据诊断报告，依据训练数据库、专家知识库、经方药大数据挖掘系统和所述经方药临床医案数据库系统，确定对症的经方药推荐。对比文件 3 的专家数据库公开了利用诊断数据结果、互联网延伸医嘱、电子处方、医用经典处方专家数据库自动开出"建议处方"供医生参考，再根据前述模块的诊断结果，给出个性化的养生调理方案，对比"建议处方"最终得出适宜患者的养生治疗方案这些特征，且这些特征在本申请中与其在对比文件 3 中的作用相同，都是为了向患者提供更适合的治疗方案。因此，对比文件 3 给出了将其公开上述特征与对比文件 1 结合的启示。

因此，本领域技术人员有动机将对比文件 3 公开的由专家数据库自动开出"建议处方"的解决方案结合到对比文件 1 中，据此，在对比文件 1 的基础上结合对比文件 2 和对比文件 3 得到本申请的解决方案是显而易见的。因此，权利要求不具有突出的实质性特点和显著的进步，不具备创造性。

5. 案例启示

该申请权利要求的方案较长，根据技术特征在方案中的作用，将分散的特征合并为用于实现某一具体目的的手段进行考虑，有利于明确该方案的发明构思、梳理解决其问题的核心技术手段、确定检索要素，并在新颖性、创造性评判时更有针对性。

在检索时，除了需要注意中英文关键词的扩展，还需要注意分类号的使用，尤其注意分类更详细的 CPC 分类号的使用。比如，在案例 3 - 1 - 1 中，计算机辅助医疗是大数据常见应用，截至 2020 年 9 月，根据 CPC 分类号检索，在德温特世界专利索引数据库中，收录了 17 400 多项专利申请，而与本案相似度更高的医疗专家系统等自动化诊断系统类的发明专利申请多达 4300 件，在中国专利文摘数据库中，收录了超过 5400 项的发明专利申请，而与本案有关的自动化诊断系统仅有 1400 多件。由此可见，分类号的使用，尤其是使用细分位置更多的 CPC 分类号，能够帮助检索人员快速且精准地发现对比文件，在检索过程中可优先尝试使用。

（二）案例 3 - 1 - 2：一种基于大数据的防疫管理系统

1. 案情概述

目前，防疫工作主要是靠人工排查、抽样统计来实现，这样的方式效率低下，不能及时发现疫情。而大数据分析在数据统计分析上有着天然的优势，能够节约人工抽样的成本而且效率高，结论也更准确可靠。因此，为了解决现有技术中存在的问题，本申请提供了一种基于大数据的防疫管理系统，通过数据采集单元采集人群的体征参数信息，利用数据处理单元筛选出异常参数信息，通过远程服务器将异常参数信息与数据库中的海量数据进行对比，判断出问题信息，当问题信息的总量和范围超出预定值，则向报警单元输出。基于该大数据的防疫系统，可以采集海量数据与数据库中的数据进行对比，筛查出可能的问题信息，判断是否出现疫情，效率高、准确度高。

本申请的独立权利要求的方案如下：

1. 一种基于大数据的防疫管理系统，其特征在于，包括：

数据采集单元，用于采集人群的体征参数信息；

数据处理单元，用于接收多个数据采集单元采集到的参数信息，并进行初步处理，筛选出异常参数信息；

远程服务器，用于接收多个数据处理单元发送的异常参数信息，并与数据库中的海量数据进行对比，判断上述异常参数信息是否属于问题信息，如果是则记录下来；远程服务器进一步判断问题信息的总量和范围是否已经超过预定值，如果发现问题信息的总量和范围已经超出预定值，则向报警单元输出。

2. 充分理解发明

本申请的技术方案涉及大数据防疫，目的是准确、高效判断疫情是否出现。

判断疫情是否出现的依据是通过分析采集到的海量人群体征参数信息来作出判断，具体判断过程分为三步：一是初步处理，筛选出异常参数；二是将异常信息与数据库中的数据进行对比，判断是否属于问题信息；三是判断问题信息的总量和范围是否已经超过预定值，超出预定值则报警。

权利要求中对于筛选出异常数据并判断异常参数信息是否属于问题信息的限定比较概括，没有说明用于实现上述筛选和判断的具体方法。因此，为更好地站位本领域技术人员，在对本申请进行检索前，应结合说明书、其他文献公开的相关内容，补充必要的背景知识。另外应该注意，虽然本申请主题涉及防疫领域，但是其采用的手段具有一定的通用性，可被用于诊断复杂系统中故障、发现金融交易中的异常行为等场景，如果在疾病防控领域未找到适当的对比文件，还应考虑其他领域中的文献。在准确理解方案实质的基础上，通过适当扩展检索使用的关键词，来拓宽检索思路，亦可使用能够准确表达出申请获得的技术效果的关键词来进行检索，可能会获得事半功倍的检索效果。

3. 检索过程分析

（1）检索要素的确定及表达。

本申请请求保护的主题是一种系统，构成该系统的各组成部分所要实现的流程包括：数据采集、数据预处理筛选异常参数、远程服务器根据数据库中的数据比对识别问题、超出预定值后报警。因此在检索时，应紧密围绕上述四个流程所涉及的检索要素进行检索。根据上述分析，确认如下检索要素，并进行关键词扩展，形成检索要素表（见表3-1-2）。

表3-1-2　案例3-1-2的检索要素表

检索要素	防疫	数据采集	数据初步处理	服务器数据比对	超出预定值后报警
中文关键词	防疫，疫情，流行病，流感，传染病	采集，搜集，收集	预处理，初步处理，筛选	数据库，服务器，分析，比对	阈值，阀值，预设值；报警，预警，提醒，警报
英文关键词	epidemics, flu, infectious	collect, gather	preprocess, filter, deal with	database, server, analysis, compare	threshold, preset; alarm, warn, reminder
分类号基本表达	G16H50/80				

（2）检索过程。

以下仅以中文库为例，展示关键词选取的不同对检索结果的影响和调整思路。

首先根据检索要素在中文摘要库中进行全要素检索，并通过分类号将检索领域限定为防疫领域。检索过程如下：

1	CNABS	1795675	采集 or 搜集 or 收集
2	CNABS	529386	预处理 or 初步处理 or 筛选
3	CNABS	94746	（数据库 or 服务器）s（分析 or 比对）
4	CNABS	48694	（阈值 or 预设值 or 阀值）s（报警 or 预警 or 提醒 or 警报）
5	CNABS	293	1 and 2 and 3 and 4
6	CNABS	551	G16H 50/80/ic
7	CNABS	2	5 and 6

通过上述检索过程检索到两篇专利文献，内容上均公开了本申请的全部技术特征，但由于这两篇文献公开日期较晚，因此不能作为现有技术使用。

虽然上述检索结果验证了检索思路是正确的，但由于检索结果数量过少，仍需考虑进一步调整检索策略。仔细推敲检索式不难发现，上述检索过程中对于"数据初步处理"表达得比较局限，很多申请可能不会用检索式中的方式表达，或者直接在采集数据后进行了后续处理而没有表达为"初步处理"。因此，尝试删除这一检索要素后继续检索：

| 8 | CNABS | 11 | 1 and 6 and 3 and 4 |

虽然在 11 篇检索结果中发现较多文献在内容上与本申请都很相关，但这些文献的公开日期都较晚，不能作为对比文件使用。经过对两次检索的检索式的反思，发现可能是由于早期专利申请并没有被分类到 G16H 这一小类下，因此应该用关键词代替分类号表达"防疫"的概念。在具体选择关键词时，由于本申请的实现手段与防疫领域的"防"并没有任何技术上的关联，因此主要考虑扩展与"疫"相关的关键词，如流行病、流感、传染病、瘟疫等，按如下检索式进行检索：

| 9 | CNABS | 34561 | 防疫 or 疫情 or 流行病 or 流感 or 传染病 |
| 10 | CNABS | 15 | 1 and 3 and 4 and 9 |

通过浏览上述 15 篇检索结果，发现一篇涉及大型活动中多源数据的传染病症状监测与预警方法的专利文献，其公开了包括数据采集、数据预处理、筛选异常参数、远程比对、超出报警等与本申请核心技术手段相同的解决方案。

4. 对比文件分析及创造性判断

（1）对比文件分析。

该篇对比文件公开了一种大型活动中多源数据的传染病症状监测与预警方法，该方法通过在设定的区域内所建立的基于传染病症状监测的数据采集、上报、分析及预警的系统，实现对突发公共卫生事件的早期识别及预警。具体公开了如下内容：构建具有多种数据源的症状监测网络，所述数据源至少包含医疗机构、学校和幼托机构、药店及宾馆等（相当于数据采集）。基于 MSN 抽样模型，将区域内的其中一些医疗机构、学校和幼托机构、药店及宾馆选定为监测点，用于采集数据。其中，监测点为医院时，采集的数据是发热、咳嗽、腹泻等等患者症状；监测点为宾馆时，采集当日入住总人数和出现相关症状，如发热、呕吐和腹泻的人数等；监测点为学校及幼儿园时，采集的数据是针对呼吸道、消化道、出疹这三种症候群监测学生因病缺勤的情况（相当于数据预处理筛选异常参数）。将采集到的数据上传至后台服务器，由后台服务器运行预警模型，根据与这些症候群和症状相互对应的目标疾病及其风险程度，给出相应的分析及预警信号。在利用采集的数据进行预警的过程中，检测监测数据偏离基线的情况，发现异常数据。通过建立的数学模型对不同来源的异常数据进行统计分析，得到统计结果。同时根据对历史数据进行的统计分析，在预警系统中设定相应的阈值参数，排除因为周末效应、节假日效应、季节效应等造成的病例报告增加或波动（相当于远程服务器根据数据库中的数据比对识别问题）。将异常数据的统计结果与阈值参数进行比较，超出阈值范围则进行预警（相当于超出预定值后报警）。

（2）创造性判断。

该篇对比文件公开了一种基于大数据的传染病检测预警系统，其公开了数据采集、数据预处理筛选异常参数、远程服务器根据数据库中的数据比对识别问题、超出预定值后报警的技术细节。因此，权利要求1与该篇对比文件的区别特征仅在于：报警阈值的设定所包括问题信息的总量和范围。

显然，在该篇对比文件公开的上述技术方案的基础上，在面对检测和预警疫病信息的需要时，本领域技术人员根据监测疫情的经验，容易想到将报警的阈值设置为问题信息的总量和范围两个参数，以便更科学、准确地进行疫情预警。因此，该权利要求请求保护的解决方案对于本领域技术人员而言是显而易见的，不具有突出的实质性特点和显著的进步，不具备创造性。

5. 案例启示

对于大数据相关发明专利申请而言，一般都会包含数据采集，数据预处理，利用服务器对数据进行某种分析，并根据分析处理结果执行不同的操作的技术特征。因此，在理解发明和检索该类专利申请时，可以有意识地按照这样的基本过程划分申请文件的结构，以更快速地理解发明，准确获取申请的发明点。

利用分类号进行检索是一种较好的检索手段，多数时候能够提高检索工作效率。但是，在利用分类号进行检索时需要注意分类号的版本。由于分类号的版本更新较之技术的发展有一定的滞后性，很多早期被分配到旧版本分类位置的专利文献没有被重新改到新分类位置。在这种情况下，需要检索人员及时关注分类号版本的变化，适当扩展分类号，根据检索过程和检索结果调整分类号或者关键词的表达。

同时，对于大数据相关发明专利申请，如果权利要求中没有涉及具体处理过程，即要求保护的解决方案中，数据处理过程和分析过程较为概括，没有体现出与某一具体领域有何技术上的紧密关联，对于此种情况，在相同技术领域未检索到恰当对比文件时，可适当扩展检索范围，在相近领域进行检索，把检索重点放在数据处理的手段上，而不是在特定领域上。就本案而言，虽然本申请权利要求限定的主题名称为一种大数据防疫管理系统，但是特征部分所记载的手段与防疫所采取的公共卫生措施并无任何技术上的关联性，因此，在检索时除了考虑防疫的限定外，可适当扩展到流行病、传染病、流感等领域进行检索。

第二节　大数据采集分析

一、大数据采集分析技术综述

（一）大数据采集分析概述

针对规模大、速度快、数据多样、价值密度低的大数据，大数据处理技术主要涉及大数据的采集技术、存储技术、分析及挖掘技术（统称为大数据分析）、可视化呈现技术及辅助决策四大部分。本小节将从大数据采集、大数据分析两方面为重点进行介绍。

1. 大数据采集概述

大数据的来源极其广泛，简单来说，物联网、云计算、移动互联网、车联网、手机、平板电脑、PC 及遍布地球各个角落的各种各样的传感器，无一不是数据来源或承载的方式。由于广泛的数据来源，不加甄选而毫无目的收集数据并不是大数据采集的推荐方式。大数据的数据采集应该是在确定用户目标的基础上，针对该范围内所有结构化、半结构化和非结构化的数据的采集。

结构化数据一般包括预定义的数据类型、格式和结构，能以表格的形式存储在数据库中，可进行事务性数据和联机分析处理，多年来一直主导着 IT 应用。非结构化数据处于一种可感知的形式中，不能以表格之类标准形式展现，如视频、音频和多媒体。许多大数据都是非结构化数据，因而对数据处理提出了更高的要求。半结构化数据具有可识别的模式，是可以解析的文本数据文件，包括电子邮件，文字处理文件及大量保存和发布在网络上的信息，自描述和具有定义模式的 XML、HTML 格式。大数据的结构就体现了它最突出的特点，这也是大数据技术区别于传统数据技术的根本原因。

2. 大数据分析概述

业界对大数据的关注并不在于如何定义或界定大数据的概念，而是如何提取数据的价值并充分利用。传统的数据分析是为了提取有用信息和形成结论而对数据加以详细研究和概括总结的过程。大数据分析就是对规模巨大的数据进行分析，将大量的原始数据转换成"关于数据的数据"的过程，它是大数据到信息再到知识的关键步骤。

用于一般数据分析的工具很多，常用的有我们熟悉的 Excel、SPSS、SAS、Matlab 等。而当下，专用于大数据分析的工具也不断出现，如 Fuzzy Logix、Revolution Analytics、TIBCO 等厂商提出的基于数据库的大数据分析解决方案等。此外，R 语言、Rython 等具有丰富的数据分析包、机器学习包及超强的可扩展能力，使它们适合于灵活、复杂的大数据分析应用[1]。

大数据分析的关键领域，主要包括[2]：

1）结构化数据分析，商业和科研领域会产生大量的结构化数据，这些结构化数据的管理和分析依赖于 RDBMS（relational database management system，关系型数据库管理系统）、数据仓储、OLAP（online analytical processing，联机分析处理）和 BPM（business process management，业务流程管理）。

2）文本分析（也称为文本挖掘），指从非结构化文本中提取有用信息和知识的过程，大部分文本挖掘系统都以文本表达和自然语言处理（NLP）为基础，后者是重点。很多自然语言处理方法属于机器学习，例如，利用情感分析方法分析社交网站，从而研究潜在客户对特定品牌的喜好程度。由此可见，文本分析具有较大的商业化潜力。从电子邮件、公司文件到网站页面、社交媒体内容，无不是文本，文本可以采用不同的表现形态，如语言、文字、影像等。

3）多媒体分析，多媒体数据（主要包括图像、音频和视频）正以惊人的速度增长，几乎无处不在。多媒体内容分享是指提取相关知识并理解多媒体数

❶ 周鸣争，陶皖. 大数据导论［M］. 北京：中国铁道出版社，2018：117 – 118.

❷ 陈敏，张东，张引，等. 大数据浪潮——大数据整体解决方案及关键技术探索［M］. 武汉：华中科技大学出版社，2015：214 – 220.

据所包含的语义。由于多媒体数据多种多样，而且大多数都比单一的简单结构化数据和文本数据包含的信息更为丰富，提取信息这一任务正面临多媒体数据语义差距的巨大挑战。

4）网络分析（也称为网络挖掘），包括挖掘 Web 页面内容中有用的信息或知识，发现 Web 链接结构（网站中或网站间链接的示意图）相关的模型（基于具有或没有链接描述的超链接的拓扑结构建成的），尤其在线社交网络通常包含大量的链接（主要为图形结构，表示两个实体之间的通信）和各种格式的内容数据。网络挖掘还包括使用来自服务器/浏览器日志、用户配置文件/登记数据、用户会话或交易、鼠标点击或滚动操作等用户和 Web 交互产生的任何数据。

（二）专利申请特点概述

按照大数据来源的不同，对涉及大数据采集的发明专利申请情况进行统计。在中文全文数据库 CNTXT 中，截至 2020 年 9 月，在中国递交的大数据采集相关的发明专利申请共计 55 184 件，其中涉及互联网数据采集 23 184 件（42%），物联网数据采集 15 970 件（29%），金融/企业/管理，即企业内部等数据采集 11 838 件（21%）。此外，还包括其他数据来源 4192 件（8%）（见图 3 - 2 - 1）。

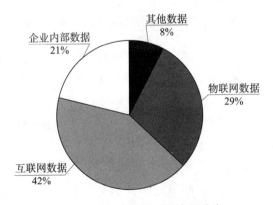

图 3 - 2 - 1　大数据采集来源分布

针对大数据分析的关键领域，在中国全文数据库 CNTXT 中对结构化数据分析、网络分析、文本分析和多媒体分析这四类大数据分析相关的中国发明专利申请情况进行统计。截至 2020 年 9 月，以结构化数据或关系型数据库为关键词，检索获得涉及针对结构化数据进行大数据分析（即结构化数据分析）相关的中国发明专利申请 40 928 件；以文本分析为关键词，检索获得涉及大数据的文本分析相关的中国发明专利申请 11 247 件；以多媒体分析为关键词，检索获得涉及大数据的多媒体分析相关的中国发明专利申请 15 273 件；以网络/web 分析为关键词，检索获得涉及大数据的网络分析相关的中国发明专利申请 38 401 件。

图 3 - 2 - 2 示出了基于上述检索结果统计的自 2010 年起这十年间，以上四类大数据分析相关的发明专利在中国的申请量（2019 年的数据不完整，部分申请尚未公开）。

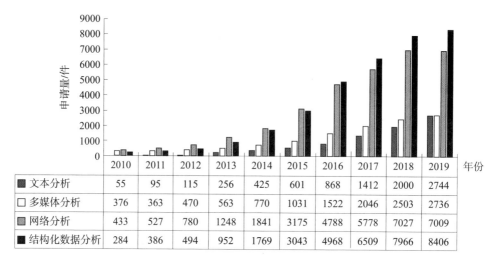

年份	2010	2011	2012	2013	2014	2015	2016	2017	2018	2019
文本分析	55	95	115	256	425	601	868	1412	2000	2744
多媒体分析	376	363	470	563	770	1031	1522	2046	2503	2736
网络分析	433	527	780	1248	1841	3175	4788	5778	7027	7009
结构化数据分析	284	386	494	952	1769	3043	4968	6509	7966	8406

图 3 - 2 - 2　2010—2019 年四类大数据分析相关的中国发明专利申请趋势对比图

从申请人分布来看，在上述中国全文数据库 CNTXT 涉及结构化数据分析的中国发明专利申请统计结果中，申请量排名前十的申请人依次为：国家电网公司（1322 件）、阿里巴巴（599 件）、腾讯（537 件）、中国移动（445 件）、华为（423 件）、电子科技大学（406 件）、清华大学（299 件）、平安科技（297件）、浙江大学（245 件）、中兴（213 件）。

在上述中国全文数据库 CNTXT 涉及文本分析的中国发明专利申请中，申请量排名前十的申请人依次为：腾讯（1622 件）、百度（253 件）、电子科技大学（165 件）、清华大学（147 件）、平安科技（145 件）、国家电网（133 件）、阿里巴巴（121 件）、浙江大学（98 件）、北京航空航天大学（85 件）、上海寒武纪信息科技有限公司（66 件）。

对照不同领域下大数据分析相关专利申请的申请人排名可见，像国家电网、阿里巴巴、腾讯，由于其自身的数据平台众多，因此，这些企业不仅是大数据的贡献者，同时也是大数据的使用者和研究者。清华大学、电子科技大学、浙江大学等高校，在产学研的带动下，其研究领域广泛，因此在各个领域都有涉猎。而对于百度、寒武纪等创新主体，对于大数据分析方面的专利申请则与其主要涉及的业务方向紧密相关。

　　下面以神经网络和语义分析为例子，对涉及非结构化的大数据分析的发明专利申请概况进行介绍。

　　从图 3 - 2 - 3 中可见，虽然神经网络模型在 20 世纪 50 年代就已经诞生，但大量运用于解决大数据分析问题则是在近五六年才呈现出急速发展的状态。

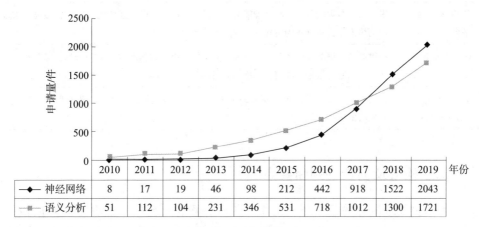

年份	2010	2011	2012	2013	2014	2015	2016	2017	2018	2019
神经网络	8	17	19	46	98	212	442	918	1522	2043
语义分析	51	112	104	231	346	531	718	1012	1300	1721

图 3 - 2 - 3　神经网络 VS 语义分析相关发明专利申请趋势

　　有关报告分析，目前全球大数据企业主要分为两大阵营：一部分属于单纯以大数据技术为核心的创新型公司，希望为市场带来创新方案并推动技术发展；另一部分则是以数据库/数据仓储业务为主的知名公司，利用自身资源与技术优势地位冲击大数据领域。表 3 - 2 - 1 简析了国内外几个典型大数据企业平台的应用实践❶。

表 3 - 2 - 1　大数据企业平台示例

大数据平台	功能介绍
阿里云数加大数据平台	提供从数据采集、加工，数据分析，机器学习到最后数据应用的全链路技术和服务
百度大数据平台	公司级大数据平台，收录公司各个业务领域的数据，建设数据闭环解决方案，推动数据的统一管理、共享、发现和使用
华为大数据分析平台	基于开源社区软件 Hadoop 进行功能增强，提供企业级大数据存储、查询和分析的统一、完全开放的大数据分析平台，帮助企业快速构建海量数据信息处理系统
京东万象数据服务平台	利用区块链技术对流通的数据进行确权溯源，登录用户中心进入查询平台，输入交易凭证中的相关信息，查询到存储在区块链中的该笔交易信息，从而完成交易数据的溯源确权

---

　　❶　中国互联网金融安全课题组. 中国互联网金融安全发展报告 2017——监管科技：逻辑、应用与路径 [M]. 北京：中国金融出版社，2018：74 - 75.

续表

大数据平台	功能介绍
奇虎 360 的大数据平台	通过部署数万台大数据服务器，对当前网络安全事件进行实时监测与分析，采用大数据技术对网络安全威胁进行跟踪和防范
腾讯云大数据平台	提供海量数据接入能力与处理能力，提供开放接口，做"互联网＋"的链接器，重视网络安全，将其作为链接一切的防护体系
IBM Security Guardium	提供敏感数据的发现和分类、分级，安全性评价，数据和文件活动检测，以及通过伪装、阻断、报警和隔离保护敏感数据一套完整的能力
Microsoft Azure HDInsight	以云方式部署并设置 Apache Hadoop 集群，从而提供旨在对大数据进行管理、分析和报告的软件架构

二、检索及创造性判断要点

大数据处理流程的各个环节是相互关联、互为支持的，这也是大数据相关发明专利申请的特点之一。正如本节将要呈现的两个案例，即使方案声称要解决的问题侧重于大数据分析，但解决方案也会涵盖从数据采集到存储的处理步骤。因此，对于涵盖采集、存储、分析到呈现等涉及大数据采集分析全流程的解决方案，权利要求的篇幅一般较长，技术细节多，对其进行检索和创造性审查时应当关注技术方案的实质内容，厘清诸多的技术特征与发明要解决的技术问题的关系，分析多个区别技术特征之间的联系和相互作用关系。

对于涉及大数据采集的解决方案，其中可能包含大量的算法特征。对于包含算法特征的申请在进行检索时，最大的考验来自对算法在方案中发挥何种作用的准确理解。在看到一连串数学公式时，如何进行关键词的表达，才能检索到有效对比文件，既是重点，也是难点。检索要素选择过细，有时难以获得检索结果；检索要素选择过粗，又会带来噪声。此外，对比文件筛选也是包含算法特征的解决方案在检索上的难点。

对于涉及大数据分析的解决方案，有时虽然其采用的算法可能是较为基础、较为通用的，但是当该算法在解决大数据分析过程中因数据差异或应用场景改变而产生的技术问题时体现出对自然规律的利用，则该算法成为解决该领域的技术问题时所采取的技术手段的组成部分，那么在检索和创造性判断时，应当考虑数据处理规则与特定应用场景之间的关联，适当考虑应用领域对技术方案的限定作用。

在进行创造性评判时，要避免简单机械地对比特征。由于算法涉及演绎和推算，在表现形式上有可能存在差异，一方面，不能仅根据算法特征表现形式相同就简单认定两个方案中涉及的算法特征是相同的，还要分析上下文算法环境，确定该算法特征在方案中起什么所用；另一方面，也不能因为表现形式略有不同就认为两个方案中涉及的算法特征一定不相同，应该考虑公式反推或变换后是否相同，通过公式推导是否能获得相同公式。在对多篇对比文件公式的组合考虑时，除了需要参考以上特征比对要求，还需要从技术领域、技术方案的连贯性等方面考虑是否存在结合启示。

三、典型案例

（一）案例 3-2-1：电网短期负荷预测方法

1. 案情概述

目前，负荷预测中使用最为广泛的方法是人工神经网络预测。然而，随着影响因素和学习样本增多，神经网络的计算量和权值数将急剧增加。此外，大量冲击负荷接入电网会引起较多毛刺，而该毛刺并非坏值，常规的神经网络模型几乎无法捕捉这些毛刺的变化规律。

随着人们不断对短期负荷预测的深入研究，各种进化算法被广泛应用于优化神经网络参数，但是到目前为止，大规模神经网络优化问题仍然是启发式算法解决大规模多峰优化问题的一大挑战。

本申请针对上述现有技术中的不足，提供了一种电网短期负荷预测方法，完整保留冲击负荷信息，提高了预测模型的准确性和稳定性。

本申请独立权利要求的方案如下：

1. 一种电网短期负荷预测方法，其特征在于，包括以下步骤：

S1，获取历史数据并对数据作预处理；

S2，利用小波分解将历史负荷样本数据分解成多个不同频率的子序列；

S3，对各子序列进行单支重构；

S4，动态选择训练样本，建立纵横交叉算法优化的神经网络预测模型；

S5，对各子序列均用优化的神经网络模型进行提前 24 h 预测；

S6，叠加各子序列的预测值，获得完整预测结果。

在所述步骤 S2 和步骤 S3 中，对历史负荷数据进行小波分解和重构具体公式。

小波分解公式为

$$\mathrm{WT}_{(a,b)} = \frac{1}{\sqrt{a}} \int_{-\infty}^{+\infty} f(t)\psi\left(\frac{t-b}{a}\right)\mathrm{d}t$$

式中，$f(t)$ 为原信号，$a=2^{-j}$，$b=k2^{-j} \in R$，并且 $a \neq 0$，$\psi(t)$ 为母小波；

小波重构公式为

$$f(t) = \frac{1}{C_w} \iint_a \, _b \mathrm{WT}_{(a,b)} \psi\left(\frac{t-b}{a}\right) \frac{\mathrm{d}a\mathrm{d}b}{a^2}$$

式中，C_ψ 为相容性条件，且 $C_\psi < \infty$。

在 Matlab 平台中实行小波分解与重构的函数是"wavedec"和"wrcoef"，小波分解把历史负荷数据分解成三个层次，得到四个子序列，分别是低频分量 A3，高频分量 D3、D2、D1。

在所述步骤 S4 中，建立纵横交叉算法优化的神经网络预测模型，包括：

S41，执行横向交叉，产生的中庸解保存在矩阵 MS_{hc} 中，然后计算 MS_{hc} 中每个解的适应值，与其父代种群 X（即 DS_{vc}，第一代除外）进行比较，只有适应度更好的粒子才能保留在 DS_{hc} 中。

其中，执行横向交叉的具体步骤为：

（1）获取父代种群（即纵向交叉的占优解 DS_{vc}，第一代除外）；

（2）对父代种群中的所有个体进行两两不重复配对（共有 N/2 对），并编号；

（3）按顺序依次取出每一对，设粒子 $X(i)$ 和 $X(j)$ 被取出；

（4）在横向交叉概率 p_h 下对粒子 $X(i)$ 和 $X(j)$ 的第 d 维执行横线交叉，公式如下

$$\mathrm{MS}_{hc}(i,d) = r_1 \cdot X(i,d) + (1-r_1) \cdot X(j,d) + c_1 \cdot (X(i,d) - X(j,d))$$
$$\mathrm{MS}_{hc}(j,d) = r_1 \cdot X(j,d) + (1-r_2) \cdot X(i,d) + c_1 \cdot (X(j,d) - X(i,d))$$

式中，$d \in (1, D)$；r_1，r_2 为 $[0,1]$ 上的均匀分布随机数；c_1，c_2 为 $[-1,1]$ 之间的均匀分布随机数；$X(i,d)$ 和 $X(j,d)$ 分别为粒子 i 和 j 的第 d 维；$\mathrm{MS}_{hc}(i,d)$ 和 $\mathrm{MS}_{hc}(j,d)$ 分别为横向交叉后的中庸解；

（5）执行竞争算子，获得横向交叉后的占优解 DS_{hc}；

S42，执行纵向交叉并将产生的解保存在矩阵 MS_{vc} 中，然后计算 MS_{vc} 中每个解的适应值，与其父代种群 X（即 DS_{hc}）进行比较，择优保留在 DS_{vc} 中。

其中，执行纵向交叉的具体步骤为：

（1）获取父代种群 X（即横向交叉的占优解 DS_{hc}）；

（2）对父代个体的每一维进行归一化处理，公式如下

$$X^k(i,j) = \frac{X^k(i,j) - P_{j\min}}{P_{j\max} - P_{j\min}}$$

式中，$i \in (1,N)$，$j \in (1,D)$；$P_{j\min}$ 和 $P_{j\max}$ 分别为第 j 维控制变量的上、

下限；k 为当前代数；

（3）对种群中所有维进行两两不重复配对（共有 N/2 对），并按编号；

（4）按顺序依次取出每一对，设 d_1，d_2 两维被选中；

（5）在纵向交叉率 p_v 下，粒子 X（i）的第 d_1 和 d_2 维执行纵向交叉，公式如下：

$$MS_{vc}（i,d_1）= r \cdot X（i,d_1）+（1-r）\cdot X（i,d_2）$$

式中，$i \in$ N（1,M），d_1，$d_2 \in$ N（1,D），r 为［0,1］上的均匀分布随机数；MS_{vc}（i,d_1）为粒子 X（i）的第 d_1 维子代；

（6）执行竞争算子，获得纵向交叉后的占优解 DS_{vc}。

2. 充分理解发明

本申请是算法与具体领域相结合的典型案例，涉及大数据在电力/负荷方向上的应用，方案中记载了大量数学公式。对于本案，可以化繁为简，分层次理解发明。

权利要求1虽然篇幅较长，但不难掌握其技术主干。通常，可先根据主要步骤确定方案的基本框架，了解申请采用了哪些关键技术手段。本申请的主要步骤包括 S1～S6。

在厘清方案的主要技术脉络后，进一步分析上述6个步骤的具体实现方式是否均属于本申请要改进的关键技术手段。权利要求1记载的方案中，对步骤 S2 和 S3 进行了细化，进一步限定了如何对历史负荷数据进行小波分解和重构；对步骤 S4 也进行了细化，进一步限定了如何建立纵横交叉算法优化的神经网络预测模型。通过分析本申请说明书中声称要解决的技术问题，可以明确该方案的核心技术手段在于步骤 S4，即如何利用纵横交叉算法优化神经网络预测模型。因此，这也是本申请检索和创造性评判的关键。

通过以上分析，可以将冗长的权利要求1划分为多个技术层级，根据不同技术层级与发明点的紧密程度，选择合适的关键词，制定有效的检索策略。

3. 检索过程分析

（1）检索要素确定及表达。

如前所述，通过分析发明所要解决的技术问题，可以明确该解决方案的核心在于如何利用纵横交叉算法优化预测神经网络，以便进行电网短期负荷预测。围绕上述发明核心，本申请利用经过纵横交叉算法优化后的神经网络模型对各子序列分别进行预测后，叠加预测值，而对负荷样本数据进行分解重构以获得所述各子序列的操作也是不可或缺的环节之一。

由此，本申请的核心检索要素包括：短期/负荷预测（短期预测常用于能源预测领域）、小波变换/分解/重构、纵横交叉、神经网络。

虽然我们在分析本申请的主要技术脉络时也发现，其解决方案中还记载了数据预处理、数据分解、数据叠加等步骤，但是，这些步骤属于大数据分析领域比较通用的数据处理手段，因此在对检索结果的数量暂时没有预估的情况下，可侧重与要解决的技术问题紧密相关的核心技术手段进行关键词的确定，在核心技术手段被现有技术公开，且检索结果数量较多时，可以再将次相关的技术细节作为检索要素进行检索。

本申请虽然涉及大数据分析和预测，但是有明确的应用领域，即分析对象是电网短期负荷数据，而 IPC 分类号 G06Q50/00 是"特别适用于特定商业领域的系统或方法"的分类位置，其下的 G06Q50/06 为"电力、天然气或水供应"，因此，利用 G06Q50/06 作为分类号进行检索，可以有效将检索范围锁定到与本申请相同的技术领域上。同时，G06Q10/04 的分类位置为"预测或优化"，与本申请要解决的目的相同。

综上，本申请的基本检索要素见表 3－2－2 所示。

表 3－2－2　案例 3－2－1 基本检索要素表

检索要素	电网/负荷短期预测	神经网络	纵横交叉算法	小波变换
中文关键词基本表达	短期，短时，负荷，电网，预测	神经网络	CSO，纵横交叉，横向交叉，纵向交叉	小波分解，小波重构，wavedec，wrcoef，高频，低频，Matlab
英文关键词基本表达	short term, electric load, load, forecasting, prediction	neural network	CSO, crisscross optimization	wavelet transform, wavelet, analysis, decomposition, reconstruction, wavedec, wrcoef, Matlab, high, low, frequency
分类号基本表达	G06Q10/04; G06Q 50/06			

（2）检索过程。

本申请权利要求的技术方案中包括大量数学公式，对于一件专利申请，如果权利要求的细节过多将会影响授权权利要求的保护范围。因此，很多研究学者会将涉及细节的研究成果公布于核心学术期刊或作为会议论文在重要学术会议中发表，而非作为专利保护内容记载在专利申请文件中。所以，本申请的检索特点在于如何通过非专利检索获得有效的检索结果。

首先，利用上述关键词在中文摘要库 CNABS 中进行检索。

1　CNABS　　　54　　　　　/ti（（（short w term）or 短期）w（load or 负荷））

and（forecasting or prediction or 预测）

2	CNABS	2552	CSO OR 纵横交叉 or（crisscross w optimization）
3	CNABS	84441	（神经 w 网络）or（neuralw network）
4	CNABS	24	2 and 3
5	CNABS	3929	（小波 w（分解 or 重构））
6	CNABS	3	2 and 5
7	CNABS	27	wavedec or wrcoef
8	CNABS	772603	load or 负荷
9	CNABS	34602	/ic G06Q50/06
10	CNABS	140539	G06Q10/＋/ic
11	CNABS	28	2 and 9
12	CNABS	28	2 and 10

浏览结果可以发现，相关的检索结果均公开在本申请的申请日之后。随即转至中文全文库 CNTXT 中利用相同的检索式进行检索，也未能获得相关对比文件。

接着，利用相应的英文关键词在外文专利库进行检索，过程如下：

1	VEN	8	/ti（short w term w load）and（forecasting or prediction）
2	VEN	371	/cpc G06Q10/04 and G06Q50/06
3	VEN	7	crisscross w optimization
4	VEN	16	CSO s algorithm
1	USTXT	52	（crisscross w optimization）OR（cso s algorithm）
2	USTXT	6	CSO P（neural W network）
3	USTXT	9839	load S（forecasting or prediction）
4	USTXT	0	1 AND 3
5	USTXT	53291	wavelet
6	USTXT	0	1 and 5

可见，在外文专利库中通过上述检索方式同样未能获得与纵横交叉算法相关的内容。

以上过程在某种程度上印证了对于算法特征过于具体的解决方案，在专利文献中有时难以获得理想的对比文件。因此，可以在非专利数据库中进行检索。

通过在 CNKI 数据库对本申请第一发明人进行追踪，发现一篇由该发明人与另一作者合作发表的关于小波包变换的功率组合预测文章，其中，运用组合预测方法分别对各子序列进行提前 24 h 预测，叠加各子序列的预测值，得出实际预测结果。该篇文章与本申请的不同之处是，其权值系数是由方差倒数法来优化的，未提及本申请所述的利用纵横交叉算法进行优化。

继而，在 CNKI 数据库中以该名合作作者以及"纵横交叉/CSO"等关键词一起进行检索，可获得一篇涉及基于小波包的短时风机出力组合预测模型研究的文章（对比文件 1）。通过阅读发现，该篇文章将风电功率数据进行小波包分解重构，形成一系列不同频率的独立子序列，然后使用 BP 神经网络分别对各单支子序列使用组合预测模型进行预测，得出每个子序列预测结果，叠加得出实际预测结果。在进行组合预测时使用纵横交叉算法 CSO 对组合权值进行优化，从而获得更好的权重系数，增强组合预测模型的预测精度。可见，该篇非专利文献公开了本申请的核心技术手段。为了获得能够覆盖权利要求 1 所有特征的对比文件，利用基本检索要素表中的关键词在 CNKI 数据库中进行检索发现，未能发现影响权利要求 1 新颖性的对比文件。

通过对权利要求中各步骤在方案中的作用可以看出，对比文件 1 未公开的特征涉及小波分解重构的进一步细节，具体为：在 Matlab 平台中实行小波分解与重构的函数是 wavedec 和 wrcoef，该发明中小波分解把历史负荷数据分解成三个层次，得到四个子序列，分别是低频分量 A3，高频分量 D3、D2、D1。

在 CNKI 中，以"负荷"为主题，在全文中搜索"wavedec"与"wrcoef"，从 11 篇搜索结果中可获得一篇涉及电气化铁路负荷影响下的超短期负荷预测研究分析的文献（对比文件 2）。此外，以摘要中模糊出现"电力短期负荷预测"和全文中精确出现"低频"和"高频"进行检索，获得了一篇涉及基于负荷分解的电力系统短期负荷预测方法的文献（对比文件 3）。

4. 对比文件分析及创造性判断

（1）对比文件分析。

对比文件 1 是最接近的现有技术，其公开了以下内容：

a）本文针对风电功率的日前预测展开工作，主要包括：①使用小波包变换对风电功率进行多层次分解，获得不同层次下的数据；②对小波包分解后的数据使用组合预测模型，进一步提高风电功率在不同层次的预测精度；③在进行组合预测时使用纵横交叉算法（Crisscross Optimization Algorithm，CSO）对组合权值进行优化，从而获得更好的权重系数，增强组合预测模型的预测精度。

其中，本文使用小波包对已有风电功率数据进行分解，得到不同层次的风电功率数据，然后使用 BP 神经网络分别对每个子序列进行预测，最后叠加预测值得到实际预测结果，例如，利用历史数据对未来 24 h 风电功率进行预测，分辨率为 1 h。

b）本文第四章进一步提出预测过程是将风电功率数据进行小波包分解重构，形成一系列不同频率的独立子序列，然后对各单支子序列使用组合预测模型进行预测，得出每个子序列预测结果，叠加得出实际预测结果，如图 3-2-4 所示，其中使用了 CSO 对权重进行确定。

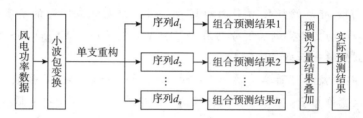

图 3-2-4　基于小波包变换与虚拟预测的风电功率组合预测模型

c）本文第二章对小波包的原理进行简要介绍，信号 $f(t)$ 的连续小波变换可以定义为 $\mathrm{CWT}(a,b) = \int_{-\infty}^{+\infty} f(t) \Psi_{a,b}^{*}(t) \mathrm{d}t$（公式 2.1），其中 $\Psi_{a,b}(t)$ 是可根据 a、b 变化放大和移位的小波母函数 $\Psi_{a,b}(t) = \dfrac{1}{\sqrt{a}} \Psi\left(\dfrac{t-b}{a}\right), a > 0, b \in R$（公式 2.2），其中 a 为尺度伸缩参数，b 为时间平移参数。从逆变换 $f(t) = \dfrac{1}{C_{\Psi}} \int_{-\infty}^{+\infty} \int_{-\infty}^{+\infty} \mathrm{CWT}(a,b) \Psi_{a,b}(t) \dfrac{\mathrm{d}a \mathrm{d}b}{a^2}$（公式 2.6）可以看出通过小波变换系数可以重构时域信号。

d）预测中应用较多的是 BP 神经网络，其是采用误差反向传播的多层前馈网络，u，y 分别表示网络的输入和输出，节点则是神经网络中的神经元。网络由输入层、隐含层和输出层三类构成，前一层至后一层使用权值连接，使用梯度下降法调整每一层神经元的权值和阈值，取 Sigmoid 函数作为激励函数。

e）本文第五章使用 CSO 优化神经网络的权值，将该神经网络用于风电功率预测，再次验证了 CSO 强大的优化能力。使用 CSO 优化神经网络的参数时，若假设输入层的神经元个数为 a，隐含层的神经元个数为 b，输出层的神经元个数为 c，则 CSO 中粒子的维数为 $a \times b + b \times c + b + c$。

f）本文第三章对 CSO 进行了介绍：CSO 是一种基于种群的随机搜索算法，种群由粒子组成，其搜索行为由横向交叉和纵向交叉两种方式组成，迭代过程中每一代都会由这两种交叉方式交替进行，并且每次交叉操作之后都会进入竞争算子，与父代竞争，只有比父代更优秀的粒子会被保留下来进入下次迭代。CSO 的特性之一：横向交叉将寻优空间中的粒子随机均分成两组，然后不同组的粒子会两两配对，并在每两个父代粒子所包围的空间及该空间的外延产生子代，在父代包围空间中，子代以平均概率产生，而在外延空间产生子代的概率则会随着与父代粒子的距离呈线性下降概率分布。

g）为方便说明 CSO 的流程，本文使用概念如下：CSO 的种群用矩阵 X 表示，矩阵中每一行（同时也是问题的一个解）表示为 $X(i)$，而矩阵中每一个元素为 $X(i, j)$；矩阵的行数 M 是种群规模，列数 D 则代表问题的解空间。使用横向交叉和纵向交叉得到的解分别用 MS_{hc} 和 MS_{vc} 表示；而 MS_{hc} 和 MS_{vc} 经过竞争算子后得到的解表示为 DS_{hc} 和 DS_{vc}。

h）CSO 的流程可简单总结如下：步骤 1，初始化种群；步骤 2，执行横向交叉后进入竞争算子；步骤 3，执行纵向交叉后进入竞争算子；步骤 4，终止条件——如果达到迭代次数或者满足其他已知边界条件，算法结束，否则转入步骤 2。

i）横向交叉的具体操作过程如下：假设父代个体 $X(i)$ 和 $X(j)$ 参与横向交叉，那么他们的子代使用如下公式得出：

$$\mathrm{MS}_{hc}(i, d) = r_1 \cdot X(i, d) + (1 - r_1) \cdot X(j, d) + c_1 \cdot \left[X(i, d) - X(j, d) \right]$$

（公式 3.1）

$$\mathrm{MS}_{hc}(j, d) = r_2 \cdot X(j, d) + (1 - r_2) \cdot X(i, d) + c_2 \cdot \left[X(j, d) - X(i, d) \right]$$

（公式 3.2）

其中，r_1、r_2 是 $0 \sim 1$ 之间的随机数；c_1、c_2 是 $-1 \sim 1$ 之间的随机数。$\mathrm{MS}_{hc}(i, d)$ 和 $\mathrm{MS}_{hc}(j, d)$ 分别是 $X(i, d)$ 和 $X(j, d)$ 通过横向交叉产生的子代。

迭代过程中横向交叉总是出现在纵向交叉后（第一代除外），设进行横向交叉的概率 P_1 为 1，横向交叉得到矩阵 $\mathbf{MS}_{hc}$ 后，矩阵 $\mathbf{MS}_{hc}$ 会通过竞争算子与父代种群 DS_{vc} 进行比较，只有具有更好的适应度的粒子会被保留下来，并保存在下一代的矩阵 $\mathbf{DS}_{hc}$ 中。

j）纵向交叉的具体操作过程如下：假设 d_1 维和 d_2 维是个体 i 进行纵向交叉操作的维度，其子代 $\mathrm{MS}_{vc}(i)$ 使用如下公式产生：

$$\mathrm{MS}_{vc}(i, d_1) = r \cdot X(i, d_1) + (1 - r) \cdot X(i, d_2)$$
$$i \in N(1, M), d_1, d_2 \in N(1, D)$$

（公式 3.3）

其中，$r \in U(0, 1)$，$\mathrm{MS}_{vc}(i, d_1)$ 是 $X(i, d_1)$ 和 $X(i, d_2)$ ［即 $\mathrm{DS}_{hc}(i, d_1)$ 和 $\mathrm{DS}_{hc}(i, d_2)$］产生的"子代"。

纵向交叉操作的父代种群是横向交叉后经过竞争算子保留下来的解 DS_{hc}。在进行纵向交叉前需要对每一维进行归一化操作。纵向交叉操作的概率 $P2$ 通常被设置在 $0.2 \sim 0.8$ 之间。纵向交叉完成后，竞争算子将其所得的矩阵 $\mathbf{MS}_{vc}$ 和其父代种群进行竞争操作，同样，只有拥有更好的适应度的粒子会在竞争中被保留，进入矩阵 $\mathbf{DS}_{vc}$，进入下一次迭代。

对比文件 2 公开的是电气化铁路负荷影响下的超短期负荷预测研究分析，并具体公开了以下内容：小波理论广泛应用于短期负荷预测，目前在小波分析领域内，MATLAB 提供 wavedec 函数对信号进行小波分解，提供 wrcoef 函数进行小波重构。

对比文件 3 公开了一种基于负荷分解的电力系统短期负荷预测方法，并具体公开了以下内容：短期负荷预测通常是指 24 h 的日负荷预测和 168 h 的周负荷预测。预测模型的建立分为四个阶段：①对负荷序列进行小波分解；②小波单支重构；③利用合适的神经网络分别对各尺度域上的小波序列进行建模和预报，结果进行叠加；④建立一元线性回归模型对神经网络预测结果进行修正，生成负荷序列的最终预报。例如，保定地区一个月的负荷数据进行三尺度分解得到该序列的低频部分 a_3 和高频部分 d_1、d_2、d_3。

（2）创造性判断。

对比文件 1 公开了使用纵横交叉算法优化神经网络，提高预测精度的方法。权利要求与对比文件 1 的区别在于：①在 Matlab 平台中实行小波分解与重构的函数是 wavedec 和 wrcoef；②本申请中小波分解把历史负荷数据分解成三个层次，得到四个子序列，分别是低频分量 a_3，高频分量 d_3、d_2、d_1。本申请实际要解决的问题是如何执行小波分解和重构。

对于区别特征①，对比文件 2 公开了"目前在小波分析领域内，MATLAB 提供 wavedec 函数对信号进行小波分解，提供 wrcoef 函数进行小波重构"，而采用 Matlab 平台进行小波变换是本领域惯用的操作手段，所述函数 wavedec/wrcoef 也具有领域通用性，因而，对比文件 2 给出了将该特征应用到对比文件 1 以解决小波分解和重构问题的技术启示。

对于区别特征②，显然被对比文件 3 公开，且对比文件 3 同样是运用在通过神经网络进行基于负荷分解的电力系统短期负荷预测领域，给出了将该特征应用到对比文件 1 以解决小波分解和重构问题的技术启示。

因此，权利要求 1 所要求保护的技术方案相对于对比文件 1、对比文件 2 和对比文件 3 以及本领域公知常识的结合是显而易见的，不具有突出的实质性特点和显著的进步，因此不具备创造性。

5. 案例启示

对于涉及大量数学公式的申请，在检索时可以侧重于非专利文献的检索。同时，可以以发明人为突破口进行追踪检索。在理解发明时，既要厘清不同技术手段之间的主次、与要解决的技术问题的紧密程度，又要避免割裂特征。在创造性评判过程中，要避免简单机械地进行特征对比。不能仅根据算法特征表现形式相同就简单认定两个方案中涉及的技术手段是相同的，还要分析上下文的特定应用环境，确定该算法特征在方案中起什么作用；也不能因为表现形式略有不同就认为两个方案中涉及的技术手段一定不相同，应该考虑公式反推或变换后是否相同，通过公式推导和直接变换来确定是否能获得相同的结果。

（二）案例 3-2-2：基于语义网的大规模离线数据分析框架

1. 案情概述

现有技术中，对大数据资源的处理存在困难，主要体现在：数据获取类型僵化、数据存储割裂、数据追溯困难且数据存储同质异构。

对于众筹制的数据资源，虽然数据表达和存储结构不同，但却表示同一种数据资源；数据的采集和集成过程多样化，且不同采集部门只关注其本身的数据需求。因此，同一领域中不同部门采集的数据具有很强语义歧义性，导致信息交换困难，无法重用。基于此，本申请提出一种新的可扩展、易于数据组织和管理的大数据分析框架，以增强企业对数据的应用和分析能力，最大限度提升数据的运用价值。

本申请独立权利要求的方案具体如下。

1. 基于语义网的大规模离线数据分析框架，其特征在于自下而上分为数据采集层、本体层、数据存储层、语义层、数据分析层和应用层；其中：

源数据是平台外部数据，被用于平台分析和处理，集中或分布式存储于其他数据库或其他平台内；包括传感器数据、文本数据、图像数据，所述源数据分为动态数据和静态数据；动态数据为快速产生变化的数据，该类数据通常产生时间间隔较短，占用大量的数据存储空间；静态数据产生时间间隔相对较长，是针对不同类型和来源的基础数据；

数据采集层包括结构化数据抽取、半结构化数据抽取、非结构化数据抽取和人工数据资源划分与归类；结构化数据抽取、半结构化数据抽取、非结构化数据抽取主要是为了根据不同的数据类型，对相应类型的数据进行统一处理，为数据存储层提供数据抽取服务；数据采集层对源数据中的数据逻辑关系、数据语音信息和数据物理信息三类静态数据进行识别，以电子文档或记录的形式存储，静态数据通常为结构化数据；同时对存储在数据库或其他平台内大量的动态数据进行人工识别，根据不同数据库和外部平台的结构基于本体层编写不同的接口 API（application programming interfaue，应用程序接口），进行结构化数据抽取、半结构化数据抽取和非结构化数据抽取，并存储于数据存储层中；

本体层主要进行本体库的构建，主要包括本体模型的建立、映射文件的编写以及实现本体模型的更新，本体层一方面将本体实例化数据存入数据库中，另一方面为语义层的语义检索提供支撑；基于语义网的数据整合，首先对源数据进行标识，然后将数据映射为 RDF 三元组形式，最终生成本体库并支持 SPARQL 查询；本体层主要根据静态数据利用 protégé 软件构建本体模型生成本体库。D2R 引擎包括映射引擎、本体模型和映射文件，映射文件主要是源数据的物理信息和存储层存储单元的物理信息的映射关系；

数据存储层将采集到的动态数据和静态数据存储到分布式存储系统中，静态数据可以采用结构化的数据库如 Hbase，动态数据存储在如 Hive、HDFS 等数据库中；对于大数据分析来说，一般分布式存储系统采用主/从架构，主节点为管理节点，负责记录数据存储位置等信息；从节点为数据节点，是数据真正的物理存储位置；

语义层主要面向大数据查询进行设计，包括查询与推理任务的生成、查询代理、查询引擎、推理引擎等模块，语义层主要接收来自用户的请求，并根据语义解析和推理功能将请求转化为查询任务，然后调用查询引擎进行大数据查询，最终将结果传给数据分析层便于后续的大数据计算。语义层将下层模块封装并以接口 API 的方式为上层服务，上层应用通过 API 首先访问语义层的查询任务生成器，将查询任务转换为本体的 SPARQL 语言，通过推理引擎和查询引擎，查询本体库并返回相应的静态数据内容和动态数据的物理信息；

数据分析层根据大数据分析的不同需求提供分析算法，该层对上以服务接口的模式为用户的应用开发提供支持，对下利用并行计算接口从底层调用数据，该层主要通过任务调度模块来对分析任务进行调度，协调分析任务的进度，其中利用基础分析算法库和复杂数据分析算法库对不同的算法进行封装，增强整个系统的二次开发能力和扩展性；数据分析层由任务调度模块实现该层其他模块与上下层模块的信息交互；应用服务接口提供 API 将用户的分析任务转换为算法指令调用复杂数据分析算法库，复杂数据分析算法库包括了大量独立的数据分析算法，并利用基础分析算法库调用接口 API 实现对基础分析算法库的调用，并行计算接口 API 用于抽取数据层数据并在并行环境下进行计算；

应用层则以 Web，应用程序或 APP 的模式为普通用户提供独立化的分析应用服务。利用数据分析层计算出的结果，以服务的形式为用户提供大数据分析服务。用户既可以进行服务请求，也可以根据自身实际需求开发新的服务，并基于本框架进行大数据分析。

2. 充分理解发明

从权利要求记载的解决方案看，本申请涵盖的环节包括大数据的采集、处理、分析等。因此，本申请实质上请求保护的是为了完成大数据采集分析的全流程技术框架。

从本申请要解决的技术问题看，现有技术中，同一领域中不同部门采集的数据具有很强语义歧义性，导致信息交换困难，无法重用。因此，为解决上述问题，本申请采用的关键手段之一就是设置本体层，用于将本体实例化数据存入数据库，并为语义层的语义检索提供支撑；关键手段之二是设置语义层，用于大数据查询和推理。由此，使数据分析人员仅通过语义接口对下层数据源进行访问，获取相关的数据信息，无须了解不同数据源的所有信息，从而有效提升对多源异构离线数据的组织能力。

从权利要求记载的解决方案看，本申请请求保护的主题是"大规模离线数据分析框架"这一整体，因此该分析框架所包括的数据采集层、本体层、数据存储层、语义层、数据分析层和应用层以及各个层所要实现的功能，均成了该分析框架的必要技术手段。在检索时，应首先围绕上述各层及其功能，全面确定检索要素。此外，可根据本申请要解决的问题，优先从作为关键手段的本体层和语义层着手进行检索。

3. 检索过程分析

（1）检索要素确定及表达。

由于本申请的解决方案涉及包含多个功能的不同层的框架，且篇幅较长，细节较多，在利用关键词进行检索要素表达时，需要使用和扩展的关键词较多。对于此类申请，可考虑优先使用分类号进行检索范围的限缩。分类号 G06F17/30 涉及信息检索、数据库结构、文件系统结构，由于该分类号下的文献量过大，因此，在最新版的 IPC 中，已将该分类号移至 G06F16/00，并进行了细分。例如，G06F16/10 涉及文件系统、文件服务器；G06F16/20 涉及结构化数据，如关系型数据库；G06F16/30 涉及非结构文本数据；G06F16/40 涉及多媒体数据；G06F16/50 涉及静态图像数据；G06F16/60 涉及音频数据；G06F16/70 涉及视频数据；G06F16/80 涉及半结构化数据，如标记语言结构化数据。对于涉及信息检索的相关技术内容，CPC 分类较 IPC 分类有更多细分位置。因此，就本申请而言，可以考虑采用 G06F16/00（IPC）进行检索。但是，对于分类号版本有变化的，应考虑同时使用旧版本的分类号进行补充检索，以防因文献原有分类号未及时改版而遗漏对比文件。

此外，当解决方案中术语较多，有些甚至为自造词时，应对这些术语和自造词进行更加准确的表达，反映其技术实质。

表 3 - 2 - 3 是权利要求 1 的检索要素表及要素扩展方式。

表 3 - 2 - 3　案例 3 - 2 - 2 基本检索要素表

检索要素	大数据分析	应用层	本体层	语义层
中文关键词基本表达	大规模数据；处理	应用接口，API，界面	标识，标注，映射，库，三元组，RDF，模型	查询，推理，解析，封装
英文关键词基本表达	bigdata，big data，large scale，data，large volume；analyze，process	application layer，interface	ontology layer，identify，tag，map，triple，RDF，model，database，library	semantic layer，query，inference，parse，package，encapsulate
分类号基本表达	G06F16/00			

（2）检索过程。

本申请的申请人为高校，对于科研单位，其围绕一项特定领域的技术研究通常具有持续性。因此，从申请人作为切入点，追踪申请人自己之前申请过的相关专利文献，有时会获得较为相关的对比文件。

以本申请的发明人和申请人为要素，通过如下检索式进行检索：

1	CNABS	17902	同济大学/pa
2	CNABS	111904	G06F16/IC
3	CNABS	143154	G06F17/30/IC
4	CNABS	5643	/in/pa 王坚 or 凌卫青 or 程进
5	CNABS	5	1 and 2 and 4
6	CNABS	6	1 and 3 and 4

上述检索结果可以看出，虽然 G06F17/30 已移至 G06F16/，但其下仍有大量的专利文献，且数量比 G06F16/的还要多。因此，对涉及信息检索和数据库构建的相关专利申请进行检索时，建议新旧分类号一并使用。通过上述追踪检索，获得了一篇申请人相同、发明人部分相同的专利文献"一种交通大数据动态信息快速搜索方法及其应用"，该解决方案根据搜索任务构建道路交通本体库进行语义搜索，得到对应的动态信息和语义信息，其中，根据道路交通本体模型和映射文件将静态交通数据和动态交通数据存储信息映射成本体实例数据。除该篇申请外，并未找到与本申请的技术方案更为接近的专利文献。

通过基本检索要素表中构建的关键词和数据，在 CNABS、CNTXT、SIPOABS和 USTXT 等专利数据库中进行检索，均未发现更为合适的对比文件。

考虑到本申请的解决方案侧重基础构架的设计，涉及的技术细节多，在专利检索资源未获得更加理想的检索结果时，进而利用非专利检索资源进行检索。

在中国知网 CNKI 平台下，在以发明人、申请人为入口未能检索到相关文献后，通过如下方式进一步检索：

（主题＝大数据 or 主题＝大规模数据）and（主题＝分析 or 主题＝处理）and（全文＝应用层 or 全文＝应用接口 or 全文＝API）and（全文＝本体层 or 全文＝本体库 or 全文＝映射 or 全文＝三元组 or 全文＝RDF or 全文＝模型）and（全文＝语义层 or 全文＝查询 or 全文＝推理 or 全文＝解析 or 全文＝封装）

同时，通过上述关键词的英文表达，在 IEEE 平台进行检索：

（bigdata or（big data））and（process or analyze）and API and（model or RDF or map or ontology）and（semantic or query or inference or parse or encapsulat or package）

经浏览，在 CNKI 中获得一篇发表于本申请申请日之前的期刊文献"一种基于大数据的智能交通分析系统及方法"。该篇文献公开了一种用于对大数据进行分析的系统，该系统包括数据采集层、数据存储层、数据分析层和应用层，其整体架构与本申请较为接近。该篇文献虽然提及了本体层，但是并未对本体层的构建和功能进行更为详细的记载。

在专利库中检索到的"一种交通大数据动态信息快速搜索方法及其应用"公开了本体层的构建方式和功能，两篇文献领域相近，如果将非专利文献"一种基于大数据的智能交通分析系统及方法"作为与本申请最接近的现有技术，那么在该篇文献已经公开的数据分析框架以及通过语义搜索部分将下层封装，以接口函数方式为上层提供服务的基础上，为了给该语义搜索部分提供数据支撑，本领域技术人员有动机结合该篇专利文献从而得到本申请的技术方案。因而，可以将非专利文献"一种基于大数据的智能交通分析系统及方法"作为最接近的现有技术，即对比文件 1，将该篇专利文献作为对比文件 2。

4. 对比文件分析及创造性判断

（1）对比文件分析。

对比文件 1 公开了一种基于大数据的智能交通分析系统及方法，并具体公开了以下内容。

根据交通大数据的特点，基于 Hadoop 框架设计智能交通分析平台总体架构，该总体架构主要分为数据采集层、数据存储层、数据分析层和应用层。

交通数据包括静态数据和动态数据。静态数据包括道路信息数据、道路设施数据、停车场数据等；动态数据如线圈设备、视频设备等采集到的交通信息数据等。对于静态数据来说，其主要是结构化数据，相比动态数据其数量较小，且相对固定，但因数据采集机构和设备的差异，具有较大的语义异构性。静态数据本体需要通过 RDF 三元组来表示，为了满足存储稳定、快速查询和方便扩展等特点，引入 Hadoop 框架的 HBase 组件进行存储；动态数据由于体量巨大，且具有多源异构的特点，同时结合语义网技术，引入 Hadoop 框架的 Hive 组件进行存储，以满足计算需求。

1）数据采集层：数据采集层能够实现结构化数据抽取、半结构化数据抽取、非结构化数据抽取以及人工数据分类，上述各类数据抽取依据不同数据类型对数据统一处理，具体为编写不同接口函数进行抽取。数据采集层分为动态数据采集和静态数据采集，其中动态数据包括线圈采集的流量数据、车型数据和车速数据等；卡口数据包括车牌数据、采集时间等数据。静态数据包括路段信息、设备信息等不会因采集时间不同而改变的数据。对于静态数据来说，其主要是结构化数据。动态数据经过整合存储到分布式数据库中，静态数据根据后期本体模型映射成 RDF 数据进行存储。数据采集层主要识别静态数据中的物理信息、语音视频信息、逻辑关系等信息，记录为文档，并人工识别在各个数据库中的动态数据。

2）数据存储层：数据存储层将采集到的动态数据和静态数据存储到 Hadoop 计算机集群下，计算机集群采用主/从架构，主节点为管理节点，存在一个，负责记录数据存储位置等信息；从节点为数据节点，存在多个，是数据真正的物理存储位置。在本框架下，动态数据整合为一张数据大表，存储于 hive 数据仓库下。静态数据根据本体模型进行映射，成为 RDF 数据，然后写入 HBase 分布式数据库中。

3）数据分析层：数据分析层根据不同的交通大数据分析需求，采用 MapReduce 编程模型进行数据处理和计算，在本系统中主要引入数据清洗、关联分析、聚类分析、OD 算法等模块。首先，用户根据个人需求进行应用请求，系统自动匹配其应用所需要的算法模块和数据，如果出现不存在此应用、数据不全或者输入条件不足等情况，则将错误信息返回给用户；如果输入条件满足计算需求，则通过请求验证，进入应用匹配阶段。应用匹配包括数据匹配和算法匹配两方面。根据用户的请求，通过本体推理的方式查找出该应用所需要的数据类型，如针对 OD 算法，用户需要输入道路范围、时间和车牌集合，然后根据这些范围和 OD 算法本身所需要的数据，推理出所要查找的线圈代码、车牌号码、线圈坐标和采集时间等信息，然后进入语义网搜索阶段。语义网搜索部分根据数据类型，利用 SPARQL 查询 HBase 数据库查询出所需数据所在的实际地址，将地址结果传送给大数据搜索模块，通过对 Hive 中存储的大表数据进行提取，从而获得最终要计算的数据。同时，语义网搜索部分还可以查询代理和引擎、搜索引擎等，通过上述引擎，可以进行查询操作，语义网搜索部分将下层进行封装，以接口函数的方式为上层提供服务。另外，通过将最小力度的算法进行封装和重组的方式获得复杂应用的算法模块，且提供接口函数将用户的分析任务转换成算法指令来调用相关的复杂数据分析算法。由于已经将各个应用对应的算法进行封装，并采用接口的形式提供服务，算法匹配部分只需在算法库中进行查找，获得此次请求所需要的算法。这里以单车 OD 算法为例。OD 计算是统计一定区域内每一辆车出行的起始点和终止点，记录每一辆车经过的线圈信息，以及根据起止点计算车辆位移。在 MapReduce 计算模型下，在 Map 阶段根据车牌号码进行合并，将结果传递给 Reduce 阶段；在 Reduce 阶段，针对每一个车牌的数据的时间字段进行计算，将满足阈值条件的每组数据作为 OD 计算结果输出。OD 计算结果可被二次利用，作为车辆出行行为统计和画像等应用的基础，最后将查找到的数据和算法相结合得出计算结果返回给用户。

4）应用层：利用数据分析层计算出的结果，以接口的形式为交通行业各用户提供服务，根据各用户不同的需求提供不同的计算结果，同时可以在数据分析层增加新的计算模块来满足新的需求。应用相应流程主要包括用户请求、请求验证、应用匹配、数据计算模块。

在一些研究领域，还考虑增加本体库，以提高整体效率。

对比文件 2 公开了一种交通大数据动态信息快速搜索方法及其应用，并具体公开了以下内容：构建道路交通本体模型，利用 D2RQ 映射语言制定映射规则，进而获得相应的映射文件；获取大数据平台上的静态交通数据和动态交通数据存储信息；采用 JENA 开发平台，调用 D2RQ 映射引擎，根据道路交通本体模型和映射文件将静态交通数据和动态交通数据存储信息映射成本体实例数据；根据本体实例数据生成道路交通本体库；为信息源提供必要的语义标注，生成本体库并提供 SPARQL 查询；道路交通本体库将道路交通信息进行语义关联，在大数据分析与大数据存储之间建立了一层语义逻辑层——语义网，所述语义网提供了大数据分析的语义搜索功能；根据交通领域知识，将静态交通信息和动态交通数据的存储信息进行关联分析，进行面向交通大数据分析的道路交通本体建模；获得道路交通本体模型后，可利用 protégé 本体构建工具进行本体模型开发，即使领域知识形式化；上述本体模型还能够进行更新。

（2）创造性判断。

通过对比文件 1 公开的内容可知，权利要求 1 相对于对比文件 1 的区别技术特征为：①本体库的构建主要包括本体模型的建立、映射文件的编写；本体层一方面将本体实例化数据存入数据库中，另一方面为语义层的语义检索提供支撑；基于语义网的数据整合，首先对源数据进行标识，最终生成本体库并支持 SPARQL 查询；本体层主要根据静态数据利用 protégé 软件构建本体模型生成本体库，D2R 引擎包括映射引擎、本体模型和映射文件，映射文件主要是源数据的物理信息和存储层存储单元的物理信息的映射关系。②数据分析层主要通过任务调度模块来对分析任务进行调度，协调分析任务的进度，并由任务调度模块实现该层其他模块与上下层模块的信息交互。

　　基于上述区别技术特征，权利要求 1 实际解决的技术问题是：①如何具体实现本体层；②数据分析层如何实现任务调度及信息交互。

　　对于上述区别技术特征①，对比文件 1 公开了语义网搜索部分根据数据类型从数据库中查询所需数据，将地址结果传送给大数据搜索模块，从而获得最终要计算的数据的方式。可见，对比文件 1 已经公开了其包括的语义层同样要完成查询和推理的功能，而为了完成相应的功能，其必然需要存储的数据作为支撑。对比文件 2 公开了用于存储实例数据、为语义逻辑层提供支撑的本体层，即对比文件 2 公开了区别技术特征①，并且其在对比文件 2 中起到的作用与其在权利要求 1 中的作用相同，都是为了实现本体层，从而建立本体模型，以统一语义，为语义层的查询等操作提供必要的数据支撑。因此，对比文件 2 给出了解决技术问题"如何具体实现本体层"的技术启示，从而使本领域技术人员有启示将对比文件 2 中的实现方式应用于对比文件 1 中。

　　对于上述区别技术特征②，对于本领域技术人员来说，独立设置任务调度模块来对要完成的各个任务进行协调和调度，这是本领域惯用技术手段。同时，由于任务之间通常都要进行通信，因此，依据该任务调度模块实现模块间的通信操作，这也是本领域公知常识。

　　综合上述分析可知，权利要求 1 的技术方案相对于对比文件 1、对比文件 2 和本领域公知常识的结合是显而易见的，从而不具备创造性。

5. 案例启示

　　对于篇幅较长且要求保护一种大系统的权利要求所限定的技术方案，在理解发明实质以及确定检索要素时，首先应当厘清方案整体的脉络，明确系统主要的组成部分都有哪些，每一部分又是如何实现或者构成的，然后根据对方案的理解以及说明书记载的内容，确定上述哪些构成部分与发明点相关，并将检索的重点放在这些内容上。

　　在检索的过程中，可以根据申请人的特点进行追踪检索。例如，考虑到科研院校围绕某一领域的研究路线通常是持续性的，因此可以以申请人为切入口，检索其曾经申请过的相关专利文献、发表过的期刊文章以及公开过的学位论文等，特别是注意从非专利资源寻找合适的对比文件。

对于超长的技术方案，在进行创造性评判时，更应该注意特征对比的严密，不能似是而非，更不能漏评特征，对于区别特征的归纳应该全面，对于多篇对比文件的结合启示应该详细论述。

第三节　大数据聚类

一、大数据聚类技术综述

（一）大数据聚类概述

"物以类聚，人以群分"，在自然科学和社会科学中，存在着大量的聚类问题。聚类是一种挖掘数据内在相似性的无监督机器学习技术，是一个将数据集划分成若干数据子集的过程。聚类与分类不同，分类是在类别已知的情况下，对待分类的数据、事物进行归类、合并，而聚类是一种探索性的分析，所要求划分的类是未知的。

在大数据领域，聚类算法是十分重要的，我们采集到的大数据是杂乱无章的，只有通过有效的聚类，才能发现数据背后隐藏的规律，获得对我们有用的信息。

一般而言，聚类的主要研究方向包括聚类过程中的数据预处理、特征选择或变换、聚类算法选择或设计、聚类结果评价、聚类结果解析等几个方向。

聚类在实际生活中已被广泛应用，如商业活动中的客户分群、生物信息学中的基因序列分类、汽车保险单持有者的分组，以及房屋租赁买卖的价值分组等。

在过去几十年，针对不同类型中小规模数据集的聚类算法在聚类精确度方面已取得了重要的突破。经典的聚类算法包括针对连续属性值的 k-means 算法及其模糊版本 Fuzzy c-means 算法，针对离散属性值的 k-modes 算法及其模糊版本 Fuzzy k-modes 算法，针对混合属性值的 k-prototypes 算法及其模糊版本 Fuzzy k-prototypes 算法，基于层次的 BIRCH 算法、CURE 算法、CHAMELEON 算法，基于密度的 DBSCAN（density-based spatial clustering of applications with noise）算法、OPTICS 算法、DENCLUE 算法，基于网格的 STING 算法、CLIQUE 算法、WAVE-CLUSTER 算法，以及基于智能算法模型的聚类算法、相关性分析聚类，基于统计的聚类方法等。

这些传统聚类算法在数据集规模很小时通常都有较好的工作表现，但是，随着大数据时代的到来，Gbyte 级乃至 Tbyte 级的数据集层出不穷，通常这些数据集的数据量会超出单个计算节点的内存容量，导致数据无法被加载到内存，还会出现计算量太大以至于不能在可接受的时间内获得聚类结果的问题。在对这种规模的数据进行聚类时，如果直接套用上述聚类算法往往不能获得令人满意的应用结果。因此，大数据聚类的核心问题就是解决计算复杂度和计算成本与可扩展性和速度之间的关系问题。大数据聚类算法关注的焦点是：以最小化地降低聚类质量为代价，提高算法的可扩展性与执行速度。该领域的研究已经成为当前机器学习领域的重要任务之一。

为了解决针对大规模数据集的聚类算法所面对的问题，研究人员进行了多方面的尝试❶，比如利用并行计算环境，设计了基于 MapReduce 计算框架的聚类算法、基于 Spark 计算框架的聚类算法、基于 Storm 计算框架的聚类算法；或者通过各种方式对原始数据集的样本空间或者特征空间进行压缩，并在缩减后的数据集上进行聚类，这类聚类算法有基于样例选择的聚类算法、基于增量学习的聚类算法、基于特征子集的聚类算法、基于特征转换的聚类算法；或者通过优化存储机制，提高聚类算法的效率。

近几年，聚类研究领域出现了基于 GPU（Graphic Processing Unit）的并行聚类算法。例如，G – DBSCAN 聚类算法，首先以距离为标准，构建样本集图，然后在图上执行聚类，结果比基于 CPU 的方法聚类速度提高了 112 倍。G – OPTICS 算法比基于 CPU 的方法聚类速度提高了 200 倍。基于 GPU 的聚类技术已经成为一种热门的大数据聚类方法。

样本点维度极高的聚类算法，称为高维聚类算法。当聚类高维数据时，传统的方法是先降低维度，这会不可避免地带来数据信息损失，可能也会降低聚类的有效性。并且，降维算法不适合处理甚高维的情况。直接对甚高维数据集进行传统聚类，几乎很难找到聚类簇，因此可以将数据集划分为若干个子空间，这样原高维空间就是子空间的并集，处理高维数据集的方法可以命名为子空间聚类（Subspace Clustering）算法。

（二）专利申请特点概述

大数据聚类属于大数据领域中数据分析环节的一个技术分支，截至 2020 年 9 月，在中国专利文摘数据库中进行检索（检索过程主要围绕关键词"大数据"

---

❶　何玉林，黄哲学 . 大规模数据集聚类算法的研究进展［J］. 深圳大学学报理工版，2019，36（1）：4 – 17.

"聚类"的中英文及其扩展展开），涉及该领域的案件已近 2 万件。从申请量来看，该领域专利的申请量与大数据应用的专利申请量具有相同的趋势，2016—2019 年也进入高速发展期，其发展趋势如图 3 - 3 - 1 所示（申请于 2019 年的专利由于还未公开，因此 2019 年之后的申请量有所下降）。

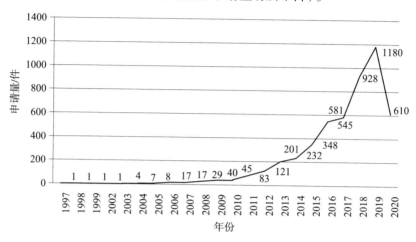

图 3 - 3 - 1　中国大数据聚类专利 1997—2020 年逐年申请量

注：2020 年统计数据截止到 9 月。

　　从大数据聚类相关专利申请的 IPC 分布来看，申请量排名靠前的 IPC 分类号分别为：G06F16/35（聚类；分类）、G06K9/62（应用电子设备进行识别的方法或装置）、G06Q50/06（特别适用于特定商业行业的系统或方法，电力、天然气或水供应）、G06Q10/06（资源、工作流、人员或项目管理）、G06Q10/04（预测或优化）、G06Q30/02（行销，如市场研究与分析、调查、促销、广告、买方剖析研究、客户管理或奖励；价格评估或确定）。由此可见，大数据聚类的主要应用领域在于公共服务领域、人力物力管理领域、市场营销领域等。这些领域涉及人们的日常生活，因此范围较广；又是较早应用了计算机管理的领域，因此便于数据的收集。加之这些领域的技术研发或是受到国家政策的支持，或是受到经济利益的驱动，大数据聚类在这些领域有较好的发展也是应有之义。

　　从申请人上看，大数据聚类的主要申请人包括国家电网及其相关公司和部门、中国平安及其子公司、阿里巴巴及其子公司等公司，西安电子科技大学、浙江大学、北京航空航天大学、东南大学、电子科技大学、清华大学、华北电力大学、华南理工大学、武汉大学、东北大学等大专院校，申请人的类型比较丰富，私营企业、国有企业、大专院校都有。前十二位主要申请人中，大专院校申请人占绝大多数，体现出大专院校在算法研究方面的优势，以及智能算法落地应用还有一定的成长空间（见图 3-3-2）。

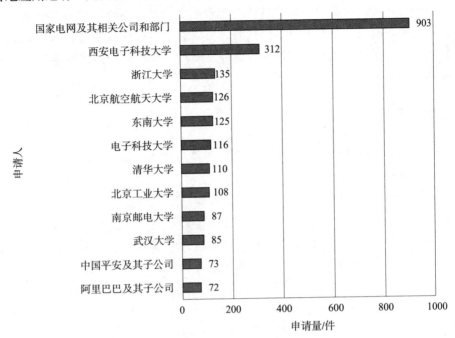

图 3-3-2　大数据聚类专利在华主要申请人及申请量

二、检索及创造性判断要点

大数据聚类领域的发明专利申请表现出较强的技术性，需要审查员特别注意对发明实质的理解。此外，还需要特别注意同种聚类算法在中小规模数据集和大规模以及超大规模数据集上应用所带来的技术上的区别。因为随着数据集扩大，简单地套用适用于原有数据集规模的技术手段不能解决规模更大的数据集所带来的对内存的消耗、对存储空间的压力和对计算时长的要求的问题。为适应这些要求，对原有技术手段的改进或者创造出的新的技术手段可能对现有技术作出实质性的改变，这种情况下直接采用针对中小规模数据集的算法和实现手段来评述大数据聚类领域的案件十分不妥。

而对于有些专利申请，在申请文件中没有记载对大数据进行特别处理的技术手段，在意见陈述时又特别强调技术方案所采用的手段如何满足了大数据的数据之大的需求，这种情况则需要审查员根据申请文件的整体记载来判断该解决方案是否解决了因数据之"大"而导致的技术上的问题，对现有技术作出了技术上的贡献。

大数据聚类领域的发明专利申请的解决方案涉及的算法特征较多，而在算法特征中通常会包含数学公式。目前的检索系统和互联网资源对公式检索的能力比较有限，因此，在检索数学公式时，可以尝试通过该数学公式所反映的技术领域和所能获得的技术效果进行检索要素表达和检索，也可追踪申请人发表的其他科研成果等。

三、典型案例

（一）案例 3 - 3 - 1：一种旱改水优先区选择方法

1. 案情概述

本申请属于土地利用研究领域，尤其涉及一种旱改水优先区选择方法。"旱改水"是指将旱田改为水田。水田具有 CO_2 等温室气体排放量低、机械化程度高、旱涝保收、农民种粮积极等特点，因此，大面积旱改水工程在全国各地相继展开。旱改水会给农田及周边地区带来多方面的影响，而现阶段国内关于旱改水的研究较少，与此相关的研究主要集中在传统的旱改水潜力评价方法上。

现有的旱改水潜力评价方法研究过于定性和主观，缺乏一种科学、定量的方法。首先，传统方法采用特尔菲法进行预测时，需要较长时间，且特尔菲法需凭借专家的个人知识经验，会带有一定的片面主观性。其次，仅依据分值评价某区域是否适宜改造，没有考虑到空间关系。最后，评价因子之间存在着很强的相关关系，传统方法并不能发现因子的内在联系，从而无法选择适宜改造的优先区。

鉴于传统旱改水区域潜力评价方法存在上述问题，本申请提供了一种排除人为因素，可有效耦合空间位置、挖掘评价因子内部相关性的方法来进行旱改水优先区的选择。

本申请独立权利要求的技术方案具体如下：

一种旱改水优先区选择方法，其特征在于，包括以下步骤：

构建由 N 个可选分区因子组成的可选分区因子集合，N 为大于零的正整数；

基于属性选择算法，从待选集合中筛选出由 m 个分区因子组成的最优集合，其中 $0 < m \leqslant N$；

基于最优集合的分区因子构建分区指标体系；

以目标区域内的图斑作为分区单元，获取最优集合内的分区因子的数据；

基于极差标准化和文本标准化处理所述最优集合内的分区因子的数据；

基于空间聚类分区，生成 k 个聚类区；

确定基本分区因子和基本分区因子的最优指标；

基于所述最优指标进行数据关联分析，筛选出优先区选择标准；

基于优先区选择标准，从 k 个聚类区中筛选出最优聚类区。

2. 充分理解发明

本申请是土地利用研究领域的典型应用。通过阅读本申请可知，现有技术中关于旱改水的研究主要集中在传统的旱改水潜力评价方法，而这些评价方法通常面临缺乏科学定量的分析方法等问题。针对上述问题及缺陷，本申请的发明构思比较明确，即在进行旱改水优先区选择时，提供一种排除人为因素，能有效耦合空间位置、挖掘评价因子内部相关性的方法。

该权利要求的方案较长，针对所要解决的问题，其技术特征主要分为三部分。第一部分内容主要涉及如何筛选分区因子的最优集合并基于最优集合中的分区因子构建分区指标体系。本申请通过属性选择算法从目标集合中筛选出最优集合用于构建分区指标体系，用于克服现有技术中采用特尔菲法进行专家打分评价的缺陷。第二部分内容主要涉及如何进行空间聚类，具体地，以目标区域内的图斑作为分区单元，获取最优集合内的分区因子的数据；基于极差标准化和文本标准化处理所述最优集合内的分区因子的数据；以目标区域内的图斑作为评价单元，基于空间聚类分区生成聚类区，用于解决评价方法没有考虑空间位置因素的问题。第三部分内容主要涉及如何筛选出最优聚类区，具体地，先对已确定最优指标进行数据关联分析，筛选出优先区选择标准；再基于优先区选择标准，从 k 个聚类区中筛选出最优聚类区。通过上述三部分内容实现旱改水优先区的选择。

3. 检索过程分析

（1）检索要素确定及表达。

基于上述理解和分析，可从本申请所属的技术领域及其对现有技术作出改进的技术特征这两个方面确定检索要素。

本申请的技术领域为土地利用研究领域，可以对其进行扩展，如旱改水；实现的手段可以选择申请中提到的专业术语，如土地适宜性评价、属性选择算法、数据挖掘平台、关联规则。此外，还应该根据本领域技术人员对方案中各步骤的具体作用，对与上述术语相关的技术内容进行关键词扩展。

本申请通过属性选择算法从目标集合中筛选出最优集合用于构建分区指标体系，以目标区域内的图斑作为分区和评价单元，以此将空间位置纳入评价要素。构建的基本检索要素表如表 3 - 3 - 1 所示。

表 3 - 3 - 1　案例 3 - 3 - 1 基本检索要素表

检索要素	土地	聚类	指标筛选
中文关键词基本表达	土地；利用，使用；旱改水，旱田，水田，耕地；适宜性	聚类；数据挖掘；属性选择	指标；标准；图斑；空间；关联规则；关联分析；极差标准
英文关键词基本表达	land；utilization；dryland - to - paddy；Plowland；Glebe	clustering；DM；data mining；CSS；attribute；selection	taget；indicator；index；space；position；map；spot；pattern；correlation；association；analysis
分类号基本表达	G06Q10/04；G06Q10/06；G06K9/62		

（2）检索过程。

本申请的申请人为科研院校，有时申请人会发表与专利申请内容极为相关的学术论文，即使论文自身因公开时间原因不能作为本申请的现有技术，论文的引文部分也可能为检索有用的现有技术提供明确的指引。故而首先在 CNKI 库中进行发明人的追踪检索和关键词检索。通过使用"土地 and 聚类 and 关联"进行检索，即可发现一篇题为"基于耕地质量和空间聚类的县域基本农田划定方法"（现有技术 1）的非专利文献。该篇文献公开了根据获取的评价因子来建立评价指标体系，对评价单元的属性数据进行标准化处理，采用聚类方法对耕地进行聚类分析等内容。

随后，根据构建的基本检索要素进一步在 CNKI 数据库中进行检索，未发现能够覆盖本申请全部检索要素的对比文件。

围绕本申请技术方案涉及的三组技术特征进行检索，通过关键词"属性选择"进行限定后，找到一篇题为"数据挖掘中属性选择算法的分析与研究"（现有技术 2）的非专利文献，其公开了采用属性选择算法筛选最优集合的解决方案。

在专利数据库中，通过发明人和申请人追踪，未发现合适的对比文件。此后，根据基本检索要素表进行全要素检索，亦未发现能覆盖全部技术特征的对比文件。根据已经检索得到的检索结果，并对方案进行进一步分析发现，本申请与检索到的现有技术 1 相比，未公开①采用属性选择算法筛选出最优属性集合，②如何确定评价指标以筛选出最优聚类区。区别①主要在于筛选最优属性集合的具体实现手段，区别②主要在于完善评价指标，两者在方案中的作用相对独立，相互之间没有技术上的影响。现有技术 2 恰好公开了采用属性选择算法筛选最优集合的解决方案，因此，倘若现有技术中存在与"确定评价指标以筛选出最优聚类区"相同的手段，本申请将不具备创造性。

因而在专利库中围绕上述手段进行进一步检索，过程如下：

1	CNABS	18221582	（pd < ＝20171030）/PD
2	CNABS	6	（旱改水）/BI
3	CNABS	45877	（土地 or 水田）/BI
4	CNABS	749	（旱田）/BI
5	CNABS	66	1 and 3 and 4
6	CNABS	159595	（指标 or 要素）/BI
7	CNABS	55677	（标准化）/BI
8	CNABS	33522	（聚类）/BI
9	CNABS	32000	（关联分析）/BI
10	CNABS	10	1 and 6 and 7 and 8 and 9
11	CNABS	0	5 and 10

在专利数据库中，经过检索找到了一篇专利文献"一种土地质量评价方法"（现有技术3），其公开了土地质量等级划分指标并根据关联分析筛选出标准的解决方案。

使用英文关键词在外文专利数据库进行检索，经浏览，文献量少且没有可用的现有技术。综上，将检索到的现有技术1~3作为对比文件1~3。

4. 对比文件分析及创造性判断

（1）对比文件分析。

对比文件1公开了一种基于耕地质量和空间聚类的县域基本农田划定方法，确定了4个因素11个因子的评级指标体系。具体地，指标因子有坡度、有机质含量、表层土壤质地等。因为该文献的目的是确定入选基本农田的耕地地块，所以评价单元直接定义为土地利用现状图中的耕地图斑；评价单元属性数据的获取部分，对于各评价单元的属性数据如坡度、有机质、pH值、表层土壤质地、排水条件等，采用空间插值、缓冲区和叠置分析等方法获取；评价指标属性值的标准化，对于阈值型指标属性值采用极值法进行标准化处理，极值法有正向标准化（如公式）和负向标准化（如公式进行标准化处理）；采用K均值聚类对耕地综合质量等级进行划分，将耕地聚类为4类，相当于生成聚类区。由此可知，对比文件1公开了根据获取的评价因子来建立评价指标体系，对评价单元的属性数据进行标准化处理，采用聚类方法对耕地进行聚类分析等内容。

对比文件2公开了数据挖掘算法中使用属性选择算法选出最优集合的具体实现过程。本领域人员已知，属性选择是对数据挖掘中的数据进行预处理的一个很重要的步骤，使用属性选择方法能有效减少数据的冗余度和降低数据的维度，使得数据挖掘算法在经过处理的数据集合上有更加良好的表现。因此，在对土地进行适宜性评价时，本领域技术人员容易想到采用属性选择算法从可选因子中筛选出最优集合用于分区指标体系的建立及后续处理。

对比文件3（CN101650748A）公开了一种土地质量评价方法，表3-3-2给出了土地质量等级划分指标。从该表可以得到，当分级为1时六种属性所对应的最优指标。在抽取六种属性的基础上加上评价结果组成新的数据库，在新的数据库中进行数据挖掘生产若干条关联规则，包括：IF（ELE is <200m and SLE is <3°and OME is 1.0%~3.0% and TEE is 沙壤、中壤 and PHE is 5.5~6.5 或7.5~8.5 and LUE is 耕地）THEN（CLASS=1）；上述内容公开了基于最优指标进行关联分析，筛选出优先区选择标准，即对比文件3给出了解决如何确定优先区选择标准这一技术问题的启示。

表3-3-2　土地质量等级划分指标

高程/m	地面坡度/(°)	土壤质地	土壤有机质含量/%	pH 值	土地利用类型	分级
<200	<3	轻壤	>4	6.5~7.5	耕地	1

（2）创造性判断。

本申请的权利要求请求保护一种旱改水优先区选择方法。对比文件1公开了一种基于耕地质量和空间聚类的县域基本农田划定方法，该权利要求的技术方案与对比文件1相比区别特征是：①构建由 N 个可选分区因子组成的可选分区因子集合，N 为大于零的正整数；基于属性选择算法，从待选集合中筛选出由 m 个分区因子组成的最优集合，其中 $0 < m \leqslant N$；基于最优集合的分区因子构建分区指标体系并用于后续处理；②确定基本分区因子和基本分区因子的最优指标，基于最优指标进行数据关联分析筛选出优先区选择标准，并基于优先区选择标准从 k 个聚类区中筛选出最优聚类区。根据上述区别特征，该权利要求实际解决的问题是：①如何选出最优属性集合并用于分区指标体系的建立及后续处理；② 如何确定优先区选择标准并筛选出最优聚类区。

对于区别特征①，如前所述，对比文件2公开了数据挖掘中属性选择算法的分析方法，并公开了在数据挖掘中通过属性选择算法筛选出合适的属性集合。基于对比文件2给出的筛选属性集合的方法，为了提高算法处理数据的性能，本领域技术人员在对土地进行适宜性评价时，容易想到采用属性选择算法从可选因子中筛选出最优集合用于分区指标体系的建立及后续处理。

对于区别特征②，对比文件3公开了基于最优指标进行关联分析，筛选出优先区的选择标准。该特征在对比文件 3 中所起的作用与上述区别特征在该发明中为解决确定筛选标准的问题所起的作用相同，也就是说对比文件 3 给出了将上述技术特征用于对比文件 1 以解决其技术问题的启示。基于对比文件 3 给出的有关土地评价的上述关联规则，本领域技术人员很容易想到将其用于聚类区筛选来确定最优聚类区。

因此，在对比文件 1 的基础上结合对比文件 2 和 3 公开的内容从而得到权利要求 1 请求保护的技术方案是显而易见的，权利要求 1 记载的技术方案不具备创造性。

5. 案例启示

本申请中聚类方法的应用领域非常小众，对大多数人来说都比较陌生，一开始就找准哪些内容为本方案的创新点可能并不容易，因此需要花费更多的精力去了解该领域的基础知识。对于申请中的专业术语，可以根据初步检索结果所发现的词汇对检索关键词进行扩充和修正，并在浏览检索结果的过程中加深对本发明实质的理解。在表达检索要素时，除了对关键词进行扩展，还可以使用分类号进行限定。

对于这类应用领域较窄的专利申请，行业从业人员数量及创新活动远远低于热门领域，相关的专利文献和非专利文献数量可能都比较少，因此在检索时可以优先考虑充分检索相同领域内的所有文献，如果没有预期结果，再扩展到寻找相近领域中采用相同算法的文献。

（二）案例 3 - 3 - 2：电力用户的分类方法、装置、计算机设备和存储介质

1. 案情概述

目前的电力用户分类方法在对电力用户的用电负荷数据进行聚类时，通常根据经验确定或随机选择初始聚类中心和聚类个数，导致得到的聚类效果差，对电力用户的分类不够准确。

针对现有技术的缺陷，本申请提出的电力用户的分类方案根据不同的聚类个数和初始聚类中心对用电负荷数据进行聚类分析，并引入轮廓系数指标来确定最优的聚类结果，提高聚类算法的性能，使得电力用户的分类结果更加具有准确性。

本申请独立权利要求的技术方案具体如下。

1. 一种电力用户的分类方法，其特征在于，包括以下步骤：

获取多个用电负荷数据，其中，每个用电负荷数据对应一个电力用户；

根据预设范围内的聚类个数以及对应的初始聚类中心对用电负荷数据进行聚类分析，其中，初始聚类中心由所述用电负荷数据之间的距离以及对应的聚类个数确定；所述预设范围的聚类个数的数量为至少两个；

分别获取各个聚类个数对应的聚类结果，确定各个聚类结果的轮廓系数指标；所述轮廓系数指标根据第一系数和第二系数得到；所述第一系数用于量化聚类类别内的凝聚度；所述第二系数用于量化聚类类别之间的分离度；

将轮廓系数指标最高的聚类结果确定为最终聚类结果，根据所述最终聚类结果确定各个电力用户所属的聚类类别。

2. 充分理解发明

充分理解发明是进行有效检索和对比文件筛选的基础。就本案而言，方案中记载的术语比较多，如初始聚类中心、聚类个数、轮廓系数指标、凝聚度、分离度等，且每个术语都具有特定的技术导向。相较于从表面上"读懂"发明，例如，根据图3-3-3了解本发明的基本处理流程更重要的是掌握发明核心，以及实施该发明核心的技术本质。

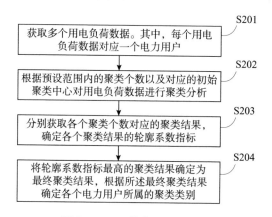

图3-3-3　基本处理流程图

本申请是为了提高分类准确性而进行的聚类算法改进方案，目的是提高聚类结果的准确性。其发明核心在于：从数量为至少两个的聚类个数对应的分类结果中挑选最终聚类结果，能防止在仅通过一个的聚类个数进行聚类时，若该聚类不准确，将导致聚类结果不准确的问题。这当中就涉及①如何确定初始聚类中心（初始聚类中心由所述用电负荷数据之间的距离以及对应的聚类个数确定），以及②如何评价聚类效果（通过比较哪个聚类结果的轮廓系数指标最高来确定最终聚类结果）。

"初始聚类中心"指的是在进行聚类分析时，最开始的聚类中心（即每一个聚类类别的中心点）在逐次迭代的过程中逐渐移动，在聚类结束时，最终的聚类变得合理。

用电负荷数据之间的距离可以代表各个用电负荷数据的相似度，也可以是各个用电负荷数据之间的欧氏距离等。

当聚类个数 k 值为 2 时，先随机选取一个用电负荷数据，作为已确定的初始聚类中心 C_1；然后确定其他用电负荷数据中与 C_1 的欧式距离最大的用电负荷数据，并将之选为下一个已确定的初始聚类中心 C_2，C_1 和 C_2 即为 k 值为 2 时的两个初始聚类中心。

对于每一个聚类个数 k 都确定了对应的 k 个初始聚类中心，根据已确定的所述初始聚类中心对用电负荷数据进行 k‐means 聚类分析，因此每一个聚类个数都有与之对应的聚类结果。

在电力用户分类的聚类算法中使用"轮廓系数指标"作为评价聚类有效性的指标，考虑了类间效果以及类内效果，得到的聚类结果也更合理有效。

确定各个聚类结果的轮廓系数指标的步骤，包括：对于某一聚类结果，确定某一用电负荷数据与同一聚类类别中其他用电负荷数据之间的欧式距离的均值，以该值作为第一系数，用于量化聚类类别内的凝聚度；确定所述某一用电负荷数与距离最近的聚类类别中各个用电负荷数据之间的欧式距离的均值为第二系数，用于量化聚类类别之间的分离度；根据所述凝聚度和分离度计算所述某一用电负荷数据的轮廓系数；计算各个用电负荷数据的轮廓系数的均值，得到对应聚类结果的轮廓系数指标。轮廓系数指标处于 $-1 \sim 1$ 之间，值越大，表示聚类效果越好。

由此可见，本案虽然未在权利要求书中记载算法公式，但通过其术语所指代的技术导向，实际上限定了详细的算法逻辑。充分理解术语含义，从而挖掘技术关联，掌握发明本质，是开展有效检索和筛选对比文件的关键。

3. 检索过程分析

（1）检索要素确定及表达。

根据以上对发明的充分解读可知，"用电负荷"指引了检索领域，"聚类个数"限定了检索基础，"初始聚类中心"和"轮廓系数指标"是检索核心。基本检索要素表如表 3‐3‐3 所示。

表 3‐3‐3　案例 3‐3‐2 检索要素表

检索要素	用电负荷	聚类个数	初始聚类中心	轮廓系数指标
关键词扩展	用电，负荷，用电量，电功率	聚类，个数，数目	初始聚类中心	聚类结果，优化，轮廓，类间，类内，凝聚度，分离度
分类号基本表达	IPC：G06Q50/06	CPC：G06K9/6223		

其中，G06Q50/06 是特别适用于电力、天然气或水供应的系统或方法。此

外，本案的 IPC 分类号 G06K9/62 涉及应用电子设备进行识别的方法或装置，属于笼统且宽泛的限定范围，用来限定本申请的具体聚类方法没有任何贡献，因而在 CPC 分类体系中，对该分类小组做进一步扩展，如下：

〔G06K9/62〕. 应用电子设备进行识别的方法或装置 {(...)（学习机器入 G06F15/18；数字相关法入 G06F17/15；模拟相关法入 G06G7/19）}

〔G06K9/6217〕.. {识别系统和技术的设计或建立；特征空间中特征的提取；聚类技术；暗源分离（...）（回归分析入 G06F 17/18）}

〔G06K9/6218〕... {聚类技术}

〔G06K9/622〕.... {非分层分割技术}

〔G06K9/6221〕..... {基于统计学的}

〔G06K9/6223〕...... {具有固定中心数的聚类，如 k－means 聚类} 其中，CPC 分类号 G06K9/6223 涉及具有固定中心数的聚类（如 k－means 聚类），但是由于该分类号并未专门用于限定聚类个数、初始聚类中心和轮廓系数指标的内容，因而仅作为本案的辅助检索要素。

在选择检索数据库时，由于权利要求 1 中实质上体现了详细的算法逻辑，如前分析的检索基础和检索核心所体现的也是具体的算法特征，因而检索时重点加强在全文库的搜索是命中目标的关键。而且，鉴于我国科研人员对聚类算法在能源负荷预测领域的研究发展特点和专利申请量大的特点，可以考虑将检索的重点放在中文库。

（2）检索过程。

以下通过部分典型的检索式来讨论本案的检索和对比文件筛选的思路。而如何筛选获得适用的对比文件依赖于对本发明及本领域技术的充分理解，也是本案难点。

1	CNABS	5260	/CPC G06K9/6223
2	CNABS	41350	((（用电量 or（用电 w 负荷））or（电 w 功率）))
3	CNABS	147	1 and 2
4	CNABS	34602	/ic G06Q50/06
5	CNABS	474	1 AND 4
6	CNABS	539689	用电
7	CNABS	167	5 and 6
8	CNABS	20001353	pd＜20180514
9	CNABS	24	8 and 3

10	CNABS	18		8 and 7

　　在通过上述 CPC 分类号 G06K9/6223 在用电负荷领域进行粗检时（中文摘要库 CNABS），尤其是查阅了上述日期限定后的 24 篇、18 篇检索结果后（部分检索结果文献有所重叠），虽然未发现适用的对比文件，但是对验证和调整检索策略提供了启示。例如，部分文献提出了对聚类结果进行筛选以获得最优聚类结果的思路（如图 3 - 3 - 4），但这些文献均未涉及采用轮廓系数指标进行所述筛选，因而进一步明确了需要将轮廓系数指标对应的关键词作为重要检索要素。又或者发现"初始聚类中心"等作为技术细节，更多的出现在文献的全文中，进一步验证了可以考虑将全文库作为重点检索数据库。

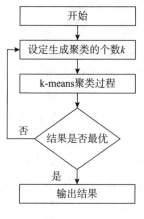

图 3 - 3 - 4

　　因此，在中文全文库中（CNTXT）尝试根据聚类个数或初始聚类中心检索涉及采用轮廓指标系数优化聚类结果的对比文件。

1	CNTXT	3	（（（（用电量 or（用电 w 负荷））or（电 w 功率）））and（（聚类 w（个数 or 数目））s（初始 w 聚类 w 中心）））and 轮廓
2	CNTXT	46	（（（聚类 w（个数 or 数目））s（初始 w 聚类 w 中心）））and 轮廓
3	CNTXT	38391	/ic G06Q50/06
4	CNTXT	4	2 and 3

　　综上可见，这样的检索结果是不理想的，主要是由于术语"聚类个数"和"初始聚类中心"属于聚类操作中的基本要素，虽然针对"聚类个数"和"初始聚类中心"的算法改进有很多，但是这两个术语本身又很难直接代表某个改进方向，反而由于术语的叠加限定容易带来漏检的风险。

因而，基于采用隐性限定/替换限定的考虑，针对检索策略进行调整，直接检索采用轮廓系数指标优化检索结果的聚类方案。一方面是从方案的整体性考虑，另一方面考虑到筛选通常意味着存在多个待筛选目标，就该领域而言就意味着存在多个聚类结果，间接限定了聚类个数为多个。聚类算法中基本都会涉及"聚类个数"和"初始聚类中心"这两个基本要素，本案的检索难点就在于提高对比文件筛选能力，需要在文献浏览中辨析与本申请相同的算法以改进方案。

| 5 | CNTXT | 12 | （（（聚类 s 结果）p 轮廓）and （（（用电量 or（用电 w 负荷））or（电 w 功率）））and（pd < 20180514）） |

通过该检索式可以获得一篇涉及基于台区电气特征参数的低压台区聚类方法的文献。如图3-3-5所示，该文献与本申请算法主体框架相同，不仅公开了至少两个的聚类个数以及初始聚类中心由所述聚类个数确定，还公开了如何计算各聚类结果的轮廓系数。尽管在该文献中没有提出凝聚度和分离度，然而根据对本申请说明书的充分理解以及本领域技术人员的知识，该文献中记载的计算台区的轮廓系数公式中涉及的第 i 个台区到非所属类中所有台区平均距离的最小值实质上就是用于量化聚类类别之间的分离度的第二系数，而第 i 个台区到所属类中其他台区的平均距离实质上就是用于量化聚类类别内的凝聚度第一系数。因此，该篇文献被认定为最接近的现有技术（对比文件1）。

对比文件1虽然公开了获取台区对应的负荷的相关数据，但是未公开获取的是多个用电负荷数据，每个用电负荷数据对应一个电力用户，也未公开所述聚类操作的对象是用电负荷数据，以及根据最终聚类结果确定各个电力用户所属的聚类类别，该特征作为区别特征①。同时，对比文件1虽然公开了初始聚类中心由聚类个数确定，但是未公开初始聚类中心由用电负荷数据之间的距离确定，这一特征作为区别特征②。

上述区别特征解决的技术问题是如何确定初始聚类中心和对电力用户进行聚类。通过本申请具体的 k-means 聚类分析操作使每一个用电负荷数据都被合理地分配到各个聚类类别中，即根据距离最小原则来分配各个用电负荷数据样本，并根据中间聚类结果中各个聚类类别的重心来确定新的聚类中心。调整检索策略，重点根据在用电负荷聚类操作中，如何确定初始聚类中心并进行检索。

| 6 | CNTXT | 13 | （（（（用电量 or（用电 w 负荷））or（电 w 功率）））and（（聚类 w（个数 or 数目））s（初始 w 聚类 w |

中心）））and（pd＜20180514）

通过该检索式可以获得一篇涉及电力行业中基于客户分群的电力负荷预测方法的文献，以及一篇涉及基于改进 k－means 算法的海量智能用电数据分析方法的文献。这两篇文献就给出了解决本申请上述问题的启示（详见下文），因而被认定为对比文件 2 和对比文件 3。

4. 对比文件分析及创造性判断

（1）对比文件分析。

对比文件 1 公开了一种基于台区电气特征参数的低压台区聚类方法，并具体公开了以下内容：

步骤 1，对台区电气特征参数进行标准化处理，在这之前，先确定台区电气特征参数、与负荷相关的参数、包括负载率、用电性质及比例（实质上公开了：获取台区对应的负荷相关数据）；

步骤 2，选取初始聚类中心：如图 3－3－5 所示，给定类别数据 K（即聚类个数），选取每类的中心作为该类的初始聚类中心，得到 K 个初始聚类中心（实质上公开了：初始聚类中心由聚类个数确定）；

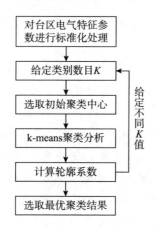

图 3－3－5　对比文件 1 附图

步骤 3，对台区进行 k－means 聚类，得到聚类结果：①计算台区和初始聚类中心的距离，按照计算得到的距离大小将 N 个台区分配给最近的初始聚类中心，形成 K 个聚类，即得到聚类结果，②计算每个聚类中所有台区电气特征参数的平均值，并以此作为 K 个聚类新的聚类中心，③计算聚类结果的总误差 E，④重复①至②，直至 E 不变，聚类结束（综上，实质上公开了根据预设范围内的聚类个数以及对应的初始聚类中心对台区对应的负荷相关数据进行聚类分析，以及分别获取各个聚类个数对应的聚类结果）；

步骤4：计算聚类结果的轮廓系数：

根据 $S_i = \dfrac{p(i) - q(i)}{\max\{q(i), p(i)\}}$ 计算台区的轮廓系数，其中 S_i 为第 i 个台区的轮廓系数，$p(i)$ 为第 i 个台区到非所属类中所有台区平均距离的最小值（实质上公开了：用于量化聚类类别之间的分离度的第二系数），$q(i)$ 为第 i 个台区到所属类中其他台区的平均距离（实质上公开了：用于量化聚类类别内的凝聚度第一系数）；

根据台区的轮廓系数计算聚类结果的轮廓系数，有 $S_t = \dfrac{1}{N}\sum_{i=1}^{N} S_i$，其中 S_t 为聚类结果的轮廓系数（综上公开了：确定各个聚类结果的轮廓系数指标，所述轮廓系数指标根据第一系数和第二系数得到）；

步骤5，选取最优聚类结果：给定不同的台区等分类别数据 K，令 K 从 $3\sim8$ 递增变化（公开了：所述预设范围的聚类个数的数量为至少两个），重复步骤2至步骤4，得到不同 K 值下的轮廓系数值，比较不同台区等分类别数目下的轮廓系数，选取轮廓系数最大的聚类结果为最优聚类结果（实质上公开了：将轮廓系数指标最高的聚类结果确定为最终聚类结果）。

对比文件2公开了一种电力行业中基于客户分群的电力负荷预测方法，并具体公开了以下内容：

对客户负荷数据进行抽取，并获得负荷样本数据（实质上公开了：获取多个用电负荷数据，并隐含地公开了每个用电负荷数据对应一个电力用户）；对客户进行聚类分组，获得多个客户群组，包括按客户的用电特征进行聚类分群，具体采用 k–means 聚类算法完成聚类分群。在 k–means 算法运行前必须先指定聚类数目 K 和迭代次数或收敛条件，并指定 K 个初始聚类中心，根据一定的相似性度量准则，将每一个客户分配到最近或"相似"的聚类中心，形成类，然后以每一类的平均矢量作为这一类的聚类中心，重新分配，反复迭代直到类收敛或达到最大的迭代次数。在本发明中，每个群组的四个属性就作为四个输入参数，即 $K=4$，每个属性的取值范围为 $[0,1]$。算法具体描述如下：①初始化：随机指定四个聚类中心（c_1，c_2，c_3，c_4）。②分配 x_i：对每个样本 x_i 找到离它最近的聚类中心 c_n，将其分配到 c_n 所标明的类中。③修正 c_n：通过不断计算簇的重心作为新的聚类中心 c_1'，c_2'，c_3'，c_4'。④Δ 收敛：如果收敛，则返回 c_1，c_2，c_3，c_4 并终止算法；否则返回②。

对比文件3公开了一种基于改进 k–means 算法的海量智能用电数据分析方法，并具体公开了以下内容：

所述改进 k–means 算法是属于划分方法的聚类算法，采用欧氏距离作为两个样本相似程度的评价指标，随机选取数据集中的 k 个点作为初始聚类中心，根据数据集中的各个样本到 k 个初始聚类中心的距离大小进行聚类，计算所有归到各个聚类中的样本平均值，更新每个初始聚类中心，直到平方误差准则函数稳定在最小值。

其中，选择初始聚类中心的方法如下：计算对象集合 M 中的两个对象间的距离 $d(x_i, x_j)$；根据公式 $\text{MeanDis}(M) = \dfrac{1}{n(n-1)} \sum d(x_i, x_j)$ 计算对象集合 M 中的所有对象间的平均距离 $\text{MeanDis}(M)$；

根据公式 $\text{Den}(x_j) = \sum\limits_{j=1}^{n} u(\text{MeanDis}(M) - d(x_i, x_j))$ 计算对象 x_i 的密度 $\text{Den}(x_i)$，其中当 $x \geq 0$ 时，$u(x) = 1$，否则 $u(x) = 0$；由上得到密度集 $D = \{\text{Den}(x_1), \text{Den}(x_2), \cdots, \text{Den}(x_n)\}$，将密度集合 D 中密度最大的对象选为第 1 个初始聚类中心 O_1，选择密度第二大的对象作为第 2 个初选聚类中心 O_2，依此类推，将满足公式 $\max(\min(d(y_i, O_1)), \cdots, \min(d(y_i, O_{n-1})))$ 条件的对象 y_i 作为第 k 个聚类中心，直到达到预定的聚类数为止。

（2）创造性判断。

本申请电力用户的分类方案的具体实施方式为：确定多个聚类个数，并确定对应个数的初始聚类中心，对用电负荷数据进行多次 k-means 聚类分析，可以得到多个聚类结果，经过这些结果的比较就能从中确定出最佳的聚类结果，防止在仅通过一个聚类次数进行聚类时，若该聚类个数不准确，将导致聚类结果不准确的问题。对比文件 1 公开了根据台区对应的负荷相关数据实现对台区的聚类分析的相关内容，其给出了通过聚类分析，根据用电负荷相关数据对相关对象进行分类的启示。因而本申请的核心技术框架已经被对比文件 1 所披露。

针对区别特征①，对比文件 2 公开了根据聚类个数和初始聚类中心对电力用户对应的用户负荷数据进行聚类分析，从而实现对用户的分类，其给出解决将对比文件 1 公开的技术方案用于根据电力用户的用电负荷数据实现聚类分析的问题的改进启示。而且，基于该启示，且在对比文件 2 的公开内容"对客户进行聚类分组，获得多个客户群组"的基础上，本领域技术人员容易想到根据最终聚类结果确定各个电力用户所属的聚类类别。而区别特征②所述初始聚类中心由用电负荷数据之间的距离确定实质上被对比文件 3 所披露。

因此，在对比文件 1 的基础上结合对比文件 2 和对比文件 3 得到权利要求 1 所要求保护的方案对于本领域技术人员来说是显而易见的，该权利要求不具备突出的实质性特点和显著的进步，因而权利要求 1 不具备《专利法》第 22 条第

3 款规定的创造性。

5. 案例启示

采用算法进行大数据分析是大数据技术的核心。虽然有些权利要求没有记载算法公式步骤，但是在分析这类权利要求时尤其要注意其中算法术语所体现的运算逻辑，避免仅从表面上"理解"算法流程。应当掌握算法术语所指代的技术导向，挖掘出技术关联，考虑采用隐性限定或替换限定的方式制定检索策略。例如，在聚类算法领域中，虽然针对"聚类个数"所进行的算法改进有很多，但是该术语本身很难直接代表某个改进方向，在本案中可以考虑直接检索采用轮廓系数指标优化检索结果的聚类方案，这是因为"筛选"通常意味着存在多个待筛选目标，就该领域而言就意味着存在多个聚类结果，间接限定了聚类个数为多个。在检索数据库的选择上，针对这类发明专利申请虽然没有记载具体的计算公式，但实质上仍然体现了详细的算法逻辑，将检索的重点放在全文库和非专利数据库是较为有效的检索方式。

此外，充分理解发明、掌握术语实质含义是有效筛选对比文件，准确进行创造性判断的关键。例如，针对本案中关于根据凝聚度和分离度确定各个聚类结果的轮廓系数指标的特征，对比文件 1 虽然没有明确提到凝聚度和分离度的概念，但是根据本领域技术人员的知识和对本发明的理解可以明确，对比文件 1 公开的"第 i 个台区到非所属类中所有台区平均距离的最小值"和"第 i 个台区到所属类中其他台区的平均距离"就是分别用于量化上述聚类类别之间的分离度和聚类类别内的凝聚度的系数。

第四节　大数据预测

一、大数据预测技术综述

（一）大数据预测概述

中共中央政治局就实施国家大数据战略进行第二次集体学习时，习近平总书记曾强调："要运用大数据提升国家治理现代化水平。要建立健全大数据辅助科学决策和社会治理的机制，推进政府管理和社会治理模式创新，实现政府决策科学化、社会治理精准化、公共服务高效化。"他还强调："要充分利用大数据平台，综合分析风险因素，提高对风险因素的感知、预测、防范能力。"

大数据预测的逻辑基础是，每一种非常规的变化事前一定有征兆，每一件事情都有迹可循，如果找到了征兆与变化之间的规律，就可以进行预测，大数据预测无法确定某件事情必然会发生，它更多是给出一个概率。从预测的角度看，预测分析最重要的方面是它具有高瞻远瞩的能力，在掌握客观事实变化发展规律的基础上，对事物未来的发展变化进行估计、预料和推测，以确定事物未来的发展趋势，以及对组织正在和将要进行的活动产生的影响，并据此进行人为干预，使其向着理想的方向发展。大数据预测所得出的结果不仅仅是简单、客观的结论，更能辅助决策。

大数据预测的理论基础来自计算机学科的机器学习和经济学科的计量经济学。机器学习是计算机利用已有的数据进行训练，得出某种模型，并利用此模型预测未来的一种方法，这种方法将人类思考、归纳经验的过程转化为计算机对数据处理得出模型的过程，其处理过程不是基于因果逻辑，而是通过归纳思想得出的相关性结论。由于人工智能和机器学习的稳步发展，预测分析变得越来越精确，越来越富有洞察力。

预测方法从技术上分为定性预测和定量预测两种❶。定性预测注重于事物发展在性质方面的预测，具有较大的灵活性，易于充分发挥人的主观能动作用，简单迅速，省时省费用，比如头脑风暴法、德尔菲法、主观概率法、情景预测法等。定量预测偏重数量方面的分析，其是根据已掌握的比较完备的历史统计数据，运用一定的数学方法进行科学的加工整理，借以揭示有关变量之间的规律性联系，用于预测和推测未来发展变化情况的一类预测方法，如时间序列分析法、回归分析法、灰色预测法、人工神经网络法、组合预测法等都属于定量预测法。

互联网给大数据预测的普及带来了便利条件。结合国内外案例，大数据预测在以下几个应用领域进行了尝试❷。

1）体育赛事预测：2018 年世界杯期间，谷歌、百度、微软、高盛等公司都推出了比赛结果预测平台，百度更是预测了全程64 场比赛，高达67%的准确率，进入淘汰赛后准确率为94%。互联网公司取代章鱼保罗试水赛事预测也意味着未来体育赛事会被大数据预测所掌控。

2）股票市场预测：大数据在股票市场预测领域的应用在美国股票市场更为适用，中国股市则没有相对稳定的规律，很难被预测，并且一些对结果产生决定性影响的变量数据根本无法监控。

❶ 樊崇俊，刘臣，霍良安. 大数据分析与应用［M］. 上海：立信会计出版社，2016：197－204.

❷ 胡晓军. 数据引爆点［M］. 北京：北京理工大学出版社，2015：160－165.

3）市场物价预测：大数据预测在单个商品的价格预测，尤其是标准化产品的价格预测方面有较好表现，旅游软件"去哪儿"提供的"机票日历"功能能够预测几个月后机票的大概价位，还可能帮助人们了解未来物价走向，提前预知通货膨胀或经济危机。

4）用户行为预测：基于用户的搜索行为、浏览行为、评论历史和个人资料等数据，可通过大数据预测洞察消费者的整体需求，进而有针对性地进行产品生产、改进和营销。

5）人体健康预测：通过可穿戴设备和智能健康设备帮助收集人体健康数据，如心率、体重、血压、血糖、运动量、睡眠时间等，待获得足够精确且全面的数据后，可以形成慢性病预测模式。

6）疾病疫情预测：基于通过人们的搜索数据、购物行为来预测疫情大面积爆发的可能性，最经典的"流感预测"便属于此类。如果来自某个区域的"流感""板蓝根"等关键词搜索越来越多，则可以推测出该地区有流感爆发的趋势，用户可以根据当地的预测结果进行针对性地预防。

7）灾难灾害预测：借助传感器、摄像头和无线通信网络，进行地质数据的实时监控，再利用大数据分析，对地震、洪涝、高温、暴雨等自然灾害进行预测，有助于减灾、防灾、救灾、赈灾。

8）环境变迁预测：除了进行短时间微观的天气、灾害预测之外，还可以进行更加长期和宏观的环境和生态变迁预测。森林和农田面积缩小、野生动植物濒危、海岸线上升、温室效应等均是地球面临的慢性问题，人类知晓越多地球生态系统以及天气形态变化数据，就越容易模型化未来环境的变迁，进而阻止不好的转变发生。

9）交通行为预测：基于用户和车辆的定位数据，分析人车出行的个体和群体特征，交通部门可以预测不同时间点不同道路的车流量进行智能的车辆调度，或应用潮汐车道，用户则可以根据预测结果选择拥堵概率更低的路线出行。

10）能源消耗预测：综合分析来自包括天气、传感器、计量设备等各种数据源的海量数据，预测各地的能源需求变化，进行智能调度，平衡能源供应和需求，并对潜在危机作出快速响应。

除上述领域外，大数据预测还可以被应用在房地产预测、就业情况预测、高考分数线预测、选举结果预测、保险投保者风险评估、金融借贷者还款能力评估等。

（二）专利申请特点概述

有关大数据预测的专利申请的分类号大多集中在 G06Q10/ 与 G06Q50/ 下。

G06Q10/04 是预测或优化，因而 G06Q10/04 分类号下的申请量占比相对更高。

此外，还有大量专利申请按照大数据预测适用的具体应用领域划分在其对应的分类号下，比如 G06Q50/特别适用于特定商业领域的系统或方法，如矿业、农业、制造业、电力、天然气等；分类号 G06Q10/06 涉及资源、工作流、人员或项目管理，如组织、规划、调度或分配时间、人员或机器资源、企业规划、组织模型等；涉及商业领域的大数据预测，比如购物、电子商务等集中在 G06Q30/下；涉及金融、保险等领域的预测集中在 G06Q40/下；另外，还有少量专利申请集中在 G06F17/下。

在中文摘要库 CNABS 和德温特世界专利库 DWPI 中围绕"大数据预测"进行检索，截至 2020 年 9 月，共获得国内外专利申请一万余件。

图 3-4-1 是世界范围内大数据预测相关专利申请量排名前十的申请人，涉及国内申请人的类型较为广泛，不仅有阿里巴巴等互联网巨头公司、国家电网等央企、各大高校和研究院，还有很多小规模公司也在做相关的专利研究。在排名前十的申请人中，有五家高校和一家研究院。如前文所述，由于大数据预测需要借助数学方法、机器学习算法等基础理论研究，加之可应用范围广泛，因而成了高等院校和科研院所研究的热点领域，同时也说明中国高校的科研力量正在稳步提升。

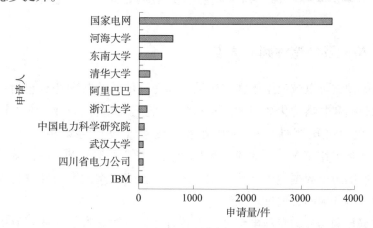

图 3-4-1　世界范围内大数据预测相关领域申请量排名前十的专利申请人

从各申请人的申请量来看，国家电网的申请量尤为突出，高达 3500 多件，专利申请内容涉及故障诊断、能源消耗等方面的预测方案较多。高校和研究院的专利申请涉及的领域范围较广泛，所撰写的申请文件也相对比较规范。涉及国外申请人以 IBM、Google（排第十一位）等互联网公司为主，但国外申请人的申请量远远少于国内申请人的申请量。

图 3 – 4 – 2 为 2002—2019 年国际大数据预测相关专利申请量趋势。可见，大数据预测相关专利申请的发展经历了三个阶段。第一个阶段为 2009 年以前，在这一阶段，只有少数涉及大数据预测的专利申请，相关技术还未引起广泛关注，处于技术萌芽期。第二个阶段为 2009—2012 年，这一阶段，相关专利的申请量呈现缓慢增长的趋势，属于大数据预测技术的初步发展期。第三阶段为 2012 年以后，相关专利的申请量呈现倍数级的增长，该阶段为大数据预测技术的蓬勃发展期。

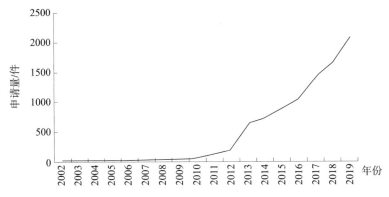

图 3 – 4 – 2　2002—2019 年国际大数据预测相关专利申请量数据

二、检索及创造性判断要点

大数据预测可以被应用于任何领域，其专利申请的共同特点包括：获取包括结构化数据和非结构化数据的历史信息，对数据进行预处理，增强输入字段的可训练性和可预测性，利用预测建模技术（包括决策树、支持向量机（SVM）、神经网络（NN）、聚类、逻辑回归模型、关联规则等），通过学习大量预处理后的历史数据生成预测模型，之后对预测模型的准确性进行验证和评估，进而对待预测的数据进行预测。

大数据预测相关的专利申请涉及各行各业，方案通常包含从获取历史数据对模型进行训练、评估到后续的预测的流程，在方案中通常会记载各行业的专业知识以及专业术语。因此，在理解发明时，需要预先了解本领域的背景知识，避免出现偏差，也便于之后准确地对检索结果进行筛选。

目前，明确涉及预测的分类号仅有 G06Q10/04，然而该分类号也并未限定具体的预测方法，除了大数据预测，该分类号还包含利用其他方式进行预测的专利申请。大数据预测的应用范围非常广泛，涉及电子商务、制造业、故障诊断、能源消耗、客户喜好等众多行业，但目前除了金融、电子商务等少数应用领域有专门的分类位置，其他行业和领域均没有专门的分类位置，导致该领域使用分类号进行快速检索存在一定难度。

三、典型案例

（一）案例 3 - 4 - 1：一种能源数据预测模型的训练方法

1. 案情概述

本申请涉及数字能源技术领域，尤其涉及一种能源数据预测模型的训练方法及装置。在能源行业，对能源数据预测业务而言，预测结果的精准度往往直接影响业务能力或业务质量，比如用电量的精准度和发电量预测的精准度是该行业内关注的重点。本申请的目的在于提供一种能源数据预测方法，用于较为准确地对能源数据进行预测，使数据预测结果更精准。

本申请的独立权利要求的方案如下：

1. 一种能源数据预测模型的训练方法，其特征在于，包括：

利用第一能源样本集中的第一多维度物理数据，对自编码器进行训练，使训练后的自编码器具有输出多维度物理数据中各维度之间的隐含特征的能力。其中，所述能源样本集中包含多组历史多维度物理数据，以及分别对应的多个历史能源数据结果，所述多维度物理数据为产生能源数据的物理条件；还包含噪声多维度物理数据，以及对应的噪声能源数据结果；所述自编码器包括多层降噪自编码器。

利用所述训练后的自编码器，对第二能源样本集中的第二多维度物理数据进行隐含特征提取，得到第二隐含特征。

利用所述第二隐含特征以及第二能源数据结果，对极限学习机进行训练，使训练后的极限学习机具有根据隐含特征输出能源数据、预测结果的能力。

2. 充分理解发明

本申请技术方案的应用场景为能源数据预测业务，其目的是解决现有技术中粗犷的模型训练方法会影响数据预测准确性的问题。现有技术中通常直接学习多维度数据与数据结果之间的联系，忽略了多维度数据之间的联系。自编码器内部存在隐藏层，可以表达数据之间的隐含特征，对数据特征表达能力强。极限学习机是一种求解单隐层前馈神经网络的学习算法。本申请的发明点在于：利用自编码器获取多维度物理数据之间的隐含特征，以此提高数据特征表达能力进而提高预测精准度，因此需要发掘、确定数据各维度之间的隐含特征是否是本领域中提高神经网络预测精度的已知手段，进而确定极限学习机根据隐含特征输出预测结果的能力是其固有特性，还是因本申请的模型设计特点而产生的技术效果。

3. 检索过程分析

（1）检索要素确定及表达。

基于上述对发明的理解和分析可知，权利要求1请求保护的技术方案是训练用于获取多维度物理数据之间的隐含特征的自编码器，然后输入极限学习机进行训练，使得极限学习机具有根据隐含特征输出能源数据、预测结果的能力。需要注意的是，在其他领域针对多维度数据之间隐含特征提取并输出数据预测结果的方法也可以应用在能源数据的预测中，因此，针对本案，不需要将检索的范围限定在能源数据的预测，以免使检索范围过小，漏掉对比文件。

可初步确定权利要求1的基本检索要素至少包括：预测、自编码器、隐含特征、极限学习机。此外，可将"能源"作为检索以便标识本申请的应用领域，并根据检索结果判断是否应将其引入。本申请在撰写、术语运用方面比较规范，因此，在针对这类撰写水平较高的权利要求进行检索时，可以直接利用权利要求1中的技术术语或称谓来直接表述检索要素。但是在对关键词进行拓展时，还必须通过查询百度百科或读秀了解专业术语的其他表达形式，在浏览检索结果的过程中如果发现有其他表述时，应及时更新和补充。表3-4-1是权利要求1的检索要素表和检索要素的扩展方式。

表3-4-1　案例3-4-1检索要素表域

检索要素	预测	自编码器	隐含特征	极限学习机	能源
中文关键词基本表达	预测	自编码器，自编码，自编码器	隐藏特征，隐含特征，特性	极限学习机，超限学习机	能源，能耗，数字能源
英文关键词基本表达	predict +，forecast +	AE，autoencod +	hidden s (feature or character)	ELM，Extreme Learning Machine	energy，power
分类号基本表达	G06Q10/04			G06N20/00	G06Q50/06

本申请的主分类号包括G06Q10/04（预测或优化）；G06Q50/06（电力、天然气或水供应）以及G06N20/00（机器学习）。如果使用上述分类号检索时，出现文献量过少的情况，可以使用分类号G06Q和G06N来检索。

（2）检索思路调整。

确定检索要素并拓展关键词后，首先在中文摘要库CNABS中进行检索，考虑到领域限定可能会导致检索结果偏少，因此实际检索过程中未采用"能源"

进行限定，检索过程如下：

1	CNABS	176246	预测 or G06Q10/04/ic
2	CNABS	3446	自编码 or 自码
3	CNABS	93814	隐含 or 隐藏
4	CNABS	4054	极限学习机 or 超限学习机 or ELM
5	CNABS	19	1 and 2 and 3 and 4

浏览检索结果后发现，仅有少数文献的方案涉及训练自编码器获得多维数据间的隐含特征并训练极限学习机进行预测，且公开日在本申请的申请日之后，无法构成本申请的现有技术。

本申请权利要求的方案记载得较为详细，因此，转而在中文全文库 CNTXT 中结合同在算符进行检索，过程如下：

6	CNTXT	19281	自编码 or 自码
7	CNTXT	690274	预测 or G06Q10/04/ic
8	CNTXT	29395	（隐含 or 隐藏）5d 特征
9	CNTXT	4308	极限学习机 or 超限学习机 or ELM
10	CNTXT	15	6 and 7 and 8 and 9

在 CNTXT 中获得的文献量同样不多。随后，使用英文关键词在外文库 VEN 中进行检索：

1	VEN	17087	auto? encod + or AE
2	VEN	371326	predict + or forecast + or G06Q10/04/ic
3	VEN	4774	hidden s（feature? or character?）
4	VEN	5066	ELM or Extreme Learning Machine
5	VEN	0	1 and 2 and 3 and 4

在外文摘要数据库 VEN 中检索结果为 0 篇，将数据库调整为美国全文数据库后，使用全要素检索获得的检索结果仍然为 0 篇。

考虑到大数据预测相关专利申请量排名前十的申请人中，大半来自科研院所，应考虑将检索资源扩展至学术论文和专业期刊。因此，结合本申请技术方案的细节在中国知网数据库 CNKI 中通过摘要和全文限定关键词进行检索：

CNKI 74 专业检索 AB＝"预测" AND FT＝（"极限学习机"＋"超限学习机"＋"ELM"）＊（"自编码"＋"自动编码"＋"自编器"）＊"训练"＊（"隐含"＋"隐藏"）＊（"多维"＋"降维"）

经过阅读检索结果，发现一篇题为"一种面向智能调度的电网安全态势评估与预测研究"的现有技术。但是，该篇现有技术未公开"自编码器包括多层降噪自编码器；所述能源样本集中还包含噪声多维度物理数据，以及对应的噪声能源数据结果"，而上述特征所涉及的是自编码器数据处理的技术细节以及能源样本集数据的构成。但是检索过程中浏览到的文献表明上述特征有可能属于自编码器训练和应用中常用的技术手段。为此，可在读秀中进一步围绕上述特征进行检索，寻找该特征是否为本领域公知常识的证据。

通过使用关键词"自编码""降噪""多维"在读秀中进行检索，发现《基于科技大数据的情报分析方法与技术研究》中记载："降噪自编码器是自编码模型的演化模型，是在自编码器的基础上对输入数据加入按一定概率分布的噪声，使自编码神经网络可以通过学习去除这种噪声，并且尽最大可能重构没有干扰的输入。"可见，上述特征的确是自编码模型应用中惯用的技术手段，属于本领域公知常识。

4. 对比文件分析与创造性判断

（1）对比文件分析。

对比文件公开了一种面向智能调度的电网安全态势评估与预测研究，针对现有的电力调度系统缺乏对电网实时运行状态的准确掌控和自动化、智能水平较低的问题，开展了电网智能调度和电网安全态势评估和预测问题的相关研究，能够准确地预测电网运行状态的发展趋势并实现电网运行过程的全面控制。其所公开的方案具体为：自编码网络包含多层的网络结构，基本的自编码网络是一个三层的网络结构，即输入层、隐含层和输出层。针对电网安全态势评估指标体系采用 Autoencoder（自编码）算法进行降维，主要步骤如下。步骤 1，数据采集与处理。采用 Delphi 法和 AHP 法构建电网安全态势评估指标体系，对所有样本数据中的每一个样本数据 $\{x_1, \cdots, x_n, n = 1, \cdots, 85\}$ 进行预处理，得到的数据作为 Autoencoder 网络结构的输入数据。步骤 2，初始化网络参数。设置初始迭代次数初值 $t = 0$，设置迭代次数最大值为 10；设置 Autoencoder 的网络结构为 5 层，由数据的输入层、中间 3 层 RBM（限制波兹曼机）、最终的输出层构成。步骤 3，预训练过程。步骤 4，微调过程，得到所需结果。使用 Autoencoder（自编码）法对电网安全态势评估指标数据降维。本文构建了电网安全态势评估指标体，将引发电网风险的因素分为设备风险、结构风险、运行风险、外部风险四大类，称为分目标层；一级指标电网安全性综合水平包含了四个二级指标，即设备风险、结构风险、运行风险，外部风险，19 个三级指标和 85 维四级指标，建立基于 ELM 的评估模型，通过设置需要合适的隐含层节点个数，并随机为输入权值和隐含层偏置值进行赋值，无须调节。将降维后的指标特征 85 维指标作为输入，对应的态势评估值作为输出，利用极限学习机模型学习降维后的指标特征与电网安全态势评估值的关系。基于 ELM 的电网安全态势评估模型网络的训练，构建出电网安全态势评估模型，并通过训练和测试得到确定的评估模型。

（2）创造性判断。

通过对比文件公开的内容可知，权利要求 1 相对于对比文件的区别特征有：①本申请用于能源数据的预测，而对比文件用于电网安全态势评估，且能源样本集中包含多组历史多维度物理数据，以及分别对应的多个历史能源数据结果，所述多维度物理数据为产生能源数据的物理条件；②自编码器包括多层降噪自编码器，所述能源样本集中还包含噪声多维度物理数据，以及对应的噪声能源数据结果。基于上述区别特征，权利要求 1 实际解决的问题为：①如何针对能源数据进行预测；②如何优化训练自编码器。

针对区别特征①，对比文件的方案解决了如何提高评估和预测样本的精度的问题，那么，本领域技术人员想要提高能源数据预测精度的问题时，能够想到将对比文件 1 中训练模型的方法应用到具体的针对能源数据的预测中，以达到准确预测能源数据的效果。当本领域技术人员将对比文件 1 中的方案应用于能源数据预测时，自然能够想到要根据具体的应用领域的数据类型，获取历史能源数据结果和产生能源的多维度物理条件作为样本集对预测模型进行训练。

针对区别特征②，降噪自编码器是自编码模型的演化模型，是在自编码器的基础上对输入数据加入按一定概率分布的噪声，使自编码神经网络可以通过学习去除这种噪声，并且尽最大可能重构没有干扰的输入[1]，是本领域的惯用手段。在公开了对自编码器进行训练的基础上，本领域技术人员能够想到对对比文件 1 进行改进，在能源样本集中加入噪声，对包含多层降噪自编码器的自编码器进行训练。

综上，在对比文件的基础上结合本领域公知常识从而得到权利要求 1 请求保护的技术方案是显而易见的，权利要求 1 不具备创造性。

5. 案例启示

本申请在中文摘要库、中文全文库、外文摘要库、外文全文库检索后均未发现合适的文献。在这种情况下，如果该领域的专利申请主体是高校和研究院，那么可以将检索资源扩展至非专利数据库。

在确定检索要素时，当权利要求中的方法可以应用在多个领域时，可以考虑不把应用领域作为检索要素，或者即使作为检索要素，在实际检索过程中，

---

[1] 曾文. 基于科技大数据的情报分析方法与技术研究［M］. 北京：科学技术文献出版社，2018：98.

也需根据检索结果的多少进行删减。

在创造性评判时，如果检索到与发明构思相似的对比文件，即使对比文件的应用领域与本申请的应用领域不同，但只要两者处理的数据特征相同，使用的技术手段相同，并且所采用的技术手段没有因领域的限定而作出技术上的改变或产生有益的技术效果，那么，该对比文件亦可作为最接近的现有技术。

此外，对于公知常识的认定应该确凿，不能武断下结论。应尽可能在互联网资源中使用准确的关键词来查找公知常识性证据。

（二）案例 3-4-2：一种考生志愿填报模拟方法

1. 案情概述

本申请涉及一种考生志愿填报模拟方法。在现有技术中，高考志愿的填报流程是：考生根据自己的高考成绩与近几年各学校调档分数线进行对比分析，从中选择自己心仪的学校。上述人为填报过程仅能对近几年的调档分数进行大概对比，因此常常存在一定的误差，从而导致志愿填报录取率较低。本申请提供的考生志愿填报模拟方法，能够有效地提高志愿填报录取率。

本申请独立权利要求的具体内容如下：

1. 一种考生志愿填报模拟方法，其特征在于，该方法包括步骤：

采集历年控制线、历年调档线、各个高校历年录取分数分布情况及当年的控制线；

接收外部输入的考生成绩和志愿信息；

根据所述历年控制线、历年调档线、各个学校历年录取分数分布情况、当年的控制线及所述考生成绩，分析各个学校的录取率；

根据所述志愿信息和所述录取率，进行志愿填报推荐。

所述分析各个学校的录取率进一步包括：

根据下述第一计算公式，计算每一个学校的当年模拟调档线。

第一计算公式：

$$T = \frac{\sum_{i=1}^{n}(T_i - K_i)}{n} + K$$

其中，T 表征当年模拟调档线；T_i 表征历年中的第 i 年调档线；K_i 表征历年中的第 i 年控制线；n 表征历年的年数；K 表征当前的控制线；

将所述考生成绩与所述每一个学校的当年模拟调档线进行对比，确定至少一个调档学校；

根据下述第二计算公式，计算各个调档学校的录取率。

第二计算公式：

$$y_j = \begin{cases} 100\%, & x \geqslant \dfrac{\sum_{i=1}^{n} C_{ji}}{n} \\[3mm] 70\%, 历年平均成绩与最低录取分数之和的平均值 \leqslant x < \dfrac{\sum_{i=1}^{n} C_{ji}}{n} \\[3mm] 30\%, \dfrac{\sum_{i=1}^{n} B_{ji}}{n} \leqslant x < 历年平均成绩与最低录取分数之和的平均值 \\[3mm] 5\%, x < \dfrac{\sum_{i=1}^{n} B_{ji}}{n} \end{cases}$$

其中，y_j 表征调档学校 j 的录取率；C_{ji} 表征学校 j 历年录取分数分布情况中第 i 年的平均录取分数；B_{ji} 表征学校 j 历年录取分数分布情况中第 i 年的最低录取分数；n 表征历年的年数；x 表征考试成绩。

2. 充分理解发明

在本申请的方案中，首先采集高考填报志愿时经常会使用的各类历史数据，对这些数据进行分析处理，依据特定的公式预测出每个学校当年的调档线，然后再根据公式预测出每个调档学校的录取率，从而为考生推荐符合其实际条件的候选学校。

由于本申请的方案与应用场景（即高考填报志愿）关联紧密，为了更好地理解发明，还需要对其中涉及的各类数据的确切含义进行明确，以便确定合适的关键词用于检索。

控制线：在高考招生录取中也称为最低录取控制分数线，是省级招生机构依据当年全省考生的高考成绩分布情况和当年全省招生计划，按扩大一定比例划定的分数线。由于每年全国有上千所高校要录取新生，所有的高校不可能同时参加录取，为了有序地完成录取工作，把不同层次、不同类型和不同生源的高校划分为若干批，录取时按批分期依次录取，这就形成了录取批次，并按批次先后划分不同批次的录取控制线。例如，常见的控制线有本科一批控制线（简称"一本线""重点线"）、本科二批控制线（简称"二本线"）等。

调档线：调档线是指以院校为单位，按招生院校同一科类（如文科或理科）招生计划数的一定比例（即投档比例 1：1.2 以内），在对第一志愿投档过程中自然形成的院校调档最低成绩标准。每一所院校都有自己的投档分数线，简称"投档线"或"提档线"。

根据对高考填报志愿整体流程以及本申请背景技术的了解可知，在以往高考志愿填报过程中，当预测考生当年可填报的院校时，考虑的因素也包括历年控制线、历年调档线、各个高校历年录取分数分布情况及当年的控制线，同时可能还需要借助填报者的经验等。从上述内容可知，尽管本申请的权利要求中具有第一和第二计算公式，但所述公式实际上是根据以往高校录取结果给出的经验公式，具有主观色彩，因而本申请相对于现有技术最大的改进在于将由人操作的上述预测过程改进为由计算机来进行操作。

3. 检索过程分析

（1）检索要素确定及表达。

基于上述理解和分析，本申请的应用领域为高考志愿填报领域，核心技术手段在于由计算机对历史数据进行分析，并预测各院校录取率。因此，权利要求1所请求保护的技术方案的基本检索要素是比较明确的。

同时，对于本申请的方案来说，其涉及的是对高考志愿填报进行预测，检索时应尽可能检索到相同或相近应用场景的对比文件。如果经过充分检索未获得较为理想的对比文件，则可以将应用场景进行适当扩展，如扩展至招聘、求职等。表3-4-2是权利要求1的检索要素表及要素扩展方式。

表3-4-2　案例3-4-2检索要素表

检索要素	高考志愿	历史数据	预测	录取率
中文关键词基本表达	考试，招生，招考，招录；意愿，意向	往年，历史，过去，各年，历来，数据	预测，推测，预估，估计，模拟，推算	录用，考上，通过，成功；比例，比率，概率，可能性
英文关键词基本表达	exam，test；application	history，past；data；	analyze，forecast，predict，estimate，simulate，work out	enroll，admit，offer，accept；ratio，probability
分类号基本表达	G06Q50/20			

（2）检索过程。

在确定检索要素及其表达方式后，首先使用全要素检索方式在中文摘要库CNABS中进行检索，过程如下：

1	CNABS	7295	高考 or 考试 or 招生 or 招考 or 招录
2	CNABS	9224	志愿 or 意愿 or 意向
3	CNABS	131202	历年 or 往年 or 历史 or 往年 or 各年 or 历来
4	CNABS	1368951	分析 or 预测 or 推测 or 预估 or 估计 or 模拟 or 推算
5	CNABS	170224	录取率 or（（录用 or 考上 or 通过 or 成功）s（比

例 or 比率 or 概率 or 可能性））

6　CNABS　　14　　　　1 and 2 and 3 and 4 and 5

从上述检索过程来看，其获得的文献数量较少，逐一分析检索式后发现，检索过程并未出现明显遗漏，因此，将数据库转为中文全文库 CNTXT，继续进行全要素检索，过程如下：

1　CNTXT　　244　　　（高考 or 考试 or 招生 or 招考 or 招录）s（志愿 or 意愿 or 意向）

2　CNTXT　　689179　　历年 or 往年 or 历史 or 往年 or 各年 or 历来

3　CNTXT　　5429447　分析 or 预测 or 推测 or 预估 or 估计 or 模拟 or 推算

4　CNTXT　　1201623　录取率 or（（录用 or 考上 or 通过 or 成功）s（比例 or 比率 or 概率 or 可能性））

5　CNTXT　　45　　　　1 and 2 and 3 and 4

通过浏览上述检索结果，获得一篇发明名称为"一种用于特定应用领域的向用户提供信息的方法"的现有技术 1。

在外文库中也进行全要素检索，检索过程如下：

1　SIPOABS　1205095　exam or test

2　SIPOABS　327766　history or past

3　SIPOABS　375038　analyze or forecast or predict or estimate or simulate or（work wout）

4　SIPOABS　202301　enroll or admit or offer or accept

5　SIPOABS　1　　　　1 and 2 and 3 and 4

所得到的文献量仅为 1 篇，经浏览，其无法构成本发明的现有技术。同时，在非专利文献库，通过中国知网 CNKI 进行检索，同样未发现合适的对比文件，检索过程如下：

（主题＝高考 or 主题＝考试 or 主题＝招生 or 主题＝招考 or 主题＝招录）and（主题＝志愿 or 主题＝意愿 or 主题＝意向）and（主题＝分析 or 主题＝预测 or 主题＝推测 or 主题＝预估 or 主题＝估计 or 主题＝模拟 or 主题＝推算）and（全文＝录取 or 全文＝录用 or 全文＝考上 or 全文＝通过 or 全文＝成功）

在对其他专利数据库和非专利数据库进行检索后均未发现更为合适的现有技术的情况下，经过对现有技术 1 公开的方案分析后发现，其公开了依据考生成绩推测调档院校，并为考生提供针对其个人成绩的各个调档院校的录取率，但是并未具体公开如何获得调档院校以及如何获得上述录取率。因此，如果现有技术中存在通过计算调档线获得调档院校及录取率的技术启示，那么现有技术 1 可作为与本申请最为接近的现有技术（对比文件 1），从而影响本申请的创造性。

经过上述分析，进一步围绕如何计算调档线以及录取率进行检索。本申请使用了具体的计算公式对上述计算过程进行了限定，这些公式显然是无法在数据库中直接进行检索的，因此需要根据这些计算公式在方案中的作用及其目的来构建检索式进行检索。

权利要求 1 中的第一计算公式的作用是：对每个学校，根据历史数据得到每年的调档线与控制线之前的差值，然后对这些差值求平均，从而在已知当年控制线的条件下推测得到当年各个学校的调档线。第二计算公式的作用是：针对每个调档的学校，根据考生当年的考试成绩与该学校历年来的平均录取分数、最低录取分数之间的关系，得到该学校对不同等级的考生的录取率。

基于上述分析，在中文全文库进行如下检索：

7	CNTXT	39	（控制线 or 分数线 or 一本线 or 重点线 or 二本线 or 三本线）s（调档 or 投档 or 提档）
8	CNTXT	44	（考分 or 成绩 or 分数）s（平均分 or 最低分）s 录取

经过对上述检索结果进行浏览，获得另一篇现有技术（对比文件 2），其公开了如何具体推测调档线以及考生能否被调档学校录取的相关内容。

4. 对比文件分析与创造性判断

（1）对比文件分析。

对比文件 1 公开了一种用于特定应用领域的向用户提供信息的方法，其针对的用户是使用搜索引擎的用户，采用的信息提供方式是人机交互的方式，目的是提高搜索精准度，以及为用户提供其更想要获得的深度分析后的数据。

在对比文件 1 的一个实施例中，该方法被实现为：

用户通过搜索引擎输入"今年高考 600 分可以上哪些学校"这一询问信息，问题补充信息包括"北京""理科""一批"；

采集各个大学历年在北京招收第一批次理科考生的高考录取分数线、提档线，历年录取最高分、最低分、平均分，历年控制线，并获取北京本地当年第一批次理科考生的控制线；

根据上一步骤的各类历史数据推测各个大学当年的提档线；

根据用户输入的当年高考成绩以及上一步骤确定出的提档线，确定都有哪些大学可能会对用户提档；

针对上一步骤中确定出的大学列表，根据用户的高考成绩，推算用户被该列表中的每个大学录取的概率；

按照上一步骤中计算出的概率大小为学校排序，将排序后的学校列表作为结果，反馈到用户的搜索界面。

对比文件2公开了一种面向高考志愿填报的辅助决策方法，其提出以历年来的高考录取数据为基础，进行相关数据的分析，预测当年录取情况的技术思路，并公开了如下内容：控制线与提档线往往是有差别的，很多情况下提档线高于控制线，如果已知当年的控制线，并且能够根据对历史控制线数据与提档线数据统计分析后的结果来预测得到当年的控制线与提档线之间的差值，则可以准确地预测出当年的提档线。

招生学校是按照招生计划数的一定比例对考生进行提档的，这个比例通常在1.2左右，因此，如果能推测出考生被提档之后的录取概率，则对于考生的志愿填报决策将会有很好的辅助作用。上述推测过程在具体实现时，可以按照如下思路：以该学校历年来的录取数据为基础，如果考生当年的高考成绩高于该学校历年来的平均录取分数，则该考生应当能够被该学校录取；如果考生的成绩低于该学校历年来的最低录取分数，则该考生应当很难被该学校录取；如果考生基于上述两种之间，则该考生有一定的概率能被录取，这取决于该考生的成绩与上述平均录取分数和最低录取分数之间的位置关系，更接近平均录取分数的概率会比较大，更接近最低录取分数的录取概率会比较小。

（2）创造性判断。

通过对比文件1公开的内容可知，权利要求1相对于对比文件1的区别技术特征为：权利要求1中还限定了根据第一计算公式计算每一所学校的当年模拟调档线，以及根据第二计算公式计算各个调档学校的录取率。

基于该区别特征，权利要求1实际解决的技术问题是：如何具体估算每个学校当年的调档线以及每个调档学校的录取率。

对比文件2的技术方案公开了在志愿填报过程中，如何预测各学校当年调档线以及各调档学校对考生的录取概率。可见，对比文件2给出了根据历年调档线与控制线之间的关系来推测当年控制线与调档线之间的差值，从而估算得到当年调档线的技术启示，同时，使用算术平均数来对多个数值进行平均，从而得到较为准确的结果，这是统计学中较为常见的一种方式。因此，当本领域技术人员需要解决技术问题"如何估算每个学校当年的调档线"时，能够有启示将对比文件2中公开的上述方式应用于对比文件1中；同时，对比文件2还给出了根据考生成绩与某个学校历年平均录取分数和历年最低录取分数之间的大小关系，来确定该考生被该学校录取的概率的技术启示。本领域技术人员基于对比文件2给出的上述启示，在解决技术问题"如何估算每个调档学校的录取率"时，能够将对比文件2中的方式应用于对比文件1中，并且进行相应的概率值设置，即当考生成绩高于平均录取分数时，将录取概率设置为100%，当考生成绩低于最低录取分数时，将录取概率设置为接近0，当考生成绩处于两者之间时，接近上述平均录取分数时，将录取概率设置为大于50%的某个数值，当考生成绩接近最低录取分数时，将录取概率设置为小于50%的某个数值。

因此，权利要求1的技术方案相对于对比文件1和对比文件2是显而易见的，从而不具备创造性。

5. 案例启示

本申请涉及高考志愿填报，具有较为明确的应用场景，且大部分技术特征也是围绕这一场景而设定的，因此在检索时应该考虑该应用场景对大数据预测手段的限定作用，从而快速获得方案更为接近的对比文件。但是，倘若在高考志愿填报领域未能获得合适对比文件时，也应考虑在相应领域进行扩展，如"求职""招聘"等，但领域不能扩展太远，否则建议直接检索围绕该特定领域的相关技术手段的技术细节。

此外，本申请的技术方案中记载有数学公式，这也是大数据预测领域相关专利申请较为明显的特点。在对包含数学公式的方案进行检索时，由于这些公式很难使用关键词或者分类号等进行表达，因此，可考虑在全文库中围绕该数学公式在方案中的作用、数据来源、计算结果的用途等进行检索。

第四章

"智能+"

随着新一轮人工智能技术的兴起，传统行业也迎来了新的发展机遇。近年来，人工智能逐渐成为改造传统行业、提升其行业效率的重要动力。

2017年，李克强总理在政府工作报告中提出："全面实施战略性新兴产业发展规划，加快新材料、新能源、人工智能、集成电路、生物制药、第五代移动通信等技术研发和转化，做大做强产业集群。"2018年，人工智能再次写入政府工作报告："做大做强新兴产业集群，实施大数据发展行动，加强新一代人工智能研发应用，在医疗、养老、教育、文化、体育等多领域推进'互联网+'。"相比2017年、2018年的"加快人工智能等技术研发和转化""加强新一代人工智能研发应用"，2019年政府工作报告中使用的是"深化大数据、人工智能等研发应用"，并正式提出了"智能+"的重要战略："打造工业互联网平台，拓展'智能+'，为制造业转型升级赋能。"人工智能已经连续三年出现在政府工作报告中足以说明，作为国家战略的人工智能正在作为基础设施，逐渐与产业融合，加速经济结构优化升级，对人们的生产和生活方式产生深远的影响。

"智能+"的提出标志着新一代人工智能发展规划全面启动实施。有人认为"智能+"是在"互联网+"基础上的进一步发展，其将以更智能的算法、更智能的模型、更智能的网络、更智能的交互来带动各个产业转型升级。

本章将从人工智能典型算法、智能工程模型、智能交通及智能家居等领域探讨"智能＋"相关专利申请在检索及创造性评判等方面的特点和重点。

第一节　人工智能典型算法

一、人工智能典型算法技术综述

（一）人工智能典型算法概述

人工智能（Artificial Intelligence），英文缩写为 AI。对于人工智能明确的定义，业界及国内外学者有不同的角度❶：布克南（B. Buchanan）和绍特里夫（E. H. Shortliffe）从实现人工智能目标的方法的角度，认为"人工智能是计算机科学的分支，它用符号的、非算法的方法进行问题求解"；尼尔森（N. J. Nilsson）从处理的对象出发，认为"人工智能是关于知识的学科，即怎么表示知识，怎样获取知识和怎样适用知识的科学"；巴尔（A. Barr）和费根鲍姆（E. A. Feigenbaum）从计算机科学的角度，认为"人工智能定义是计算机科学的一个分支，涉及设计智能计算机系统，也就是说，对照人类在自然语言理解、学习、推理、问题求解等方面的智能行为，它所设计的系统应能显示出与人类智能行为相类似的特征"；清华大学的石纯教授把人工智能定义为计算机科学的一个分支，是研究使用计算机来完成能表现出人类某些智能行为的科学，包括计算机实现智能的原理、制造类似于人脑的计算机、使计算机更聪明地实现高层次的应用。百度百科给出的定义是"人工智能是研究、开发用于模拟、延伸和扩展人的智能的理论、方法、技术及应用系统的一门新的技术科学"❷。

在人工智能领域，最核心的技术基础之一就是机器学习。在机器学习实现的过程中，由于数据类型不同以及分析目的不同，可能会采取不同的算法。表 4 - 1 - 1 为一些学者归纳出的机器学习算法分类❸。

---

❶　李陶深. 人工智能［M］. 重庆：重庆大学出版社，2002：4.

❷　百度百科、人工智能［EB/OL］.［2020 - 09 - 30］. http：//baike. baidu. com/item/人工智能/9180.

❸　王伟军，刘蕤，周光有. 大数据分析［M］. 重庆：重庆大学出版社，2017：76 - 90.

表4-1-1 机器学习算法分类

学习方式	算法类型	算法名称	适用范围
监督学习	分类	决策树	多类分类
		随机森林	
		K近邻法	
		贝叶斯分类	
	回归	一般线性回归	回归分析
		Logistic回归	多类分类
	基于核的算法	SVM	二类分类
		线性判别分析	多类分类
无监督学习	聚类	k-means	聚类分析
		Canopy	
		分层聚类	
		基于密度的聚类	
	关联规则	Apriori	关联规则挖掘
		FP-Growth	
		Eclat	
	降维	PCA（主成分分析）	线性降维
		LLE（局部线性嵌入）	非线性降维

除此之外，机器学习常见算法还包括人工神经网络算法、Boosting与Bagging算法、EM（期望最大值）算法等。

（二）专利申请特点概述

随着人工智能技术不断在人类生活各方面渗透，各类企业及科研机构越来越重视在人工智能领域的专利申请和布局，而申请的热点之一就是人工智能领域的一些典型算法。

在专利申请量方面，截至2020年9月，中国专利文摘数据库中公开的专利申请中，与人工智能典型算法相关的专利申请数量为4.9万多件。图4-1-1为2000—2020年人工智能典型算法相关的专利申请量趋势图。

需要说明的是，图4-1-1中2020年的申请量相比2019年呈现下降趋势，因为部分申请从申请日至检索日未满18个月，因而尚未公开。从上述申请数量变化趋势可以看出，人工智能典型算法相关专利申请的申请量在2016年开始出现拐点，自此开始急速上升，并且之后一直处于上升期，这意味着相关技术的改进仍然处于较为活跃的状态，并且还将持续下去。

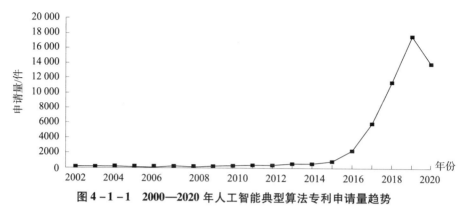

图 4 - 1 - 1 2000—2020 年人工智能典型算法专利申请量趋势

注：2020 年统计数据截止到 9 月。

经过统计，人工智能典型算法相关的专利申请的 IPC 分类号相对集中在：G06N 3/（基于生物学模型的计算机系统）、G06K 9/（用于阅读或识别印刷或书写字符或者用于识别图形）、G06N 20/（机器学习）、G06Q 10/（行政、管理）、G06T 7/（图像分析）、G06Q 50/（特别适用于特定商业领域的系统或方法）、G06F 17/（特别适用于特定功能的数字计算设备或数据处理设备或数据处理方法）、H04L 29/（数字信息传输的装置、设备、电路和系统）、G06Q 30/（商业，如购物或电子商务）等。具体分布如图 4 - 1 - 2 所示。

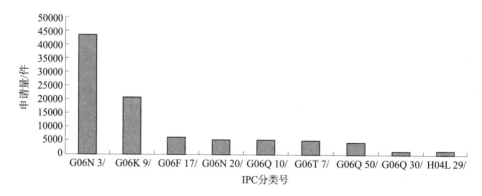

图 4 - 1 - 2 主要 IPC 分类号专利申请数量分布

从上述 IPC 分类号分布来看，人工智能典型算法的专利申请热点有人工神经网络及其衍生算法相关改进、模式识别算法及图像文本等各种内容的分类算法相关改进、机器学习算法相关改进、数据处理方式及技术架构的改进、基于特定应用领域的算法改进等。

在申请人分布方面，该领域专利申请量较多的申请人包括华南理工大学、腾讯、国家电网、电子科技大学、浙江大学、百度等。主要申请人如图4-1-3所示。

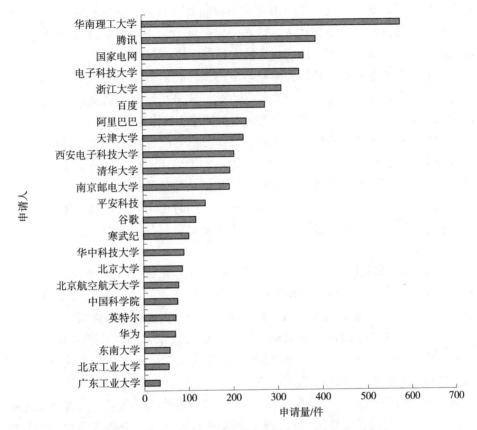

图4-1-3 人工智能典算法相关专利申请主要申请人分布

可见，人工智能典型算法相关专利申请的申请人类型多样，数量庞大，并未出现某个或某些申请人占绝对优势的情况。上述情形说明本领域相关技术处于非常活跃的阶段，各类企业及科研机构都较为重视相关的专利布局。同时，与其他领域专利申请人分布明显不同的是，本领域专利申请人主要集中在国内的各类科研院校中，这体现出我国科研院校在人工智能典型算法方面具有较强的创新能力和研发活力。另外，上述申请人大部分是国内申请人，这也反映出我国近年来大力鼓励人工智能领域的创新已经初见成效。

二、检索及创造性判断要点

由于人工智能典型算法相关专利申请的申请人主要集中在国内各大科研院

校，在专利申请文件的撰写上会呈现如下特点，如在权利要求中堆积大量的公式，而忽略了对应用场景相关特征的限定，从而使得权利要求限定的整体方案缺少应用场景的支持，或者说明书内容与权利要求书内容基本相同，从而缺少对必要实施案例的进一步描述等。这在一定程度上给理解发明以及确定权利要求的保护范围带来了难度，进而成为检索过程中的一个难点。

在对本领域专利申请进行检索时，应当抓住技术方案的实质，必要时可以通过初步检索以及查阅工具书和文献等方式，充分了解相关背景技术，以便更准确地理解整个技术方案，更好地把握申请的核心技术手段。

同时，对具体的算法模型公式及参数等方面的改进很难使用具体的关键词或者分类号来进行表述，这也为检索过程增加了障碍。在上述情况下，可以考虑根据该申请的技术方案所要解决的问题和达到的效果扩展检索要素，即从问题和效果作为另一个切入点进行辅助检索，并同时使用全文库进行检索。这是因为问题和效果等描述很多时候不会出现在摘要和权利要求中，但是在全文内容中都会有所体现。

另外，由于该领域的申请人中高等院校有相当比例，因此在检索时可考虑在非专利文献库（如中国知网、中国优秀硕士/博士论文电子期刊网、IEEE、Elsevier Science 等）进行检索，必要时可以对发明人、申请人进行追踪检索。

在创造性判断方面，本领域相关专利申请的技术方案往往涉及两个方面，一是算法模型的改进，二是由于应用场景/领域的变化而进行的算法改进（例如，将在某个场景/领域中应用某种特定算法改进为在另一个场景/领域中应用该算法）。在这种情况下，不应当将场景/领域的转换简单地认定为是本领域技术人员容易想到的，而是应当从检索到的现有技术出发，分析当前申请的技术方案相对于现有技术来说，实质上解决的问题是什么，并从技术方案改进动机和启示的角度来具体进行创造性的分析判断。

三、典型案例

（一）案例 4 - 1 - 1：人工智能 AI 模型的评估方法

1. 案情概述

本申请涉及一种人工智能 AI 模型的评估方法。随着深度学习技术的不断发展，应用于不同场景的 AI 模型被不断训练出来，如被训练的用于图像分类的 AI 模型、被训练的用于物体识别的 AI 模型等。由于训练出来的 AI 模型可能存在一些问题，如已训练的用于图像分类的 AI 模型对全部的输入图像或者部分的输入图像存在分类准确率较低的问题等。因此，需要对训练出来的 AI 模型进行评估，而现有技术无法对 AI 模型作出具有指导性的评估。基于上述问题，本申请公开了一种 AI 模型的评估方法，用于更有效地评估 AI 模型。

本申请独立权利要求的技术方案具体如下：

1. 一种人工智能 AI 模型的评估方法，其特征在于，包括：

计算设备获取所述 AI 模型和评估数据集，所述评估数据集包括多个携带标签的评估数据，每个评估数据的标签用于表示所述评估数据对应的真实结果；

所述计算设备根据数据特征对所述评估数据集中的评估数据进行分类，获得评估数据子集，所述评估数据子集为所述评估数据集的子集；

所述计算设备确定所述 AI 模型对所述评估数据子集中的评估数据的推理结果，将所述评估数据子集中的每个评估数据的推理结果和所述评估数据子集中的每个评估数据的标签进行比较，根据比较结果计算所述 AI 模型对所述评估数据子集的推理的准确度，以获得所述 AI 模型对所述数据特征的值满足所述条件的数据的评估结果。

2. 充分理解发明

在将一个 AI 模型用在一个特定的应用场景以解决一个技术问题之前，需要先对初始 AI 模型进行训练，之后对训练后的 AI 模型进行评估，进而根据评估结果决定该 AI 模型是否需要继续优化。只有在 AI 模型评估结果较好的情况下，才能使用 AI 模型。在执行上述具体的评估操作时，使用 AI 模型对评估数据集进行推理得到推理结果，之后根据推理结果和评估数据集中的评估数据的标签确定 AI 模型对评估数据集的推理结果的准确度。准确度可以用很多指标来衡量，如准确率、召回率等。

本申请的方案涉及的是上述评估过程，特殊之处在于：其根据数据特征对评估数据集中的评估数据进行分类，获得多个评估数据子集，从而针对每个评估数据子集，确定该 AI 模型对该评估数据子集的推理的准确度。通过这种方式可以得到更具体的评估信息，如数据特征对 AI 模型的推理结果的影响等，从而更好地指导 AI 模型的优化方向。

上述过程中，数据特征指的是数据本身特性或特征的抽象，用于表示数据的特征或特性。例如，在评估数据为图像的情况下，数据特征可以为图像的长宽比、色彩度、分辨率、模糊度、亮度、饱和度等，因此，上述分类的操作可以是依据图像不同的长宽比来对评估数据集进行分类，例如，分别计算评估数据集中 10 张图像的长宽比的值，得到一组图像的长宽比的值为 [0.4、0.3、0.35、0.9、0.1、1.2、1.4、0.3、0.89、0.7]，则可将上述图像按照图像的长宽比分为三类，一类为图像的长宽比的值为 [0 - 0.5] 的图像，共五张；一类为图像的长宽比的值为（0.5－1］的图像，共三张；还有一类为图像的长宽比的值为（1－1.5］的图像，共两张。

根据 AI 模型参数优化的原理以及 AI 模型的理解可以分析得到，本申请的方案中，在确定 AI 模型针对每组评估数据子集的评估结果后，可以根据评估结果确定数据特征对评估指标的敏感度。之后，可以根据每个数据特征对每个评估指标的敏感度，生成对 AI 模型的优化建议。可以在敏感度大于一定值的情况下认为该数据特征对评估指标的影响较大，同时针对该现象可以生成对应的优化建议。例如，在图像的亮度对准确度影响较大的情况下，可以给出增加图像的亮度值在一个或多个范围内的图像继续训练 AI 模型，由于当前 AI 模型对该一个或多个范围内的图像的推理的准确度还有提升空间，根据该优化建议用新的数据继续训练当前 AI 模型后，AI 模型的推理能力可以较大概率地提升。

3. 检索过程分析

（1）检索要素确定及表达。

基于上述对发明的理解和分析，本申请应用领域为 AI 模型领域，发明点在于根据数据特征对评估训练集分类，因此，权利要求 1 所请求保护的技术方案的基本检索要素是比较明确的。

但是，在扩展上述基本检索要素时，可能会存在一定的难度。这是因为对于每一个基本检索要素，本领域都有多种表达方式、下位概念以及各种英文缩写，例如，AI 模型在本领域除 AI 算法这种同级扩展之外，还有多种下位概念，常见的有决策树、神经网络、支持向量机、深度学习、机器学习等。因此，扩展后的关键词数量可能会比较多，为了解决这个问题，需要考虑能否借助其他手段对扩展后的关键词进行附加限定，而比较容易想到的方式就是借助分类号。

根据对 AI 算法相关专利申请 IPC 分类号的分布统计结果可知，人工智能模型相关的专利申请，IPC 分类号主要集中在 G06N，因此，可以考虑使用关键词和分类号同时进行检索。

此外，本领域技术人员熟知，在 AI 模型领域中，训练数据和评估数据在很多情况下是同源的，本领域惯常的做法是将一个数据集中的数据分组，分为训练数据集和评估数据集，训练数据集用于对模型进行训练，评估数据集用于对训练后的模型进行评估，基于此，本领域较多文献中"数据集"都会与"分组""分类"同时出现，而这里的"分组""分类"显然与本申请权利要求 1 中的"分类"不同，因此，这可能会使得检索过程出现较多噪声。较为高效的一种降噪方式就是使用同在算符，将想要找到的关键语句用同在符的方式表达出来，然后进行检索。

另外还需要注意，在 AI 领域中，非常常见的一种模型是分类模型，如图片分类模型、文本分类模型等，但是在对基本检索要素"AI 模型"进行下位概念扩展时，要谨慎单独使用关键词"分类"。这是因为权利要求 1 的技术方案中，主要涉及的操作就是对评估数据集进行分类操作，而显然上述两个"分类"所限定的含义完全不同。因此，为了避免引入过多噪声，并不建议在限定应用领域时单独使用"分类"这样的扩展词。表 4 - 1 - 2 是权利要求 1 的检索要素表。

表 4 - 1 - 2 案例 4 - 1 - 1 检索要素表

检索要素	AI 模型	评估	数据子集	数据特征
中文关键词基本表达	AI，人工智能，算法，决策树，神经网络，支持向量机，深度学习，机器学习	测试，评测，测评，评价，检验	数据集，评估集；子集，多组，多种，多个，多类，每组，每种，每类，分组，划分，切分，区分，分成	特征，特点，饱和度，亮度，分辨率，尺寸
英文关键词基本表达	AI, artificial intelligence, model, algorithm, decision making tree, machine learning, neural network	test, evaluate, verify	dataset; sub, group, kind, type, series, divide, cut, classify, partition	feature, characteristic, saturation, lightness, resolution, size
分类号基本表达	G06N20/00	G06F11/00		

（2）检索过程

在确定检索要素及其扩展方式后，首先使用全要素检索方式在中文摘要库 CNABS 中进行检索：

1　CNABS　104144　（（AI or 人工智能 or 决策树 or 神经网络 or 支持向量机 or 深度学习 or 机器学习）4d（模型 or 算法））or G06N + /ic

2　CNABS　1281366　（测试 or 评估 or 检验 or 评价 or 评测 or 测评 or 优化）or G06F11/ + /ic

3　CNABS　10963　（（测试 or 评估 or 评测 or 测评 or 评价 or 推理 or 检验）4d 集）s（子集 or 分组 or 分类 or 每组 or 每类 or 多种 or 多组 or 切分 or 划分 or 分成 or 区分）

4　CNABS　21823765　特征 or 特点 or 饱和度 or 亮度 or 分辨 or 尺寸

5　CNABS　4730　1 and 2 and 3 and 4

通过上述检索过程可以看出，上述全要素检索过程得到的文献量过大，无法进行详细浏览，主要原因可能是对检索要素的扩展过度造成较大噪声，因此，将上述扩展后的检索关键词进行适当的缩减，同时考虑到检索效率的问题，将数据库转换为中文全文库 CNTXT，并将最想命中的句子使用同在符进行表达。检索如下：

1 CNTXT 175046 （（AI or 人工智能 or 决策树 or 神经网络 or 支持向量机 or 深度学习 or 机器学习）4d（模型 or 算法））or G06N +/ic

2 CNTXT 4267662 （测试 or 评估 or 评测 or 测评 or 评价 or 检验）or G06F11/ +/ic

3 CNTXT 486 （每组 or 每个 or 每一个 or 每一组 or 切分 or 划分 or 分成）4d（测试 or 评估 or 评测 or 测评 or 评价 or 检验）4d 子集

4 CNTXT 528062 （根据 or 依据 or 按 or 依照 or 基于）s（特征 or 特点 or 饱和度 or 亮度 or 分辨率 or 尺寸 ）s（分成 or 分组 or 划分 or 切分 or 分类）

5 CNTXT 104 1 and 2 and 3 and 4

浏览上述结果后得到一篇发明名称为"一种数据建模的方法"的现有技术1，该方法在对建模后的模型进行测试时，根据数据特征对测试集进行划分，但是其并未进一步详细具体的公开使用 AI 模型对每个测试集分别进行推理，从而得到相关的指标等。因此，虽然其公开了权利要求 1 中的主要发明构思，但是在考虑到技术领域、公开特征数量等方面，仍然不能作为最接近的现有技术。因此，转换数据库为外文摘要数据库 SIOPABS，进行如下检索：

1 SIPOABS 279483 （artificial w intelligence）or AI or（neural w network）or SVM or（machine w learn +）or G06N +/ic

2 SIPOABS 2418348 test or evaluat + or verif + or G06F11/ +/IC

3 SIPOABS 16048 sub 4d（set or dataset）

4 SIPOABS 4198870 feature or characteristic or saturation or lightness or resolution or size

5 SIPOABS 6891564 divid + or cut or classif + or partition or group

6 SIPOABS 6 1 and 2 and 3 and 4 and 5

虽然上述检索过程得到的文献数量较少，但经过对检索式的检查发现，上述检索过程并未出现检索要素遗漏。在对专利库进行了全面检索后，将检索资源调整为非专利数据库，在知网 CNKI 及 IEEE 中进行如下检索：

（主题 = 人工智能 or 主题 = AI or 主题 = 神经网络 or 主题 = 机器学习 or 主

题＝支持向量机 or 主题＝SVM or 主题＝决策树 or 主题＝深度学习）and（主题＝测试 or 主题＝评估 or 主题＝评价 or 主题＝评测 or 主题＝测评 ）and（全文＝子集 or（全文＝数据集 and（全文＝分类 or 全文＝分组 or 全文＝分割 or 全文＝切分）））

（AI or（Artificial Intelligence））and（test or evaluate or verify or verification）and（sub or divide or cut or classify or classfication or partition）

上述检索过程仍然未得到可用的对比文件。

对各个数据库中的检索结果进行分析可知，对权利要求 1 的技术方案进行全要素检索，并不能得到可用的 X 类对比文件。此时应当进一步考虑是否存在能够影响本申请创造性的对比文件的可能性。在权利要求 1 的技术方案中，技术要点在于对评估数据集进行分类，将评估数据集划分为多个评估数据子集，然后使用 AI 模型对每个子集进行推理获得结果。而在具体实施上述划分操作时，所依据的是评估数据集中的数据特征，也就是说，该技术方案实质上包含了两层含义，第一层是划分，第二层是依据什么来进行划分。因此，基于上述分析，对检索要素进行调整，按照上述两层含义进行检索，重新回到中文全文库 CNTXT 中：

1	CNTXT	175046	（（AI or 人工智能 or 决策树 or 神经网络 or 支持向量机 or 深度学习 or 机器学习）4d（模型 or 算法））or G06N＋/ic
2	CNTXT	4267662	（测试 or 评估 or 评测 or 测评 or 评价 or 检验）or G06F11/＋/ic
3	CNTXT	486	（每组 or 每个 or 每一个 or 每一组 or 切分 or 划分 or 分成）4d（测试 or 评估 or 评测 or 测评 or 评价 or 检验）4d 子集
4	CNTXT	163	1 and 2 and 3

浏览上述检索结果，可以得到一篇发明名称为"一种分类效果确定方法"的现有技术 2，其主要涉及将评估数据集划分为多个子集，并针对每个子集使用 AI 模型进行推理。再次回顾之前检索到的现有技术 1 所公开的内容，考虑将两篇对比文件作为 Y 类文件，判断其结合后的技术方案是否能够影响权利要求 1 的创造性。

4. 对比文件分析与创造性判断

（1）对比文件分析。

对比文件 1 公开了一种分类效果确定方法，其应用的技术是使用机器学习进行分类操作。针对现有技术在进行分类操作时，由于采用的样本数据、训练数据、算法的局限性，从而导致分类模型的分类效果不确定的技术问题，该技术方案提出了一种确定分类模型的分类效果的方法。

该分类效果确定方法包括步骤：

S201，智能终端利用分类模型对分类测试集进行处理，得到分类结果；所述分类模型包括 N 个分类类目输出，所述分类结果用于指示所述分类测试集中每一个测试子集被所述分类模型识别后输出的预测类目；

其中，分类测试集包括多个测试子集，测试子集中包括有分类对象，测试子集可以是由分类对象的图像数据组成的数据集；智能终端利用分类模型对分类测试集进行处理，以利用分类模型对分类测试集中的每一个测试子集进行识别，确定每一个测试子集所属的预测类目；分类模型包括 N 个分类类目输出，分类结果用于指示分类测试集中每一个测试子集被分类模型识别后输出的预测类目，预测类目为所述 N 个分类类目中的一个；

S202，所述智能终端获取为所述分类测试集中每一个测试子集设置的标签类目，并将所述每一个测试子集的预测类目及其标签类目进行比较，得到比较结果；

其中，预先为分类测试集中的每一个测试子集设置了标签类目，标签类目用于指示测试子集包括的分类对象所属的真实类目；智能终端将每一个测试子集的预测类目及其标签类目进行比较，以判断每一个测试子集的预测类目及其标签类目是否相同，得到比较结果；

S203，所述智能终端根据所述比较结果确定所述分类模型的分类效果指标值，以及该指标值分类的准确度。

对比文件 2 公开了一种数据建模的方法。在现有技术中，数据建模需要数据清洗、特征提取、特征筛选、模型训练、模型测试、部署这六个模块，每个模块都是独立的，如果针对每个任务都重新建立数据模型的话，就会有很多重复的工作，并且由于技术人员水平参差不齐，针对同一任务所得到的数据模型的结果反映出来的效果却不统一。基于此，该技术方案提供了一种可以实现结构化、统一化、简易化的数据建模流程。

其中，在模型测试阶段，对比文件 2 的技术方案实现如下：

步骤 S1：对模型进行训练，得到数据模型；

步骤 S2：获取用户从配置文件中选择的模型测试维度；

步骤 S3：根据所述模型测试维度与模型测试方法之间的关联关系，确定模型测试方法；

步骤 S4：根据所述模型测试方法对得到的数据模型进行测试。

在上述步骤 S2 中，配置文件可以提供供用户选择的模型测试维度。具体的，可以是时间维度，如按照某一种时间切分方式切分测试数据子集；还可以是特征维度，如针对测试数据的某个或多个数据特征，将测试数据集划分成多个测试数据子集。

对比文件 2 提供了灵活切分测试数据集的方式。例如，按数据特征对测试数据集进行分割，可以查看数据特征的显著性，从而发现不同的数据特征对于测试结果的敏感度，进而优化模型。

（2）创造性判断。

通过上述对比文件 1 公开的内容可知，权利要求 1 相对于对比文件 1 的区别技术特征为：权利要求 1 中，计算设备根据数据特征对所述评估数据集中的评估数据进行分类，获得评估数据子集；而对比文件 1 中并未具体限定采用何种方式将测试集划分为多个测试子集。基于该区别特征，权利要求 1 实际解决的技术问题是：如何划分测试数据集，以使评估者能够了解数据特征对评估结果的敏感性。

在对比文件 2 的技术方案中，其在进行训练后的模型的测试时，根据测试数据的数据特征，将测试数据集划分成多个测试数据子集，因此，对比文件 2 公开了上述区别技术特征，并且根据对比文件 2 公开的内容，上述区别技术特征在对比文件 2 中起到的作用与其在权利要求 1 中起到的作用相同，都是为了发现数据特征对评估结果的敏感性，从而在后续的优化操作中，能够更好地对模型进行优化，即对比文件 2 给出了根据数据特征对评估数据集进行划分的技术启示。因此，权利要求 1 的技术方案相对于对比文件 1 和对比文件 2 是显而易见的，从而不具备创造性。

5. 案例启示

在进行基本检索要素扩展时，当某个特定要素的可扩展词及下位概念数量较多时，可考虑是否有较为准确的分类号辅助检索，将关键词和分类号结合在一起进行检索，从而避免重要信息的遗漏。

同时，当所使用的关键词较多时，如果直接使用 "and" 算符进行检索，则会给检索结果带来较多噪声，也不利于检索结果的浏览。此时可以考虑使用全文库，利用同在算符 w、d、s、p 等，将检索者最想要命中的关键语句用上述同在算符表达出来，这样的方式能够显著提高检索效率。

（二）案例 4 - 1 - 2：基于神经网络的金针菇产量预测方法及实施系统

1. 案情概述

本申请涉及一种改进神经网络的金针菇产量预测方法及实施系统。近年来，以神经网络为代表的智能预测系统开始在农业领域的预测中应用。神经网络根据网络的特性可以划分为前馈网络、后馈网络、自组织网络和随机网络等不同类型。其中，多层前馈神经网络是农业预测领域应用最广泛的一种，而误差反向传播（back propagation，BP）算法是神经网络最常见的学习算法。神经网络的权值训练过程实际是一种复杂函数优化问题，即通过反复调整来寻找最优的连接权值。但目前广泛使用的 BP 算法是基于梯度下降方法，因而对神经网络的初始权值异常敏感，不同的初始权值会导致完全不同的结果。

本申请提供了一种改进神经网络的金针菇产量预测方法及实施系统，可以对冷库中栽培且生长过程尚未完成的金针菇进行产量预测。本申请采用软硬件结合的方式，底层由各类无线传感器组成，中间层为嵌入式网关，顶层为 B/S 结构进行开发，并植入改进的神经网络算法，以求能更加稳定地输出金针菇的产量预测，并达到较高的预测精度。

本申请独立权利要求的技术方案具体如下：

1. 一种改进神经网络的金针菇产量预测方法，包括以下步骤：

（1）选择 BP 神经网络模型作为金针菇产量预测系统的基本模型；

（2）设置 BP 神经网络模型的输入层的节点数、输出层的节点数以及隐含层的节点数；

（3）利用遗传算法改进训练 BP 神经网络模型，得到金针菇产量预测系统的预测模型；

（4）输入预测样本，得到金针菇产量预测结果。

2. 充分理解发明

BP 神经网络由一个输入层、一个输出层以及一个或多个隐含层构成，其中隐含层神经元和输出层神经元为计算节点，输入层由多个输入量组成，输出层由多个输出量组成，输出量代表在预测问题中需要预测的各项指标。神经网络每层所含的神经元个数可以一样，也可以不一样。不同层次的神经元之间按权值进行连接，神经元的传递函数一般为 Sigmoid 函数。

BP 算法的学习训练过程由信号的正向传播与误差的反向传播两个过程组成。当学习样本的信息进入神经网络后，神经元的激活值从输入层经隐含层向输出层传递，而输出层的神经元获得网络输入响应，再按照减少实际输出与期望输出之间误差的原则，从输出层经隐含层向输入层逐层反馈误差信息，并依据误差修正相应的连接权值。普通的 BP 神经网络的初始权值是随机确定的。

BP 神经网络的输入层、输出层维数是根据使用者的要求来设计的。根据实际对象的输入、输出量来考虑输入层、输出层的节点数，在设计中应尽可能地减小系统规模，使学习的时间和系统的复杂性减小。

本申请中输入层的节点数为24，分别对应金针菇六个生长阶段的平均空气温度、平均空气湿度、平均土壤温度、平均土壤湿度这四个指标；输出节点为一个，对应该区域的金针菇产量。

神经网络的权值训练过程实际是一种复杂函数优化问题，即通过反复调整来寻找最优的连接权值。本申请使用遗传算法首先确定出一组较好的权值来，将该权值作为神经网络的初始权值。遗传算法遵循"物竞天择"的原则，在寻优问题上有很好的表现，故采用遗传算法确定初始权值来替代原本的随机产生初始权值的方式，可以有效克服BP神经网络训练时间长容易陷入局部极值的问题。随着误差修正过程的反复进行，网络对输入模式响应的正确率也将不断上升，最终形成由输出信号承载的预测结果。

3. 检索过程分析

（1）检索要素确定及表达。

基于上述对发明的理解和分析，本申请的应用领域为金针菇产量预测领域，发明点在于利用遗传算法对BP神经网络进行改进，采用改进后的神经网络模型预测金针菇产量。因此，权利要求1所请求保护的技术方案的基本检索要素非常明确，即神经网络、遗传算法、产量预测。

人工智能模型相关的专利申请，IPC分类号主要集中在G06N。本申请公开文本中分类号除了G06Q，还包括G06N3/04"采用神经网络模型的体系结构，例如，互连拓扑"，以及G06N3/08"采用神经网络模型的学习方法"。因此在检索过程中，如果根据关键词检索的结果不能令人满意，则可以考虑使用关键词和分类号同时进行，以对检索结果进行扩充。权利要求1的检索要素及要素扩展方式如表4-1-3所示。

表4-1-3 案例4-1-2检索要素表

检索要素	神经网络	遗传算法	产量预测
中文关键词基本表达	神经网络，BP	遗传算法	预测 s 产量
英文关键词基本表达	Neural network，BP	Genetic algorithm，GA	Predict + s（yield or production）
分类号基本表达	G06N3/04，G06N3/08		G06Q50/06

（2）检索过程。

在确定检索要素及其扩展方式后，首先使用全要素检索方式分别在中文摘要库 CNABS 和中文全文库 CNTXT 中进行检索：

1	CNABS	109016	神经网络 or BP
2	CNABS	11394	遗传算法
3	CNABS	999	预测 s 产量
4	CNABS	8	1 and 2 and 3
1	CNTXT	279947	神经网络 or BP
2	CNTXT	34561	遗传算法
3	CNTXT	5135	预测 s 产量
4	CNTXT	76	1 and 2 and 3

通过上述检索过程可以看出，上述全要素检索得到的文献量过少，且获得的文献中涉及利用遗传算法对神经网络进行优化的多是应用于微生物发酵优化、配电网负荷预测等方面，并没有理想的对比文件。随即到英文摘要库 DWPI 和 SIPOABS 中进行检索：

1	DWPI	157557	（neural network or BP）or G06N 3 +／ic
2	DWPI	31820	（genetic algorithm）or GA
3	DWPI	5196	predict + s （yield or production）
4	DWPI	20	1 and 2 and 3
1	SIPOABS	169829	（neural network or BP）or G06N 3 +／ic
2	SIPOABS	64371	（genetic algorithm）or GA
3	SIPOABS	7349	predict + s （yield or production）
4	SIPOABS	19	1 and 2 and 3

上述过程中也没有获得相关的对比文件。进一步考虑，由于本申请使用遗传算法对神经网络进行改进，属于一种改进的神经网络，相关的现有技术大多会出现在书籍、论文、会议、期刊文献中。因此，转而在非专利数据库中采用同样的要素及表达方式继续检索，最终在中国期刊全文数据库 CNKI 中检索到最接近现有技术的对比文件。

4. 对比文件分析与创造性判断

（1）对比文件分析。

对比文件公开了一种苎麻产量模型的优化研究，即"基于 BP 神经网络的苎麻产量模型"，根据模型的特点和苎麻产量估测的要求，将采用三层 BP 网络结构，五个输入向量组成输入层，一个双极性 S 型隐含层和一个输出向量组成一个线性输出层；根据输入节点数和输出节点数确定隐含层节点数，本模型隐含层节点选择 9 最为合适；利用遗传算法对 BP 神经网络进行优化，利用"中苎 1 号"和"湘苎 3 号"前 20 组数据作为训练样本来训练 GA－BP 神经网络，再用剩余 4 组来检测 GA－BP 神经网络模型的精度。

（2）创造性判断。

权利要求 1 与对比文件的区别技术特征为：进行产量预测的对象不同，权利要求 1 是对金针菇的产量进行预测，而对比文件是对苎麻的产量进行预测。而对于本领域技术人员来说，在对比文件已经公开了利用神经网络进行农产品产量预测的基础上，将要预测的农产品从苎麻改为金针菇，并不会因为对象的改变而导致该预测手段需要进行任何技术上的调整，抑或出现新的技术难题需要解决，对于上述预测手段而言，仅仅是将训练样本进行直接的替换，该解决方案不会因为预测金针菇产量而产生有别于预测苎麻的其他技术效果。因此，本领域技术人员在面对扩展预测模型适用的农作物品种的问题时，容易想到将对比文件公开的用于预测苎麻产量的方法应用于预测金针菇，从而得出权利要求 1 要求保护的技术方案。综上，权利要求 1 不具备创造性。

5. 案例启示

在检索过程中，如果根据关键词检索的结果不能令人满意，则可以考虑使用关键词和分类号同时进行，以对检索结果进行扩充。在人工智能领域中，IPC 分类号主要集中在 G06N，因此在检索过程中，可以充分利用相关分类号对检索结果进行限缩。

另外，由于我国目前正处于人工智能技术逐步从学术研究走向实际应用的发展热潮中，学术界和产业界都以极大热情投入各种人工智能算法的创建、改进及应用，这些研究与应用活动的成果可能以期刊和会议论文、专利申请文件等形式出现，还有可能以文档或者代码形式出现在专业网上论坛之中。同时，人工智能涉及的基础算法本身因没有应用领域的限定，较为抽象，因此，单纯对于算法本身的改进有时不能成为专利保护的客体。故而，有些涉及算法本身的研究成果并没有提交专利申请，而是以学术论文发表。因此，对于属于人工智能典型算法的专利申请，还应当考虑使用非专利数据库进行检索。

第二节　智能工程模型

一、智能工程模型技术综述

（一）智能工程模型概述

智能工程具有多学科融合集成的特点，虽然发展历史较短，但发展速度很快，目前国内外对其尚无统一的定义。国内部分专家学者认为，智能工程是一门关于知识的自动化处理和应用的计算机应用学科。具体而言，知识的集成是智能工程技术的核心，没有集成就没有决策的自动化，就无法面向复杂的工程实际问题。智能工程包括以下几个方面：①数值计算与符号推理的集成；②多领域、多学科的集成；③多任务和多功能的集成；④多种信息介质（符号、图形、图像、数值）的集成。❶

从智能工程的最新实践来看，其通常涉及建筑信息模型（Building Information Model，BIM）、智能仿真模型（Intelligent Simulation Model，ISM）、数字地形模型（Digital Terrain Model，DTM）以及数字高程模型（Digital Elevation Model，DEM）等各类数字化、智能化模型在建筑工程、电力工程、石油工程、路桥工程、地形勘探与测绘等领域的应用。

目前建筑信息模型已经被广泛用于建筑工程领域，其可以应用于工程设计、建造、管理等方面，利用数字化技术提供全面的建筑工程信息。

智能仿真模型主要是指除可用数学模型外，还可以考虑建立基于知识的对象模型或基于网络的模型，抑或是它们的集成模型，以提高仿真模型的描述能力，扩大仿真模型的应用范围，进而增强仿真系统的柔性。另外，面向对象的图形建模方法为用户建模带来了极大的方便。利用仿真建模的专业知识构建典型模块，根据用户需求及环境条件进行模型选取、赋值、组装、构造及验证，能够自动生成系统的仿真模型❷。智能仿真模型目前在各行各业的应用都如火如荼，在电力电网工程、水利工程、机械工程、建筑工程、卫星导航、石油地质工程等领域都发挥着重要作用。

数字高程模型是通过有限的地形高程数据实现对地面、地形的数字化模拟，

---

❶ 赵松年，佟杰新，卢秀春. 现代设计方法［M］. 北京：机械工业出版社，1996：180 – 181.

❷ 彭力. 供热工程实用仿真案例详解［M］. 北京：冶金工业出版社，2011：13 – 15.

即地表表面形态的数字化表达。它是用一组有序数值阵列形式表示地面高程的一种实体地面模型，是数字地形模型的一个分支，其他各种地形特征值均可由此派生。数字地形模型、数字高程模型也广泛应用于测绘、水文、气象、地质及工程建设中。

（二）专利申请特点概述

在智能工程的具体实践中，其涉及的智能化、数字化模型众多，本节将以常见的建筑信息模型、智能仿真模型、数字地形模型/数字高程模型为例介绍相关专利申请的特点。

具体来说，截至 2020 年 11 月底，在中国专利文摘数据库中公开的专利申请，涉及智能仿真模型工程应用的专利申请有 700 余件，其中涉及电力电网或电力设备相关工程的申请接近 400 件，由此可见，智能仿真模型在电力领域相关工程中的使用最为活跃。

涉及建筑信息模型的专利申请超过 900 件，涉及数字地形模型/数字高程模型工程应用的专利申请约 800 件。需要说明的是，由于部分专利申请涉及多个交叉领域，因此上述三类智能模型所涵盖的专利申请也有彼此重叠的情况。如图 4-2-1 所示，从近十年来逐年公开的三类智能模型工程应用相关的专利申请量来看，其趋势也较为类似，都自 2015 年起进入了迅速发展阶段。

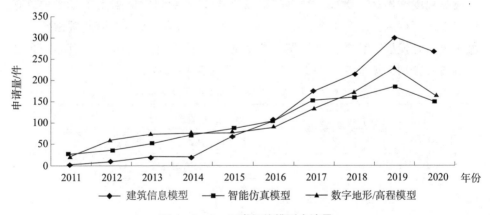

图 4-2-1 三类智能模型申请量

从建筑信息模型、智能仿真模型、数字地形模型/数字高程模型相关专利申请的 IPC 分布来看，整体呈现分类零散、领域广泛的状态。

对于涉及建筑信息模型的专利申请，其 IPC 不仅分布于计算机领域相关的分类号 G06Q10/（与项目管理、工作流管理或办公自动化等相关）、G06F16/（与信息处理相关）、G06F30/（与 CAD 设计相关）、G06T17/（与计算机图形三维建模相关），还涉及 IPC 分类表中机械、建筑等领域相关的 E、F 部下的分类号。

对于涉及智能仿真模型的专利申请，其 IPC 同样也分布于计算机领域相关的多个分类号 G06Q10/（与项目管理、工作流管理或办公自动化等相关）、G06F30/（与 CAD 设计相关）、G06T17/（与计算机图形三维建模相关），另外还有部分申请的分类号涉及 G05B17/（与使用模型或模拟器的系统相关）。

对于涉及数字地形模型/数字高程模型的专利申请，由于这类模型的应用领域非常广泛，不同的应用领域都具有各自的分类号，这类申请的分类号的分布从而也表现得更为分散，部分申请的分类号与前两类模型涉及的分类号类似，如 G06F16/（与信息处理相关）、G06F30/（与 CAD 设计相关）、G06T17/（与计算机图形三维建模相关）、G06Q10/（与项目管理、工作流管理或办公自动化等相关），也有很多申请涉及 G01S、G01B、G01C、G01R 等与测量领域相关的分类号。

从申请人的情况来看，由于涉及智能工程模型的专利申请中有相当一部分是基于数学模型的应用和改进，因而科研院所在这些领域的创新表现得更为活跃。从申请的撰写情况来说，当申请的技术方案中涉及大量的数学模型或算法公式细节时，部分申请人或代理人对这样的技术方案进行概括、撰写的专业与规范程度并不高。例如，很多科研院所提交的专利申请采用了学术论文的行文方式，权利要求容易出现概括范围不恰当、范围边界不清楚等缺陷。涉及建筑信息模型、智能仿真模型、数字地形模型/数字高程模型专利申请的主要申请人分别参见表 4-2-1、表 4-2-2、表 4-2-3。

表 4-2-1　建筑信息模型领域主要申请人

序号	申请人
1	中国十九冶集团有限公司
2	万翼科技有限公司
3	中国建筑第八工程局有限公司
4	巧夺天宫（深圳）科技有限公司
5	上海宝冶集团有限公司
6	上海同筑信息科技有限公司

表4-2-2 智能仿真模型领域主要申请人

序号	申请人
1	北京航空航天大学
2	国家电网有限公司
3	南方电网科学研究院有限责任公司
4	中国电力科学研究院
5	天津大学
6	南京航空航天大学

表4-2-3 数字地形模型/数字高程模型主要申请人

序号	申请人
1	武汉大学
2	中国水利水电科学研究院
3	河海大学
4	南京林业大学
5	中国测绘科学研究院
6	中国科学院遥感与数字地球研究所

二、检索及创造性判断要点

智能工程模型在建筑工程、电力工程、石油工程、路桥工程、地形勘探与测绘等各行各业中都有应用，但从目前的专利申请分类实践来看，分类表中并没有每个行业中特定智能工程模型的分类位置，从而难以获得较为准确的分类号。另外，由于这类专利申请侧重于智能工程模型在不同的行业和领域中的应用，而关键词的表达、非专利资源的选取均依赖于对每个行业背景技术的充分储备，因此，行业领域背景知识的欠缺会直接导致检索效率降低。

智能工程模型通常都是以抽象的符号模型或算法模型为基础的，这些抽象模型本身的逻辑复杂、细节众多，尤其是当与特定领域的业务需求结合时，需要基于对大量技术细节的研判才能正确理解发明。在进行检索时，侧重细节容易导致检索噪声增大、难以快速获得检索结果，检索重点应侧重体现发明构思的核心技术手段。此外，当智能工程模型涉及算法模型时，权利要求中可能会记载大量的数学公式，针对算法模型细节的检索难点在于不能从算法中的具体公式中提炼出相应的算法构思，在检索实践中，应当重点考虑算法公式本身蕴含的原理以及其计算结果所带来的技术效果，从这两方面来检索公式，不能将检索式的表达局限于公式本身。

三、典型案例

（一）案例 4 - 2 - 1：基于建筑信息模型的施工进度资源自动优化方法

1. 案情概述

本申请涉及一种基于建筑信息模型的施工进度资源自动优化方法。资源约束项目调度问题（RCPSP）是施工进度资源优化的重要数学模型。最基本的 RCPSP 中定义了一系列互为前后关系的工序，每个工序在进行时占用若干可重用资源，而这些资源的可用性在整个项目期受到常数上限的约束。因此，现有优化模型难以反映真实施工过程的资源优化场景。另外，当前已有大量研究探索利用建筑信息模型生成进度优化问题的模型，但有关研究和方法均假设建筑信息模型中已包含完整的进度、资源与成本数据，且相应数据之间的关联关系也已具备。然而，这个假设并不正确，当前进度、资源、成本等数据的集成和关联仍然高度依赖手工，存在自动化水平低、耗时长等问题。

综合考虑，现有技术中仍存在如下问题：①RCPSP 模型不够完备，并未完全考虑施工资源优化的七类信息；②数据集成、关联过程高度依赖手工，效率低、易出错；③不能充分利用标准工艺等既有工程知识或经验；④进度资源优化模型构建过程需手工介入，烦琐且易出错，浪费大量时间。针对上述问题，本申请的目的是提供一种基于建筑信息模型的施工进度资源自动优化方法，其能大幅提升数据整合、施工优化的效率，将施工方案优化的时间缩短。

本申请独立权利要求的技术方案如下：

1. 一种基于 BIM 的施工进度资源自动优化方法，其特征在于包括以下步骤：

1）准备具备建筑元素类别以及主资源类别的 BIM，并在工作包模板数据库中录入或导入需要的工作包模板，利用工作包模板生成工作包，每个工作包与建筑构件之间是多对多关联；

2）以建筑构件类型以及材料类型为基础进行数据集成；

3）以数据集成形成的信息模型为基础，利用 RCPSP 的约束条件和目标函数，自动生成进度资源优化模型，并自动求解，完成施工进度资源的优化。

2. 充分理解发明

本申请通过引入 BIM 以及基于工作包数据库的知识数据，并提供自动化信息集成方法，弥补工程施工 RCPSP 求解技术数据获取环节缺失的缺陷，从而解决了现有知识技术无法用于实际工程进度资源优化的问题。

另外，在理解权利要求 1 所要求保护的范围时，需要注意的是，由于申请文件前期撰写不规范，导致采用了不同的术语来表达相同的技术含义，需要结合说明书的多处记载来对本申请进行深入理解。具体来说，"建筑元素类别""建筑构件类型""元素类型"具有大致相同的技术含义，"资源类别""材料类型""主要材料属性"的技术含义也基本相同。

3. 检索过程分析

（1）检索要素确定及表达。

基于上述对本申请的理解与分析，可知权利要求 1 的技术方案是基于 BIM、工作包数据库来自动化地进行数据集成，从而解决工程施工 RCPSP 中求解技术数据获取环节缺失的问题。因此，从权利要求 1 中提取出的基本检索要素为建筑信息模型、工作包、数据集成、RCPSP，并按照表 4-2-4 方式进行关键词和分类号表达。在进行关键词表达时，建筑信息模型、数据集成两个要素的表达较为容易，但对于涉及工作包的检索要素，只有具备一定的相关领域知识储备才能扩展出工作分解结构（Work Breakdown Structure，WBS）这一重要的关键词表达。以本申请为例，当对相关领域的技术储备不足时，应当在检索要素表达阶段以充分理解发明为目的进行初步检索。如图 4-2-2 所示，通过外网检索，可以从工作包中扩展出 WBS。

表 4-2-4　案例 4-2-1 检索要素表

检索要素	建筑信息模型	工作包	数据集成	RCPSP
中文关键词基本表达	建筑，信息，模型	工作包，工作分解，结构，任务	数据，集成，整合，关联	资源，约束，项目，调度，限制，优化，最优，最佳
英文关键词基本表达	building，BIM，information，model，construction	work，package，WBS，breakdown，structure，task	data，attach，relate，integrate	resource，constraint，project，optimize
分类号基本表达	G06T17/00	G06Q10/06；G06Q10/10		

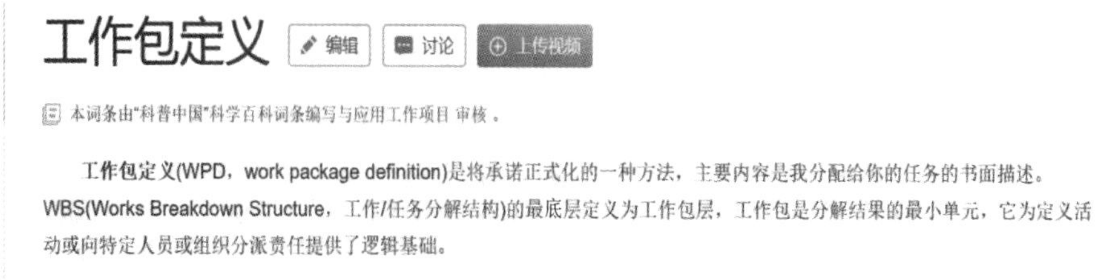

工作包定义 ✏️ 编辑 💬 讨论 ⊕ 上传视频

📖 本词条由"科普中国"科学百科词条编写与应用工作项目 审核。

工作包定义(WPD, work package definition)是将承诺正式化的一种方法, 主要内容是我分配给你的任务的书面描述。
WBS(Works Breakdown Structure, 工作/任务分解结构)的最底层定义为工作包层, 工作包是分解结果的最小单元, 它为定义活动或向特定人员或组织分派责任提供了逻辑基础。

图 4-2-2 工作包定义

另外, 对于 RCPSP 这个检索要素, 其实质上属于一种智能算法, 目标是在资源最优利用的同时实现目标的最优化, 因此, "优化""最优""最佳"也是该检索要素的重要关键词表达。

在进行分类号表达时, 建筑信息模型与工作包大致涉及相同的分类号, 即 G06Q10/06 (资源、工作流、人力或项目管理, 如组织、计划、调度或分配时间、人力或机器资源) 以及 G06Q10/10 (办公自动化, 如计算机辅助管理)。另外, BIM 中涉及对三维建筑构件的存储与显示, 因而可以考虑使用分类号 G06T17/ (计算机图形三维建模)。

而数据集成、RCPSP 虽然可能涉及与信息处理相关的 G06F16/分类号, 但从应用领域来看, 数据集成与 RCPSP 可能会相当广泛地应用到各行各业中, 对于应用领域特点比较突出的申请, 在分类阶段通常不会针对数据集成或相关算法给出分类号。因此, 从检索效率的角度出发, 对数据集成与 RCPSP 进行表达时, 仅采用了关键词而不再使用分类号。

(2) 检索思路调整。

基于上述检索要素表, 通常是先进行全要素检索。参见下文检索式, 在 CNABS 中进行全要素检索:

1 CNABS 1 (建筑信息模型 or BIM) and (工作包 or wbs or (工作 s 分解) or (任务 s 分解)) and (数据 s (集成 or 整合)) and (RCPSP or 资源约束)

2 CNABS 1 (建筑信息模型 or BIM) and (工作包 or wbs or (工作 s 分解) or (任务 s 分解))and (RCPSP or 资源约束)

3 CNABS 45 (建筑信息模型 or BIM) and (工作包 or wbs or (工作 s 分解) or (任务 s 分解))

即使对每个检索要素都进行了充分的关键词扩展, 但检索结果仅为 1 篇, 即本申请。因此, 需要适当地减少检索式中涉及的检索要素数量, 从而增加检索式对应的检索结果数量。就上述四个检索要素而言, 数据集成这个检索要素可能带来的限制要更多些，因而考虑其他三个要素进行检索。但即使减少了一个检索要素，得到的检索结果仍然只有本申请的公开文本。

之后仅采用 BIM 与工作包两个检索要素，得到的检索结果数量适当，其中包括一篇发明名称为"基于 BIM 与 WBS 相结合的公路工程项目管理系统和方法"的现有技术 1（下称对比文件 2）。该篇文献虽然与本申请相关，但并未记载 RCPSP 的相关内容，从而不能作为本申请最接近的现有技术。

由于在中英文专利文献数据库中检索结果不理想，从而转向中文非专利数据库 CNKI、常规的英文非专利数据库 ACM 与 IEEE 中进行检索，以发明人、关键词为入口能够检索到多篇相关文献，例如，基于 4D－BIM 的施工进度——资源均衡模型自动构建与应用❶，基于 BIM 的施工资源配置仿真模型自动生成及应用❷。虽然上述文献均不能影响本申请的新颖性和创造性，但通过查阅上述文献的引文信息，发现其引用的参考文献都会涉及外文期刊 Automation in Construction。该期刊属于建筑领域而非计算机领域，考虑扩展检索领域、查找收录上述期刊的外文数据库，而不能局限于常用的 ACM、IEEE 数据库。

陆续在 Springer、Elsevier 数据库中进行检索，如图 4－2－3 所示，发现上述期刊被收录在 Elsevier Science Direct 数据库中，从而选择在该数据库中使用关键词进行检索。

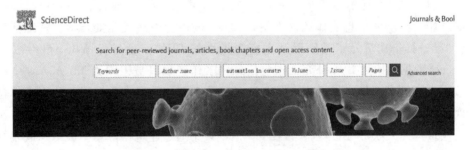

图 4－2－3　Elsevier Science Direct 数据库

在 Elsevier Science Direct 数据库使用关键词 BIM、work package、RCPSP 在期刊 Automation in Construction 中检索，可以检索到内容与本申请相似度较高的现有技术 2：BIM－based integrated approach for detailed construction scheduling un-

❶　林佳瑞，张建平，钟耀锋. 基于 4D——BIM 的施工进度－资源均衡模型自动构建与应用［J］. 土木建筑工程信息技术，2014，6（6）：44－49.

❷　林佳瑞，张建平. 基于 BIM 的施工资源配置仿真模型自动生成及应用［J］. 施工技术，2016，45（18）：1－6.

der resource constraints❶，经查阅，上述现有技术2（下称对比文件1）覆盖了本申请的所有检索要素，能够作为最接近的现有技术来评价本申请的创造性。

4. 对比文件分析与创造性判断

（1）对比文件分析。

对比文件1涉及在资源约束下进行施工调度的基于BIM的集成方法。该对比文件公开了基于BIM的集成调度方法，能够促进资源约束下建筑项目施工调度的优化水平的自动化生成，其通过BIM与工作包信息、过程模拟和优化算法的深度集成而实现。其关键贡献在于，将BIM产品模型深入地与工作包信息、过程模拟和优化模型进行集成，提供了解决现有施工调度中实际问题的具体方案。如图4-2-4所示，在其集成系统中，为BIM产品模型补充了WBS信息，过程模拟模型可以从BIM获取富产品信息（rich product information），从WBS中获取工作包信息，从而生成以元件为中心的活动级水平的施工调度。工具包信息是在MS Access数据库中的WBS中进行存储。工作包项目在MS Access中通过建筑构件类型被组织成表结构，可以促进BIM和WBS数据集成。而根据对比文件可知，集成是通过扩展的信息实体实现的，图4-2-5中BIM也包括了元素类型和资源信息。对比文件1将PSO算法与过程模拟模型集成来解决RCPSP问题，PSO算法即通过基于优先级的粒子表示来搜索最佳方案，从而提供资源工作包优先级。图4-2-4中示出了集成是通过扩展的信息实体实现的，图4-2-5还示出了从BIM产品模型和MS Access数据库提取的所有类型信息作为扩展的信息实体属性，图4-2-5的模型中涉及元素类型和资源信息（即准备具备建筑元素类别以及主资源类别的BIM）。通过将WBS保存在MS Access数据库中为BIM补充工作包信息，工作包项目被组织为MS Access中的数据表（即在工作包模板数据库中录入或导入需要的工作包模板，利用工作包模板生成工作包），关联每个Access数据表与相应的Revit建筑元件（即工作包与建筑构件关联）。工作包项目在MS Access中通过建筑构件类型被组织成表结构，可以促进BIM和WBS数据集成（即以建筑构件类型为基础进行数据集成），具体代码中material. Name. Contains公开了通过材料类型进行数据集成。将PSO算法与过程模拟模型集成来解决RCPSP问题，PSO算法即通过基于优先级的粒子表示来搜索最佳方案，基于优先级的演化优化模型提供资源工作包优先级（即自动生成进度资源优化模型，并自动求解，完成施工进度资源的优化）。另外，利用演化优化模型解决RCPSP问题，必然是通过约束条件和目标

---

❶ LIU H X, MOHAMED A H, LU M . BIM-based integrated approach for detailed construction scheduling under resource constraints ［J］. Automation in construction, 2015, 53（May）: 29-43.

函数实现，即隐含公开了利用 RCPSP 的约束条件和目标函数）。

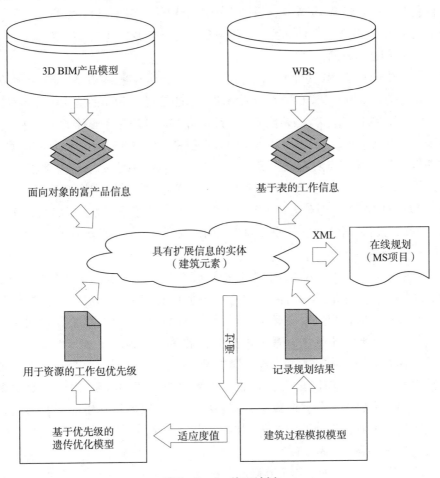

图 4 - 2 - 4　施工计划

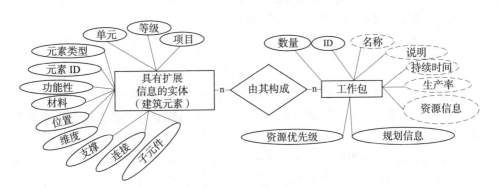

图 4 - 2 - 5　富信息实体示意

对比文件 2 涉及基于 BIM 与 WBS 相结合的公路工程项目管理系统和方法，具体公开了：创建 WBS 节点，每一个或多个构件与多个 WBS 节点对应，WBS 节点与 BIM 公路三维模型相互映射（即多个构件与多个 WBS 节点对应）。

（2）创造性判断。

权利要求 1 与对比文件 1 之间的区别为：工作包与建筑构件之间多对多关联。基于该区别，权利要求 1 的方案所要解决的问题是提高 BIM 的适应性。而对比文件 2 与对比文件 1 所涉及的领域类似，都是将 BIM 的应用于具体的工程实践。具体来说，对比文件 2 公开的技术方案中，先创建 WBS 节点，再设置每一个或多个构件与多个 WBS 节点对应，从而使得 WBS 节点与 BIM 公路三维模型相互映射。由此可见，对比文件 2 公开了多个构件与多个 WBS 节点对应，其解决的问题也是提高 BIM 的适应性，即对比文件 2 给出了相应的技术启示。因此，将对比文件 1、2 结合得到权利要求 1 的方案是显而易见的，权利要求 1 不具备创造性。

5. 案例启示

本申请涉及 BIM、RCPSP，并且上述模型在建筑工程、电力工程、石油工程、路桥工程、地形勘探与测绘等各行各业中都有应用。但从目前的专利申请分类实践来看，难以全面确定针对行业应用的分类号，给检索带来一定难度，因此，要基于本领域背景知识充分扩展关键词检索。对本申请而言，只有通过背景知识，才能从工作包扩展出 WBS 这一关键词。另外，还要从抽象算法模型所解决的问题出发，有效扩展关键词。以 RCPSP 这个检索要素为例，其实质上属于一种智能算法，其目标是在资源最优利用的同时实现目标的最优化，因此，作为要解决的问题，"优化""最优""最佳"也是表达该检索要素的重要关键词。

还需注意的是，对于涉及互联网＋建筑工程/路桥/勘探等类型的专利申请，在进行非专利文献检索时，除了检索传统大电学领域中涉及的 ACM 和 IEEE 数据库，还要考虑 Springer、Elsevier 等全科数据库来避免漏检。

（二）案例 4 - 2 - 2：应用于海底地形的数字高程模型的建立方法

1. 案情概述

本申请属于地理信息系统空间技术领域，涉及海底地形的拟合，特别涉及一种应用于海底地形的数字高程模型的建立方法。数字高程模型是描述地表起伏形态特征的空间数据模型，是由地面规则网格点的高程值构成的矩阵，形成栅格结构数据集。本申请公开了一种海底数字高程模型的建立方法，采用内插方法把协调 Delaunay 三角化的思想融入自然邻点插值，提供一种新的含非凸本质边界条件的插值思想。本方法主要包括五部分内容：构建嵌入特征约束后符合 Delaunay 三角化特性的三角网，寻找插值点的准自然邻点，构建二阶常规 Voronoi 单元，由二阶常规 Voronoi 单元构建二阶约束 Voronoi 单元和计算插值点的属性值。本申请采用基于 Voronoi 图的 Sibson 坐标，通过协调 Delauanay 三角化，保证了约束线段的对偶边为 Voronoi 边，使得由插值点二阶常规 Voronoi 单元构建二阶约束 Voronoi 单元过程产生影响的约束线段的端点只在插值点的准自然邻点范围内出现，再经过简单的几何运算就可得到插值点的二阶约束 Voronoi 单元。本方法可用于建立海底规则格网数字高程模型（Grid－DEM），海底地形对船舶航行安全具有重要意义，矢量电子海图是常用的航海设备，但它只能以水深点和等深线等二维信息表达海底地形，存在表达不直观的缺陷。利用矢量电子海图中包含的水深点和岛屿海岸线等二维信息，构建海底 2.5 维数字高程模型，可使可观测维数增加，有助于更直观地进行航线规划。

本申请独立权利要求的技术方案如下：

1. 一种应用于海底地形的数字高程模型的建立方法，其特征在于：所述的建立方法包括如下步骤：

步骤 1，根据实际情况获得确定待插点 X 的初始影响域：确定以待插点 X 为中心，r 倍节点平均边长为边长的正方形区域，把正方形区域内的节点和与正方形交集不为空的约束线段作为待插点 X 的初始影响域 Ω（P^{I}，Γ^{I}），P^{I} 为正方形区域内的节点和约束线段端点的合集，Γ^{I} 为约束线段集；r 的大小应根据离散点的平均分布密度而定；

步骤 2，判断待插点 X 是否落在初始影响域的约束线段集 Γ^{I} 上，如果是则转步骤 7 执行，如果不是则进行步骤 3；

步骤 3，构建嵌入特征约束后符合 Delaunay 三角化特性的三角网；

步骤 4，寻找插值点的准自然邻点；

步骤 5，根据对偶法则，顺次连接 $\Delta X\,\mathrm{PN}_j\,\mathrm{PN}_{j+1}$ 的外心得到 $V(X)$，构建二阶常规 Voronoi 图；

步骤 6，构建二阶约束 Voronoi 图；

步骤 7，确定插值点的属性值，建立海底地形的数字高程模型。

2. 充分理解发明

本申请说明书指出，为了拟合海底地形，需要建立数字高程模型，而在模型建立过程的关键环节是格网点上高程的计算，在数学上属于数值分析中的插值问题。逐点插值是以插值点为中心，确定一个邻域范围，用落在邻域范围内的采样点计算内插点的高程。逐点内插法包括加权平均法和 Voronoi 图法（自然邻点插值）。加权平均法通常采用与距离有关的权函数，难以描述空间相邻性，而 Voronoi 图在描述离散数据点之间的空间相邻性具有显著优势，具有插值域稳定、平滑性高的特点。但常规 Voronoi 图定义在凸区域上，然而海底地形数据中除了水深点还有海岸线、岛屿等约束条件，这些约束条件往往会引入非凸边界条件的问题。为解决非凸边界条件，现有技术中采用计算基于约束 Voronoi 图的 Sibson 坐标，该方法假设约束 Voronoi 图已知，但实际中约束 Voronoi 图实现过程非常复杂。为了减轻约束自然邻点插值中计算约束 Voronoi 图的压力，本申请把协调 Delaunay 三角化的方法融入自然邻点插值。基于 Voronoi 图的 Sibson 坐标，通过协调 Delauanay 三角化，保证了约束线段的对偶边为 Voronoi 边，使得由插值点二阶常规 Voronoi 单元构建二阶约束 Voronoi 单元过程产生影响的约束线段的端点只在插值点的准自然邻点范围内出现，再经过简单的几何运算就可得到插值点的二阶约束 Voronoi 单元。经过分析可以确定，本申请的关键技术在于"把协调 Delaunay 三角化的方法融入自然邻点插值"，这也是检索和创造性判断中的重点。

3. 检索过程分析

（1）检索要素确定及表达。

基于上述分析，可知本申请的技术领域是数字高程模型的海底工程应用，其关键技术手段是把协调 Delaunay 三角化的方法融入自然邻点插值。因此，检索要素至少应该包括数字高程模型、协调 Delaunay 三角化、自然邻点插值。另外，数字高程模型是用于描述地表起伏形态特征的空间数据模型，在进行分类号表达时，可以考虑使用分类号 G06T17/（计算机图形三维建模）及其下位点组 G06T17/05（地理模型）。具体的检索要素表参见表 4 - 2 - 5。

表 4 - 2 - 5　案例 4 - 2 - 2 检索要素表

检索要素	数字高程模型	自然邻点插值	协调 Delaunay 三角化
中文关键词表达	数字高程模型，高程，地形	自然邻点插值，插值，内插	协调 Delaunay 三角化，Delaunay 三角化，Delaunay，三角化，协调，约束，非凸边界，对偶
英文关键词表达	DEM，Grid - DEM，digital elevation model	Natural element method，natural neighbor interpolation，interpolate，NEM，NNI，Voronoi，dirichlet	Delaunay，trianglation，conforming，constrain，dual
分类号基本表达	G06T17/05		

（2）检索思路调整。

在中文摘要数据库中首先对申请人、发明人进行追踪检索，查看是否有系列申请，过程如下。

    1   CNABS   107   （（OR 沈志峰，田峰敏，赵玉新））/IN AND（哈尔滨
                                    工程大学）/PAAS

由于单纯地靠申请人、发明人追踪检索，得到的文献结果量相对较大，这时需要进一步用技术领域或主题限缩检索范围：

    2   CNABS   8   （（OR 沈志峰，田峰敏，赵玉新））/IN AND（哈尔滨
                                    工程大学）/PAAS AND（地形 or 数字高程模型）

由于在摘要库中得到的文献量非常少，因此可以考虑在全文库中进行检索。通过将三个检索要素进行组合检索，即将"数字高程模型"与"自然邻点插值"进行组合，或"自然邻点插值"与"协调 Delaunay 三角化"进行组合，均未能得到可用对比文件。

    1   CNTXT   10140   数字高程模型 or DEM or Grid? DEM or（digital eleva-
                                    tion model）

    2   CNTXT   81   自然邻点 2d（插值 or 内插）

    3   CNTXT   190   （Dleaunay 2d 三角化）and（协调 or 约束 or 非凸边界 or
                                    对偶）

考虑到本申请是高校申请，针对互联网非专利文献的检索也非常重要。非专利文献既要注重申请人或发明人发表的中文期刊、学位论文，也要重视申请人或发明人发表的英文期刊。针对本申请，在 CNKI 中国知网数据库中，使用高级检索，对作者（发明人）及作者单位进行检索（如图 4 - 2 - 6 所示），即可得到能够影响本申请创造性的对比文件：水下地形导航模型求解与导航区初选策略研究。

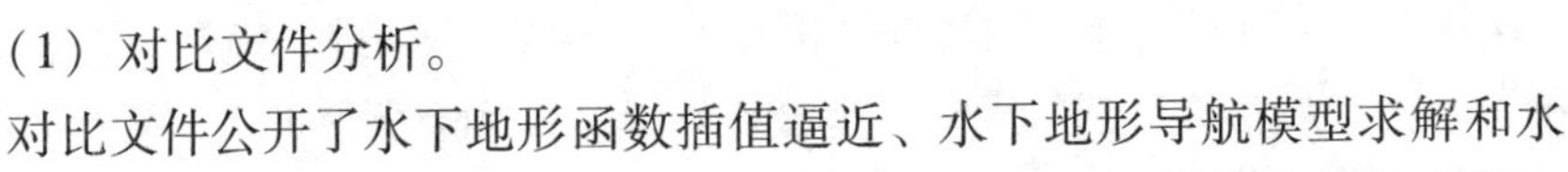

作者单位 ▾	哈尔滨工程大学		精确 ∨
AND ∨	作者 ▾	沈志峰 + 田峰敏 + 赵玉新	精确 ∨

图 4 - 2 - 6　CNKI 数据库中的检索过程

4. 对比文件分析与创造性判断

（1）对比文件分析。

对比文件公开了水下地形函数插值逼近、水下地形导航模型求解和水下地形导航区初选三方面的内容。其中，水深是位置的函数，简称地形函数，是没有显式表达式的非线性函数。为避免地形线性化处理，采用插值的方式对地形函数进行逼近。把协调 Delaunay 三角化的思想融入自然邻点插值，提出协调自然邻点插值算法。与约束自然邻点插值相比，协调自然邻点插值简化了构建插值点二阶约束 Voronoi 单元的过程，算法易于实施，同时保留了传统自然邻点插

值定义域稳定、平滑度高、形函数满足克罗内克尔 δ 函数特性等优点。提出端点三角形外接圆法进行协调 Delaunay 三角化中特征约束的细分嵌入，在保证附加点个数和网格质量与现有最好算法持平的基础上，时间复杂度接近线性。实验结果表明，协调自然邻点插值比不规则三角网插值的插值误差低、反映细节能力强，可以满足地形导航中逼近地形函数的需要。在水下根据地形导航进行测量更新时，该插值算法能根据地形图计算出某一位置的高程（即"应用于海底地形的数字高程模型的建立方法"）：Step1，在 Ω（P，Γ）中，确定以 X 为中心，r 边长的正方形区域，把正方形内的节点和与正方形交集不为空的约束线段作为 X 的初始影响域 Ω（P^I，Γ^I），P^I 为正方形内的节点和约束线段端点的合集，Γ^I 为约束线段集，r 太大会影响搜索效率，太小可能会漏掉准自然邻点，大小应根据离散点的分布密度而定（根据离散点的分布密度确定 r，然后计算初始影响域，实质上公开了"根据实际情况获得确定待插点 X 的初始影响域"）；Step2，对 P^I 进行标准 DT 剖分，按端点三角形外接圆法对没有被 DT 网格包含的约束线段进行细分（即"嵌入特征约束"），构建协调 Delaunay 三角化网格（即"构建嵌入特征约束后符合 Delaunay 三角化特性的三角网"），细分点作为 steiner 点 P_s，$PX = P^I \cup P_s$，ΓX 为对 Γ 细分后的约束线段集；Step3，把 PX 中距 X 最近的节点作为 X 的第一个准自然邻点 PN_1；Step4，以 X 与刚找到的准自然邻点 PN_i 构成的向量 XPN_i 为基边，把 PX 中位于基边寻找方向一侧且满足空外接圆准则的一个节点作为 X 的下一个准自然邻点 PN_{i+1}；Step5，循环 Step4 直到新找到的 PN_{i+l} 为 PN_1 时停止，$n = i$，$\{PN_1，PN_2，\cdots，PN_n\}$ 构成 X 的准自然邻点集 PN，PN 中的节点顺次相连构成对 X 的闭包 Cell（PN）（Step3 到 Step5 的处理即"步骤4，寻找插值点的准自然邻点"）；Step6，如果一条约束线段的两个端点不是 PN 中的点，则这条约束线段不会对任意 $x \in V$（X，PN_i）与 PN_i 的互视性构成影响，ΓX 为 ΓX 中两个端点都属于 PN 的部分，ΓX_k 为 ΓX 中一条约束线段，逐条加入 ΓX_k，判断 X 是否落在 ΓX_k 上，如果不在则进入 Step7；Step7，根据插入 X 前三角网格的拓扑关系，按对偶法则构建 V（PN_i）（$i = 1 \sim n$），顺次连接 X 与 Cell（PN）上两个相邻节点构成的三角形 ΔXPN_iPN_{i+1} 的外心得到 V（X），V（X）与 V（PN_i）重合得到 X 的二阶常规 Voronoi 单元 V（X，PN_i）（即"步骤5，根据对偶法则，顺次连接 ΔXPN_jPN_{j+1} 的外心得到 V（X），构建二阶常规 Voronoi 图"）；Step8，逐条加入 ΓX 中的约束线段，根据算法 O2V_C2V 计算 V^c（X，PN_i）的各个顶点，算法 O2V_C2V 是由插值点的二阶常规 Voronoi 单元构建插值点的二阶约束 Voronoi 单元（即"步骤6，构建二阶约束 Voronoi 图"）；Step9，计算 Sibson 插值形函数，计算试函数（试函数计算得到的值即为插值点的属性值，该属性值为插值点对应的海底地形的高程，即公开了"步骤7，确定插值点的属性值，建立海底地形的数字高程模型"）。

（2）创造性判断。

权利要求1所要求保护的技术方案与对比文件1所公开的内容相比，其区别为：步骤2，判断待插点 X 是否落在初始影响域的约束线段集 Γ' 上，如果是则转步骤7执行，如果不是则执行步骤3。根据该区别，该权利要求所要求保护的方案实际要解决的问题是如何提高方法的执行效率。

对于上述区别，插值点 X 是任意位置的点，其与约束线段的关系为或者在约束线段之外，或者在约束线段之上，当其在约束线段之上时，经过对比文件1的Step2至Step9的处理，计算得到的值等价于插值点所在约束线段的两个端点的属性值的线性比例之和，在这种情况下，Step2至Step9的处理导致计算资源的浪费，降低了方法的执行效率。为了解决该问题，本领域技术人员基于本领域公知常识容易想到，在确定以插值点 X 为中心的正方形区域后，判断插值点 X 是否落在约束线段集上，如果是直接跳转到确定插值点的属性值步骤，对插值点的计算，如果不是才继续进行原有的方法流程。

由上可知，在对比文件1的基础上结合本领域的公知常识从而获得该权利要求所要求保护的技术方案，对本领域技术人员来说是显而易见的，该权利要求所要求保护的技术方案不具备突出的实质性特点与显著的进步，因而不具备创造性。

5. 案例启示

本申请将数学领域的内插方法应用于海底地形的数字高程模型建立中，具有浓厚的数学色彩。对于这类申请，需要关注专业知识，了解技术发展的脉络，包括某种技术存在的不足及为了克服缺陷采用的新的技术手段，从而才能在整体上梳理出现有技术的缺陷、方案中每个步骤的作用以及步骤之间的关系，清楚地分析出哪一或哪些步骤特征是本申请解决其问题的关键技术手段，进而提炼出关键技术手段和关键词。

这类申请的申请人大多为科研院所，基于非专利检索来补充背景知识显得尤为重要，要关注 ISI Web of Science、arXiv. org 等数据库。ISI Web of Science 中收录的英文非专利文献较为全面，可以采用申请人姓名结合关键词进行主题检索；arXiv. org 是收录科学文献预印本的"开放获取"在线数据库，预印本是指科研工作者的研究成果还未在正式出版物上发表，而出于交流目的自愿先在学术会议上或通过互联网发布的科研论文、科技报告等文章，其数据的实时性较强。

对于涉及数字高程模型的工程应用的专利申请，其方案的改进通常在于对已有数字高程模型的行业化应用。这类方案通常涉及算法，但由于其并非单纯的抽象算法，而是将算法应用于具体的领域中，以解决生产或工程中的实际问题，从而这类方案并不属于《专利法》第 25 条第 1 款第（二）项所规定的智力活动的规则和方法。如果权利要求中的算法应用于具体的技术领域，可以解决具体技术问题，那么可以认为该算法特征与技术特征功能上彼此相互支持、存在相互作用关系，该算法特征成为所采取的技术手段的组成部分，在进行创造性审查时，应当将算法特征与其他技术特征作为整体来进行考虑。

第三节　智能交通

一、智能交通技术综述

（一）智能交通技术概述

随着时代的发展和科技的进步，交通基础设施、交通工具使人们的出行日益高效、便捷，为人们提供了舒适与安全的交通服务。随着全球范围内城市化进程的推进，有限区域内的人口聚集和人口在聚集区域之间的快速迁移导致交通需求快速上升，各类机动车数量随之呈爆炸式增长。道路拥堵、能源消耗、环境污染、交通事故频发等问题都随之而来。交通问题可以看作人、车与路之间的矛盾。传统的解决办法大多停留在不断增加交通基础设施投入，如建设更多道路，改进交通管理措施等。

随着信息技术的进步，开始出现智能交通系统（Intelligent Transportation System，ITS）的概念❶，其基于现有道路条件，利用先进的计算机处理技术、信息技术、数据通信传输技术及电子自动控制技术，协调人、车在路面上的交通行为。将人、路、车有机结合起来，一方面致力于提高交通管理部门的管理能力和调度水平，另一方面努力减少驾驶人员的操作失误，从而提高交通运输系统的运行效率和服务水平。智能交通系统的研究、发展和应用大大缓解了人、车与路之间的矛盾，推进了交通系统的更新迭代，利用信息通信技术推动了经济可持续发展，并促生新的商业机会和就业岗位。❷

---

❶ 赵娜，袁家斌，徐晗. 智能交通系统综述 [J]. 计算机科学，2014，41（11）：7 – 11.

❷ 黄卫，陈里得. 智能运输系统（ITS）概论 [M]. 北京：人民交通出版社，1999：6 – 16.

智能交通系统所涉及的技术领域较为广泛、复杂，有着系统整体性和行业融合性的特点，具体表现在其建设工程系统庞杂，涉及众多的行业与领域。智能交通系统综合了交通运输工程、人工智能、信息传感、控制工程、通信技术、大数据、人因工程等众多前沿科技。赵娜等在2014年11月的《计算机科学》中披露了一种智能交通系统的体系框架，可以将涉及的领域划分为如图4-3-1所示的九个方面。

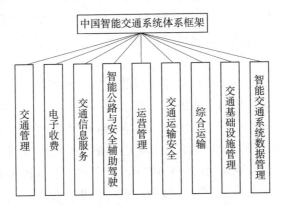

图4-3-1 中国智能交通系统体系框架

2017年10月，习近平总书记在党的十九大报告中提出需要加强应用基础方面的研究，拓展实施一系列国家重大、重点科技项目，突出其中的关键共性技术，为建设交通强国提供有力支撑，进一步阐明了以创新引领科技发展及推进交通建设的重要性。

近年来，物联网技术、云计算技术、大数据技术被陆续应用于智能交通系统，催生了新一代智能交通技术的发展，智能交通系统与无线宽带通信、无线互联网、新型传感器的发展有密切关系，更加注重服务与用户的体验。❶ 例如，物联网强大的数据采集能力能够为智能交通系统提供丰富的实时底层交通数据，并为交通数据的传输提供便捷的通信手段，为交通信息发布提供广阔的平台。在物联网应用的基础上引入云计算和大数据技术，有效地整合了已有数据资源，通过云计算平台数据的融合、挖掘和分析，使海量交通数据得到更加高效、及时的处理和发布，帮助交通管理部门更加宏观地调控包括陆路、水路、航空等系统在内的整个交通体系。目前的智能交通系统研究热点包括物联网感知层拓展、物联网中间件技术、云计算综合应用与研究、复杂环境交通融合分析技术、

---

❶ 陆化普，孙智源，屈闻聪. 大数据及其在城市智能交通系统中的应用综述 [J]. 交通运输系统工程与信息，2015，15（5）：45-52.

地理地图信息匹配技术、交通大数据挖掘技术、无人驾驶车辆技术、电动车辆技术、车联网技术与信息、智能感知与服务技术等。❶

（二）专利申请特点概述

图 4-3-2 给出了在德温特专利数据库中检索到的全球智能交通技术专利申请量的变化趋势。虽然智能交通技术的概念早在 20 世纪 90 年代之前就已出现，但是受限于当时的计算机技术、通信技术、传感器技术的发展水平，智能交通技术长期发展较为缓慢，以探索性研究为主，而成功的实际应用较少。

在 20 世纪 90 年代之前，每年涉及智能交通技术的专利申请量较少，一般不超过 200 件。从 20 世纪 90 年代之后，随着城市化进程的加快，道路交通管理压力增加，美国、日本和欧洲各地政府陆续出台相关产业政策和标准，引起相关行业的企业、研究机构对智能交通领域的重视，相关专利申请开始持续线性增长，仅在 2008—2009 年受全球经济危机影响，专利申请量有所下滑。此后由于通信技术、移动互联网技术、人工智能技术的发展与应用，推进智能交通相关技术的专利申请量恢复上升，并且在 2015 年之后进入快速增长期（2019—2020 年数据减少是受专利公开滞后影响，不代表申请量骤降）。

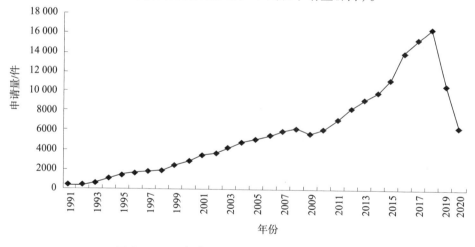

图 4-3-2　全球智能交通技术专利申请量趋势

图 4-3-3 展示了 1991—2020 年向中国、美国、日本、韩国和欧洲专利局递交的涉及智能交通领域的专利申请总量的情况。1991—2020 年，日本在这一领域的专利申请量最多，其次是中国，与日本专利申请量较为接近，再次是美

---

❶　肖自乾，陈经优，符石．大数据背景下智能交通系统发展综述［J］．软件导刊，2017，16（1）：182-184.

国、欧洲和韩国。这个结果与主要专利权人所属国家的分布大体相当。

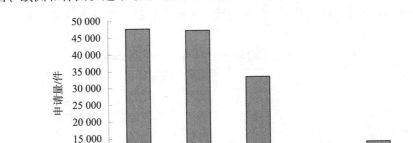

图 4 – 3 – 3 1991—2020 年中国、美国、日本、韩国和欧洲
涉及智能交通领域的专利申请量

图 4 – 3 – 4 示出了 2008 年以来向中国、美国、日本、韩国和欧洲专利局（IP5）递交的涉及智能交通领域的专利申请量情况。对比图 4 – 3 – 2 与图 4 – 3 – 4 可以看出，2008 年以来在中国递交的智能交通领域的专利申请量是上述国家和地区中最高的，并且在中国递交的智能交通领域专利申请也主要是在 2008 年之后递交，占 1991 年以来在中国递交的智能交通相关领域专利申请总量的 94% 以上。

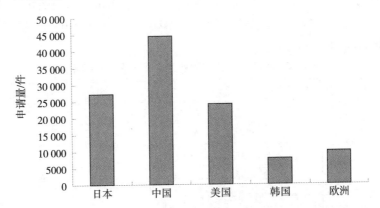

图 4 – 3 – 4 中国、美国、日本、韩国和欧洲专利局
自 2008 年以来涉及智能交通领域的专利申请量

表 4 – 3 – 1 是世界范围内智能交通领域主要专利申请人，可以看到日本是该领域的技术大国，排名前十的申请人中来自日本的有 7 家，日本的

大型汽车公司均跻身其中，如丰田、电装、日产、本田、三菱等公司。从表4-3-1可以分析得出，国际知名的汽车、电子制造企业正在引领智能交通技术的发展。

表4-3-1　全球范围智能交通领域主要专利申请人

序号	申请人	申请人国家
1	丰田汽车（TOYOTA）	日本
2	高通（QUALCOM）	美国
3	电装公司（DENSO）	日本
4	日产汽车（NISSAN）	日本
5	本田汽车（HONDA）	日本
6	罗伯特博世（BOSCH）	德国
7	三菱电机（MITSUBISHI）	日本
8	现代汽车（HYUNDAI）	韩国
9	日立（HITACHI）	日本
10	爱信（AISIN）	日本

表4-3-2是2017年以来在中国专利局递交的智能交通领域专利申请的主要申请人。从表4-3-2可以看出，日本、韩国、德国和美国都非常重视在中国的智能交通技术专利布局。国内申请人申请量较大的除了吉利股份、比亚迪这些专业汽车公司，还包括百度。除此之外，我国在这一领域的申请人还包括众多大学和研究机构。总体来说，我国近期在该领域专利申请数量迅速增多，但是申请人较为分散。

表4-3-2　2017年以来中国智能交通领域主要专利申请人

序号	申请人	申请人国家
1	丰田汽车（TOYOTA）	日本
2	本田汽车（HONDA）	日本
3	福特全球技术（FORD）	美国
4	现代汽车（HYUNDAI）	韩国
5	起亚汽车（KIA）	韩国
6	吉利股份（GEELY）	中国
7	罗伯特博世（BOSCH）	德国
8	百度（BAIDU）	中国
9	比亚迪（BYD）	中国
10	通用全球技术（GM）	美国

这些数据如实反映了全球主要工业化国家和地区中智能交通技术的研发和应用情况。事实上，日本是智能交通应用最为广泛的国家，其智能交通系统已经相当完备，其次是美国、欧洲等国家和地区。近年来中国的智能交通系统迅猛发展，北京、上海、深圳、广州等一线城市已经建设了较为完善的智能交通系统。❶

从专利分类和检索的角度看，智能交通技术相关的专利申请的 IPC 分类主要集中在作业运输（B）、物理（G）、电学（H）三个部。其中，日本、德国的专利申请布局着重覆盖控制系统与车辆部件，如控制系统（G08G）、车辆配件或车辆部件（B60R）与车辆子系统的联合控制（B60W）。美国申请人更为关注通信与数字信息技术领域的创新，专利申请集中在无线通信网络（H04W）与数字信息的传输（H04L）等 IPC 分类中。中国、韩国专利申请布局较为均衡。

总体而言，由于智能交通技术本身涉及车辆、信号、自动控制、通信等多个方面，所以相关专利申请的 IPC 分类较为复杂，可能同一申请具有多种分类位置。因此，针对具体的申请，需要在理解发明实质的基础上判断相关文献可能具有的分类号，避免因使用单一分类号确定检索领域而导致漏检。

二、检索及创造性判断要点

智能交通技术领域的创新通常都是针对交通领域中特定应用场景提出的需求，通过将现有计算机处理技术、数据通信传输技术或电子自动控制技术应用于所述特定场景需求，解决与其相关的交通领域具体问题而获得的技术方案。因此，检索这样的技术方案时，使用分类号或者关键词准确地表达所应用的具体技术手段固然重要，但是如何表达和检索所述具体应用场景则更为关键。在制定检索策略时，应优先针对相同或者类似场景下解决相同或者类似问题的现有技术文件；如果在实际检索过程中没有发现应用场景完全相同的对比文件，则可以对应用场景进行适当的扩展，确定采用的技术手段及试图解决的技术问题相同或者较为接近的现有技术文件。

在判断创造性的过程中，对于涉及将已知的算法等计算机技术应用于特定应用场景的发明，应首先站位本领域技术人员判断这种结合本身是否有可能对现有技术作出足以满足创造性高度要求的技术贡献。应从本领域技术人员的角

---

❶ 席晓晶．"智慧城市"时代"物联网"技术在城市管理中的应用［J］．物联网技术，2016，6（5）：55－56．

度出发分析现有技术中是否存在这种结合的启示，其产生的有益效果是否具有可预见性和必然性。当现有技术已经公开了这种结合，或者这种结合是本领域技术人员针对所述特定场景的应用需求和相关现有技术的特性容易想到的技术选择，那么其产生的技术效果并未突破本领域技术人员的预期时，这样的技术方案一般不具备创造性。

对于基于现有软硬件平台，针对某个应用场景的需求，通过一套"规则"性的手段来解决实际交通系统中的特定问题的方案，要重点分析所述"规则"是否能够构成技术手段，解决技术问题。如果这些规则并未利用自然规律并解决技术问题，则其不构成技术手段，在判断创造性时可以将其排除。

三、典型案例

（一）案例 4-3-1：一种城市汽车碳交易系统及方法

1. 案情概述

本申请属于交通控制领域中城市汽车碳交易的系统。随着人民生活水平的逐渐提高，汽车已经成为人们生活中不可缺少的代步工具，汽车的数量猛增，汽车尾气排放量随之飙升，对自然环境和人民健康的负面影响日益加剧，对尾气的治理已经成为刻不容缓的任务。同时，由于城市中汽车保有量的增加，城市的道路越来越拥堵，城市的交通拥堵问题也是困扰人们出行的重要因素之一。

本申请提供了一种城市汽车碳交易系统和方法，所述系统根据城市的交通碳排放承受能力设定碳排放总量，并将所述碳排放总量转换成相应的碳币发放给车主，车主的碳币不够时，必须从碳币交易市场购买碳币并纳税，即本申请试图通过经济手段调节人们的出行行为，实现鼓励人们绿色环保出行、解决交通拥堵、降低汽车尾气排放的目的。

本申请独立权利要求的技术方案具体如下：

1. 一种城市汽车碳交易系统，其特征在于，包括碳币发放平台、碳币交易平台和碳币结算平台，以及与所述碳币发放平台、所述碳币交易平台和所述碳币结算平台保持通信连接的汽车，所述汽车内置信息装置；

所述碳币发放平台，用于给城市内每个汽车的碳币账户发放碳币，所述碳币用于在设定的使用期限内支付汽车尾气碳排放费用；

所述碳币结算平台，用于根据汽车的定位数据和行驶时长数据实时计算每个汽车的碳币账户里支付的碳币数量和剩余的碳币数量，碳币的结算方式如下：

支付的碳币＝行驶时长×汽车排量×行驶时段费用系数×行驶区域费用系数×碳币支付系数，其中，行驶时段费用系数是根据不同的时段对碳币收取不同的碳排放费用系数，行驶区域费用系数是根据不同的区域设定的不同的碳排放费用系数，碳币支付系数是综合碳排放指标与发放的碳币总量得出的一个固定数值；

所述碳币交易平台，用于多个碳币账户之间进行碳币的交易结算；

所述信息装置，用于在所述汽车发动时实时向所述碳币结算平台发送其定位数据和行驶时长数据。

2. 充分理解发明

本申请在申请文件中明确记载了其发明构思是以经济手段调节人们的交通行为，达到实现鼓励绿色环保出行、解决交通拥堵、降低汽车尾气排放的目的。因此在检索之前，首先需要判断该方案是否属于专利保护的客体。具体地说，首先应判断其是否属于《专利法》第25条规定的智力活动的规则和方法，然后应判断其是否构成《专利法》第2条第2款规定的技术方案。

很显然，该权利要求的方案是一种基于计算机技术实施的系统，其包含的碳币发放平台、碳币结算平台和碳币交易平台应理解为在计算机上实施的平台，在汽车中内置的信息装置具有网络通信功能并与上述各平台交换数据。由此可见，该系统是以计算机技术实施的并涉及汽车定位数据和行驶数据在车载信息装置与结算平台之间的传输。因此，该权利要求的方案整体上构成技术方案。

虽然该方案整体上构成技术方案，但是正如申请人自己在申请文件所记载的那样，该发明的构思在于以经济手段调节人们的交通行为，计算机平台和通信装置是实现所述构思的载体。因此，该方案实质上是利用现有的计算机网络和通信技术实现的一种交易平台，该平台的运行和交易规则是申请人实际"发明"的内容。

3. 检索过程分析

（1）检索要素确定及表达。

如上所述，该申请的方案是一种基于申请人定义的"碳币"交易规则所设计的汽车碳交易系统。本申请所涉及的汽车碳交易是用市场机制作为解决二氧化碳为代表的温室气体减排问题的方式，因而为实现市场机制的调控作用，其整个方案既包含用于实现数据交互和处理的信息处理装置等技术特征，也包含排放定价、碳交易规则等非技术特征。这些非技术特征在本申请中所起的作用是规定构成参与碳交易这一市场行为的各参与方的权利与义务，因而这些非技术特征与技术特征之间在功能上不存在相互支持的关系，非技术特征对应的手段并未解决技术问题，对现有技术没有作出技术上的贡献。因此，在针对该方案进行检索时，当无法获得新颖性文献时，可以将以计算机实施的碳交易平台作为优先检索的目标，将具体的交易规则作为次要检索目标，由此可以确定如表4-3-3所示的检索要素表。

表4-3-3　案例4-3-1检索要素表

检索要素	碳排放	车辆	费用	支付
中文关键词基本表达	碳币，交易，排放，尾气	车，交通	排量，费用，高峰	支付，账户
英文关键词基本表达	carbon trade，tail gas，exhaust，emission	transportation，vehicle，car	charge，expense，cost，peak	payment，account
分类号基本表达			G06Q30/06	G06Q20/00

（2）检索过程。

虽然碳交易的概念早已出现，但是由于碳交易活动中的规则设计、数据核查、配额分配等关键组成要素通常不属于专利保护的范畴，在现有技术中与碳交易相关的专利申请数量较少，因而为避免摘要数据库中未能反映与交易规则等细节相关内容而导致漏检，针对全文数据库进行检索，过程如下。

1	CNTXT	48287	碳 3w 排放
2	CNTXT	1627	时段 and 1
3	CNTXT	152	支付 and 2
4	CNTXT	54	3 and pd＜20170101

通过浏览对比文件，并未发现公开与特定时段的碳排放交易相关的现有技术文件。因此调整检索要素的选择和表达方式，针对交通行为导致的碳排放交易进行检索。

5	CNTXT	5341520	车 or 交通
6	CNTXT	106129	（碳 or 尾气）3w 排放
7	CNTXT	579	排量 and 高峰
8	CNTXT	85	5 and 6 and 7
9	CNTXT	1194098	费用 or 支付 or 账户
10	CNTXT	30	8 and 9

4. 对比文件分析与创造性判断

（1）对比文件分析。

对比文件公开了一种对碳排放或碳减排行为实现管理的账户系统及方法。通过将个人或社会组织在日常生活、生产中的各种类型的经常性碳排放或碳减排行为转换为可计量的碳排放或碳减排量数据，促进全民减排意识及行为，有效管理并监控经常性碳排放或碳减排行为。碳排放或碳减排行为信息包括机动车停驶、新能源车充电、慢速交通、社区生活减排及自愿减排活动信息中的至少一种。对比文件公开的对碳排放或碳减排行为实现管理的系统即是一种城市汽车碳交易系统。

对比文件的方法对碳排放或碳减排行为进行有效性评估，以判断碳排放或碳减排行为是否具有监测价值，技术可行性评估用于监测碳排放或碳减排行为是否能够被实时监测。例如，机动车停驶可以实施机动车停驶减排监测，额外性评估用于监测碳排放或碳减排行为是否能够增进环境效益，在下班回家后停驶机动车属于普遍性做法，并不能明确增加环境效益，然而在上下班高峰期间停驶机动车则不同。因此若碳排放或碳减排行为具有监测价值，则将碳排放或碳减排行为纳入监测范围；在此基础上根据碳排放或碳减排行为信息，得到对应的碳排放或碳减排量数据；通过后台管理系统检测行为信息与管理方的记录是否一致（例如，后台管理系统向交警部门发送用户的车牌号码，交警部门通过路面监控系统查询该车牌号码对应的机动车驾驶行为记录并反馈给账户系统的后台管理系统），从而验证对应的碳排放或碳减排量数据是否有效（例如，后台管理系统对比交警部门反馈的信息与用户输入的行为信息是否一致来验证该碳排放或碳减排行为是否得到有效实施）。在验证用户输入的碳排放或碳减排行为信息有效后，自动搜寻对应的计量模型，并运用计量模型计量得到对应的碳排放或碳减排量数据。

在计量得到碳排放或碳减排量数据后，自动搜寻转换模型，并运用转换模型将碳排放或碳减排量数据转换为对应的积分；积分的设置可以为有关机构的奖惩、配额或交易交换提供参考依据。例如，用户使用自有的积分，根据有关社会性或政策性的奖励、配额、交易交换机制，可以获得相应的奖励、优惠、物品或排放配额。

对比文件上述公开的用户可以通过社会或政策配额获得积分用于支付获取碳排放配额，即隐含地披露了积分发放平台，用于给城市内每个汽车的账户发放积分，所述积分用于在设定的使用期限内支付汽车尾气碳排放费用；以及积分交易平台，用于多个账户之间进行积分的交易结算。

（2）创造性判断。

权利要求1与对比文件的区别在于：①本申请采用"碳币"充当所述碳交易货币，对所述"碳币"进行发放、结算和交易，包括碳币结算平台，用于根据汽车的定位数据和行驶时长数据实时计算每个汽车的碳币账户里支付的碳币数量和剩余的碳币数量。碳币的结算方式为：支付的碳币＝行驶时长×汽车排量×行驶时段费用系数×行驶区域费用系数×碳币支付系数。其中，行驶时段费用系数是根据不同的时段对碳币收取不同的碳排放费用系数，行驶区域费用系数是根据不同的区域设定的不同的碳排放费用系数，碳币支付系数是综合碳排放指标与发放的碳币总量得出的一个固定数值；②汽车内置信息装置，用于在所述汽车发动时实时向所述碳币结算平台发送其定位数据和行驶时长数据，所述汽车还与碳币发放平台、所述碳币交易平台保持通信连接。基于上述区别特征可以确定权利要求1实际要解决的问题是：①如何设定碳币结算方式；②如何实现汽车行驶数据与系统平台的数据交互。

对于本领域技术人员来说，在汽车内置监控设备进行定位和行驶等相关数据的实时监控和与相关平台实时交互车辆行驶中的监控数据是本领域的惯用技术手段，因此区别特征②不会使得该权利要求的技术方案产生突出的实质性特点和显著的进步。

区别特征①则是以经济手段调节交通行为的一种具体实现手段，其本质上是本申请发明构思的核心，该区别特征的性质直接决定了本发明的方案从技术的角度是否显而易见。对比文件实质上已经公开了如本申请所述的城市汽车碳交易系统。而且，对比文件还具体公开了根据碳排放或碳减排行为信息，得到对应的碳排放或碳减排量数据，然后转换为对应的积分用于有关机构的奖惩、配额或交易交换提供参考依据，且用户可以通过社会或政策配额获得积分用于支付获取对应的碳排放配额。也就是说，对比文件公开了给城市汽车账户发放额定积分用于作为"碳交易货币"来支付进行碳排放所需要付出的碳配额量。由此可见，对比文件中的所述积分实际上也具有可交换性，即具有货币的特征，这一点上与本申请的碳交易货币是相同的。而采用积分还是碳币作为交易的媒介，这种碳交易货币形式的设计取决于人为设定，其解决的是交易定价如何确定才能有利于通过碳交易调控交通行为的问题而非技术问题，不会给现有技术作出技术上的贡献。并且该区别特征中具体的碳币结算公式也属于人为自行设定的交易定价公式，其运算规则及其中所涉及的相关参数的设计原则，包括考虑汽车的行驶时长和汽车排量及对不同时段设置不同的支付系数，均取决于为调节交通行为而进行的设计，并未解决技术问题，没有对现有技术带来技术贡献。

因此，在对比文件的基础上结合本领域的惯用手段得到权利要求1所要求保护的方案对于本领域技术人员来说是显而易见的，该权利要求不具有突出的实质性特点和显著的进步，因而该权利要求不具备创造性。

5. 案例启示

在判断某一特征是否对现有技术作出贡献时，应该判断该特征解决的问题是否是技术问题。一项技术方案整体上必然解决了技术问题并产生了技术效果，但这并不意味着其所有特征都服务于解决技术问题并产生相应的技术效果。

具体到本申请中，在计算车辆出行所需要支付的碳币时，根据车辆行驶在不同区域（如繁华地段或是远郊区县）、不同时段（如上下班高峰期或是道路空闲时段）等，调整或设置不同的出行费用缴纳权重或系数，如以支付碳币的形式，在拥堵时段或城市中行驶应以更高的支付系数缴纳费用，而在空闲时段或在郊区行驶以较低的支付系数缴纳费用，从而通过经济杠杆的手段来影响车辆出行行为，所遵循的是基于经济杠杆下的环境交通管理原则，取决于人为主观的设计需求，并非符合自然规律的技术手段，从而所获得的效果（促使人们错峰出行，避开拥堵区域出行，减少开车，绿色环保出行，解决交通拥堵，降低汽车尾气排放）也是通过经济手段实现的管理效果，并非技术效果，并未解决技术问题。因此，所述的碳币结算公式属于人为自行设定的计算公式，其运算规则及其中所涉及的相关参数的设计原则，包括考虑汽车的行驶时长和汽车排量及对不同时段、不同区域设置不同的支付系数，均取决于人为主观的设计需求，并未解决技术问题，没有对现有技术作出技术贡献。

（二）案例 4-3-2：一种基于众包公共交通系统的货物运输方法

1. 案情概述

本申请涉及物流技术领域中基于众包公共交通系统的货物运输方法。目前物流公司在面对货物分发问题上面临着很多挑战，其中一个主要挑战是如何以具有成本效益的方式提供方便的当日达服务。此外，由于需要运输大量货物，货物递送时所消耗的人力资源和其他资源也不断增加，同时，物流公司用于运输货物的车辆总量非常大，特别是在城市内交通量巨大的情况下，如此多的用于运输的物流车辆对空气污染和交通拥堵将会产生严重的影响。现有技术中已经有使用私家车、出租车应用于货物运输的构想，但是存在运输成本高且不确定性大的问题。

本申请的目的在于提供一种基于众包公共交通系统的货物运输方法，能够应用更多的公交线路进行货物运输，实现货物低成本且高效地在城市范围内运输。

本申请独立权利要求的技术方案如下：

1. 一种基于众包公共交通系统的货物运输方法，其特征在于，包括：

根据货物的起始站点、货物的目的站点和众包公共交通系统中各公交线路的车辆行程信息，确定运输货物的多条预选路径，每一条所述预选路径关联至少一条公交线路的车辆行程；

根据所述预选路径关联的所述车辆行程到达所述预选路径的各站点的时间历史数据，为每条所述预选路径建立货物经所述预选路径运输的时间段模型；

根据所述时间段模型由多条所述预选路径中确定运输货物的当前路径；其中，所述当前路径满足由所述起始站点至所述目的站点的历史运行时间最短，所述起始站点距起始点和所述目的站点距目的地的距离之和最短；

基于所述当前路径生成一个多周期有向多图，所述多周期有向多图的节点为所述预选路径包括的站点和所述车辆行程的集合，所述多周期有向多图的边数据为表征货物由所述预选路径运输时在任意相邻站点跳转时的状态弧，所述状态弧包括等待弧、行驶弧、再等待弧和卸载弧；

根据所述多周期有向多图和预设约束条件，确定所述时间段模型的结果时间流量小于第一部阈值的一组所述状态弧作为当前调度策略；

确定所述当前路径中各所述车辆行程的空闲运力，若到达当前站点的所述车辆行程的空闲运力不足时，根据所述当前调度策略和预设装载优先策略调度所述当前站点的部分货物在所述当前站点进行等待或再等待。

2. 充分理解发明

物流众包是一种开放式配送模式，它借助于互联网平台将快递任务"外包"给非特定的群体，充分利用空闲运力实现低成本高效运输。

本申请中采用基于众包公共交通系统的货物运输方法，在公共交通工具具有空闲运力时，尤其是非高峰期，可以以较低的成本对货物进行运输。本申请采用时间段模型确定当前路径，利用搜索算法和约束条件对当前路径对应的多周期有向多图进行求解，确定当前调度策略并以当前调度策略调度货物的运输，在到达当前站点的车辆行程的空闲运力不足时，根据当前调度策略和预设装载优先策略调度当前站点的部分货物在当前站点进行等待或再等待，从而可以应用更多的公交线路，实现货物低成本且高效的在城市范围内运输。

在本申请的方案中，"多周期有向多图"是一个较为关键的概念，其是把当前路径表示为可由计算机处理的数据结构从而实现本申请调度策略的基础，然而在互联网通过简单搜索可知，现有技术中几乎没有"多周期有向多图"这样的表述，再结合说明书记载的内容能够初步判断，该表述可能是发明人的自造词汇，其在本申请中所代表的技术概念对应于"有向图＋多图"，因而在检索过程中应使用这些较为通用的术语进行表达。

3. 检索过程分析

（1）检索要素确定及表达。

基于上述对发明的理解和分析可知，权利要求1请求保护的技术方案是建立时间段模型从多条预选路径中确定运输货物的当前路径，对当前路径的多周期有向多图进行求解，确定当前调度策略，并在到达当前站点的车辆形成空闲运力不足的时候，根据调度策略和预设的装载优先策略确定部分货物在当前站点进行等待或再等待。由此可以确定权利要求 1 的技术方案的检索要素应为：货物运输/物流、众包、调度、有向图/多图（见表 4 - 3 - 4）。对关键词进行拓展时，检索要素"众包"的表达方式比较多样。此外，众包、调度和物流三个检索要素都有相关的 IPC 分类号和 CPC 分类号，对于这种表达方式较为多样的检索要素，使用分类号进行检索可能会更加全面。

表 4 - 3 - 4　案例 4 - 3 - 2 检索要素表

检索要素	货物运输/物流	众包	调度	有向图/多图
中文关键词基本表达	物流，货运，运输，货物，包裹，快递	众包，共享，转运，公共交通，公交，起点，起始，终点，目的地，路径，路线，物流共享	调度，空闲，闲置，资源，运能，运力	有向图，弧
英文关键词基本表达	logistics，transportation	crowdsourcing，public transport，sharing，path，route	dispatch，spare，unoccupied，transport capacity	digraph，arc
分类号基本表达	G06Q10/08；G06Q50/28；G06Q10/083（CPC）	G06Q10/08355（CPC）	G06Q10/06312（CPC）	

其中，CPC 分类位置 G06Q10/083 的含义是运输，G06Q10/08355 的含义是路径选择法，G06Q10/06312 的含义是调整或分析既定的资源表，如资源或任务的协调平衡或动态调整。

（2）检索过程。

确定检索要素及关键词扩展方式后，首先使用全要素方式进行检索。

本申请申请人为中国人民解放军国防科技大学，对于申请人为高校的专利申请，应重点关注非专利库中的检索，尤其是追踪发明人的硕博论文和在期刊中发表的文章等。在 CNKI 中初步检索过程如下：

SU = '路径' * '图' and FT = （'物流' + '运输'）* '有向' * '时间' * '距离' * '约束' * '状态'

SU = （'路线' + '路径'）and FT = （'物流' + '运输'）* '时间' * '距离' * '约束' * '状态机' * '图'

追踪发明人发现，可能为本申请作出贡献但未在发明人列表中出现的一位研究人员的姓名为"程葛瑶",推测本申请所涉及的算法应该发表过论文,但在中文数据库中没有检索到相关文献,尝试在外文检索资源继续检索。

在 IEEE 数据库中以关键词"transport public good"和"程葛瑶"各种可能出现的英文拼写方式"cheng g""cheng geyao"和"geyao cheng"作为检索入口进行检索,得到论文 When Packages Ride a Bus:Towards Efficient City – Wide Package Distribution,该篇论文的内容与本申请完全相同,是一篇会议论文,且会议时间早于申请日。但是经过仔细核实后发现,该论文并未在会议召开期间宣读或者以其他方式提前公布,因此只能以会议论文集正式出版时间作为其公开时间,而该正式出版时间在本申请的申请日之后,导致该论文不能作为本申请的现有技术。

与该研究人员有关的论文在 IEEE 数据库中共有 5 篇,但公开日期均在本申请的申请日之后,无法作为本申请的现有技术。由此基本可以推断,申请人在提交论文之前充分注意了公开日期是否会影响自身专利申请新颖性和创造性的问题,因而就本申请而言,通过追踪发明人及其所属机构中其他相关人获得足以破坏本申请新颖性或创造性文献的可能性较低,应转回专利数据库进行全面检索。在中文摘要数据库中,同样利用发明人和申请人信息及关键词"交通"或"运输"进行追踪检索,即可发现一篇发明名称为"一种基于众包公共交通系统(SPDCP)实现包裹快速递送的方法"的现有技术 1。该篇文献公开的方案涉及获取公交运输的信息,识别包裹收货地址并与公交路线站点相匹配,与本申请发明构思接近,但未明确公开基于当前路径生成一个多周期有向多图,并根据多周期有向多图和预设约束条件,确定当前的调度策略。

此后,继续使用全要素在中文摘要数据库检索,检索过程如下:

1　CNABS　27910　众包 or 公共交通 or 公交

2　CNABS　959400　物流 or 货运 or 运输 or 货物 or 快递 or 包裹

3　CNABS　31351　(调度 or 空闲 or 闲置)s(运能 or 资源 or 运力)

4　CNABS　1920023　有向图 or 弧

5　NABS　5　1 and 2 and 3 and 4

从上述检索过程来看,获得的检索结果数量较少,经过浏览并未发现相关的对比文件,并且检索到的现有技术的应用领域与本申请偏差较大,分析检索要素,有向图是常见的一种调度手段,并且这样的技术细节通常在说明书全文中有所记载,而不一定作为关键词体现在摘要文件中,因而调整检索策略,使用分类号进行限定,仅检索发明核心要素:

6　CNABS　16　1 and 2 and 3 and G06Q10 + /ic/cpc

浏览得到的文献,与本申请相关的检索结果仍为上述追踪检索发现的现有技术 1。

在对中文全文库、外文专利数据库进行检索均未发现进一步能够影响本申请新颖性或创造性的 X 类文献后，尝试寻找 Y 类文献。由于现有技术 1 公开了本申请的发明构思，其与本申请的区别主要集中在调度策略的实现手段，即采用有向多图并根据多周期有向多图和预设约束条件来确定当前的调度策略。倘若现有技术中存在利用上述手段进行调度策略确定的技术启示，则本申请将不具备创造性。因此，继续针对调度策略的具体实现方法进行检索。考虑到涉及技术细节的内容通常会在说明书中详细阐述，因此，在中文全文库进行如下检索：

7　CNTXT　270　　　　（公交 or 轨迹 or 轨道）and 等待 and 弧 and
　　　　　　　　　　　　（最短 s（路径 or 路线））

8　CNTXT　26　　　　7 and pd＜20181220 and（G06Q or G06F）/ic

浏览检索结果，获得一篇发明名称为"一种城市轨道交通网络客流分布的分阶段多路径模型算法"的现有技术 2，其公开了对路径的客流分配比例进行计算和修正，根据生成的起讫点（Origin－Destination，OD）客流分配路径集，基于时间窗约束对分时网络客流分布及各类客流指标进行计算。

基于上述检索结果，可以将现有技术 1 作为与本申请最接近的现有技术（即对比文件 1），结合现有技术 2（即对比文件 2）作为影响本申请权利要求 1 创造性的 Y 类文献。

4. 对比文件分析与创造性判断

（1）对比文件分析。

对比文件 1 提供一种基于众包公共交通系统（SPDCP）实现包裹快速递送的方法，包括 S100，获取公共交通运输工具的信息，其中包括路线站点信息、班次信息和座位信息；S200，获取包裹信息，通过扫描包裹的面单，识别包裹的收货地址，并与所述路线站点信息进行匹配，获得包裹的目的站点；S300，从所述路线站点信息中筛选出经过所述目的站点的路线，作为包裹的选定路线；S400，通过分析所述选定路线中的任意两个相邻站点之间的乘客数量，与所述选定路线中的座位数量进行比较，评估所述选定路线的空闲运力，筛选出所述选定路线中具有空闲运力的班次；S500，根据所述包裹的目的站点及所述具有空闲运力的班次排列包裹的预设装载顺序，使所述包裹在到达所述目的站点后被卸载。

所述步骤 S100 中，公共交通运输工具的信息，可以通过公共交通系统的平台数据来获得，如公交平台。对于给定的路线，站点 i 的一日时间表几乎是确定性的到达（和离开）过程：$R^i = \{t_r^i : r = 1, 2, \cdots, R\}$ 其中 t_r^i 表示第 r 个行程到达 i 站的时间；R 代表该路线行程的总次数。构建预设顺序装载模型，以使有空闲运力的行程按照时间顺序被使用，且目的站点较远的包裹被装载至较后的行程；进一步地，按照所述预设顺序装载模型装载包裹的方法还可包括自适应限制递送方法（ALD），即通过建立最低行程模型，使所述行程中每个站点的空闲运力值作为实际用于包裹装载的数值，以最大限度地利用空闲运力，同时由于装载的包裹量未超过实际空闲运力，仍然可以实现不影响乘客体验。

对比文件2公开了一种城市轨道交通网络客流分布的分阶段多路径模型算法，针对轨道交通的拓扑网络中起讫点间的可能路径数目多，并且要保证不含重复节点及不漏掉路径，可采用基于深度优先的删除路径搜索算法（Deletion Algorithm）。该算法的核心是通过在有向图中已有的最短路径上删除某条弧，并寻找替换的弧来寻找下一条可选的最短路径。删除算法实际上是通过在有向图中增加附加节点和相应的弧来实现的；由于乘客在轨道交通系统中出行基于完整的出行时间链，从起点站开始沿经不同断面和换乘站最后到达目的站的过程受列车运行时间、换乘时间等影响，因此需要基于这些时间窗约束条件动态地描述途经各个弧段（包括区间弧和换乘弧）的时刻（相当于权利要求1中基于所述当前路径生成一个多周期有向多图，所述多周期有向多图的节点为所述预选路径包括的站点和所述车辆行程的集合）。各条路径客流分配比例是以各路径的综合出行阻抗为基础，根据一定的概率分布模型来确定的。通过路径搜索算法得到的K条渐短路径中，一些不合理的路径可以认为乘客不会选择，不参与客流分布的计算。这样的路径有效性检验主要通过出行阻抗阈值来判断。假设两站之间的K条可选渐短路径集合中，最短路径的阻抗值为Tminf，如果次短路径或者其他更次短路径的阻抗值较最短路径的出行阻抗值超过某一个范围（即大于Tmaxf）时，认为该次短路径或次次短路径不合理（相当于权利要求1中根据多周期有向多图和预设约束条件，确定时间段模型的结果流量小于第一部阈值的一组状态弧作为当前调度策略）。

（2）创造性判断。

通过上述对比文件1公开的内容可知，权利要求1相对于对比文件1的区别特征有：①根据所述时间段模型由多条所述预选路径中确定运输货物的当前路径；其中，所述当前路径满足由所述起始站点至所述目的站点的历史运行时间最短，所述起始站点距起点和所述目的站点距目的地的距离之和最短。②基于所述当前路径生成一个多周期有向多图，所述多周期有向多图的节点为所述预选路径包括的站点和所述车辆行程的集合，所述多周期有向多图的边数据为表征货物由所述预选路径运输时在任意相邻站点跳转时的状态弧，所述状态弧包括等待弧、行驶弧、再等待弧和卸载弧；根据所述多周期有向多图和预设约束条件，确定所述时间段模型的结果时间流量小于第一部阈值的一组所述状态弧作为当前调度策略。③若到达当前站点的所述车辆行程的空闲运力不足时，根据所述当前调度策略和预设装载优先策略调度所述当前站点的部分货物在所述当前站点进行等待或再等待。基于上述区别特征，权利要求1实际解决的问题有：①如何选择当前路径；②如何选择调度策略；③如何灵活地进行货物运输。

在交通运输领域，为追求最大的经济效益，理应选择最短最快的路径。然而，受道路实际通行条件、收费情况及实时道路通行畅通状况影响，在选择运输路径时往往需要在实际运行距离和花费的实际时间等多个要素之间作出权衡，这些需要考虑的因素都属于本领域常规的要素，甚至在计算机技术出现之前，就已经存在如何选择和安排这些要素的问题。因而针对区别特征①，当利用计算机技术进行路径规划存在多条预选路径时，设定预设的条件，如运行时间最短、距离最短等筛选出满足条件的路径进行运输实际上仅将原有的人工解决方案中所选择的条件输入计算机作为筛选条件，因而是本领域惯用的技术手段，属于公知常识。

类似地，针对区别特征③，当到达当前站点的车辆行程的空闲运力不足时，为了保证货物运输完成，本领域技术人员能够想到使得当前站点的部分货物在当前站点进行等待或再等待，这也属于交通运输领域常规的处理手段。

针对区别特征②，根据上述对比文件2公开的内容可知，对比文件2已经公开了部分区别特征，并且上述特征在对比文件2中所起的作用与在本申请中起到的作用相同，均起到了在公共交通中选择最优调度策略的作用。因此，本领域技术人员能够想到将对比文件2的方案应用到对比文件1中。同时，当上述方案应用于公共交通货物运输时，为了方便装卸货物，同时设置等待弧和卸载弧是本领域技术人员容易想到的。

因此，权利要求1的技术方案相对于对比文件1和对比文件2和上述公知常识是显而易见的，不具有创造性。

5. 案例启示

申请人涉及高校的专利申请，应注重在非专利库，尤其是硕博论文库中进行检索。如果检索到非常相近的文献，要注意文献的公开日期是否可作为本申请的现有技术。此外，对于技术细节较多的方案进行检索时，可优先在全文库进行检索。

避免直接使用发明人自造词汇作为关键词进行检索，这样会导致检索结果偏少，无法获得理想的对比文件。此时，应结合该自造词的技术作用，选择本领域通用的术语或相近技术表述来进行表达。

虽然可以通过申请人和发明人追踪检索到与本申请相关、甚至非常接近的现有技术，但是作为同一申请人或发明人，不会就完全相同的内容进行两次申请，所以不应直接将追踪而来的现有技术武断作为最接近的现有技术，仅针对其未公开的特征补检另外的对比文件，从而终止检索。而是应该全面检索现有技术中是否存在能够影响本申请新颖性或创造性的 X 类文献，在检索无果的情况下，且现有技术能够存在技术启示时，才进而考虑 Y 类文献的检索。

第四节　智能家居

一、智能家居技术综述

（一）智能家居技术概述

随着通信与信息技术的发展，20 世纪 80 年代末期，在美国出现了一种被称为 Smart Home 的商用系统，其通过总线技术对住宅中各种通信、家电、安保设备进行监视、控制与管理，这就是现在智能家居的原型。智能家居技术指将家庭中各种与信息相关的通信设备、家用电器和家庭安保装置通过家庭总线技术连接到一个智能家庭控制器上，并把其中的一些设备和装置通过家庭网关接入互联网，以实现其现场和远程实时监视、控制、家庭事务性管理的技术。❶

目前，随着移动互联网和移动智能终端的大规模普及，智能家居已经从传统的布线控制过渡到网络交互控制，并随着人工智能技术的引入和应用，真正开始进入智能时代。智能家居的概念已经扩张到日常生活中的人与物、物与物的相互作用，逐渐实现了从智能单品到系统整体的过渡。

从技术的角度看，智能家居是结合日常生活在物联网技术的基础上发展而来的，智能家居的基础是应用传感器感知技术采集数据信息，应用无线通信技术和网络融合技术传输信息，最后应用各种信息处理技术加工所获取的信息提供服务。在此基础上，为确保智能家居环境的可靠与安全，还需要必备的信息安全技术对各信息节点施加保护。❷ 因此，传感器感知技术、无线通信技术、

❶ 郝艳英. 家庭智能系统的应用 [J]. 住宅科技, 2003 (5): 37 - 38.
❷ 严萍, 张兴敢, 柏业超, 等. 基于物联网技术的智能家居系统 [J]. 南京大学学报（自然科学版）, 2012, 48 (1): 26 - 32.

网络融合技术、大数据处理技术、人工智能技术和信息安全技术是构建智能家居环境的基石。

智能家居系统是传感器网络、无线通信网络与互联网三网的异构融合。其中，传感器感知技术是智能家居系统的智能终端应用的最主要技术。传感器将生活中的环境数据通过一些敏感元件采集并转换成可传输的数据信息，通过网络链路传输给信息处理装置。现在的家庭中，传感器无处不在，如冰箱里的温度、湿度传感器，暖通空调温控器中的环境温湿度传感器，厨房抽油烟机中的气体传感器等。

无线通信技术用于将智能家居环境中的各种信息进行传输，当前在智能家居中最常用的无线通信技术包括蓝牙、ZigBee 和 WiFi。

网络融合技术则将不同类型的网络通过网关连接到同一核心网，最后连接到互联网上。

大数据处理技术用于存储、分析和应用智能家居系统中产生的海量数据，帮助系统在海量数据中分析提取有价值的信息，并在必要的情况下可视化分析结果。大数据处理技术使得基于数据的各种增值服务成为可能，是智能家居未来发展方向之一。大数据处理技术不仅能实现海量数据的采集预处理、存储分析等功能，还能基于大数据分析进一步提高服务水平，提供个性化服务。❶

以语音交互、自然语言处理、深度学习等基本应用技术为代表的人工智能技术已经在智能家居领域中得到初步应用。当前智能家居系统已经能够实现通过智能音箱完成对家居产品的控制，家居产品也开始逐渐具备自主学习能力以提高其服务水平。人工智能技术使得人机交互模式由传统的人控制向智能家居产品自励感应、自励反馈方向发展。随着 5G 技术等新一代移动通信技术和低功耗广域网（LPWA）的发展，在大数据技术的支持下，充分发挥深度学习等人工智能技术的优势，未来能够实现智能家居真正的系统智能化。

（二）专利申请特点概述

截至 2020 年 9 月，在德温特世界专利索引数据库（DWPI）中收录并公开的专利文献中，智能家居相关的专利申请有 1 万余件（围绕"智能家居""智慧家居"等关键词进行检索）。

统计逐年的申请量后发现，从 1980—2000 年，智能家居技术处于萌芽时期，仅有少量探索性的专利申请。图 4-4-1 示出了 2000 年之后该领域专利申

---

❶ 王嘉雯. 大数据背景下的物联网智能家居研究 [J]. 信息与电脑（理论版），2017，394（24）：144-145.

请量的变化趋势。直到 2009 年，涉及智能家居领域的年专利申请量都未超过 1000 件，且无明显增长，可见在 2009 年之前，整个行业还处于概念创建、产品认知的阶段，产品缺乏实际应用，需求也比较贫乏。

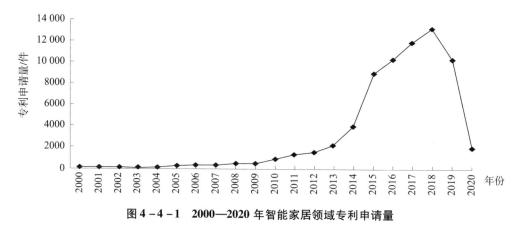

图 4 - 4 - 1　2000—2020 年智能家居领域专利申请量

2009—2013 年，智能家居领域专利申请量开始逐年小幅增加，此时智能家居技术投入初见成效，智能家居产品开始进入市场。2014—2020 年，是智能家居技术蓬勃发展的阶段，相关专利申请量大幅度增长，初期的研究已经逐渐形成技术成果大量产出。这一时期也恰好是移动互联网和智能终端日益普及并获得各种成功应用的时期，人们对智能化应用的接受度提升，从而促进了智能家居概念和产品获得广泛的认可，进而吸引更多的竞争者进入这一行业（受专利公开滞后的影响，2019 年以后申请量数据不完整）。

图 4 - 4 - 2 示出了向中国、美国、日本、韩国和欧洲专利局递交的涉及智能家居技术的专利申请数量的情况。从 2000—2020 年，在中国递交的智能家居领域专利族申请数量最多，其次是美国、韩国、欧洲与日本。

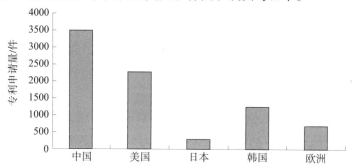

图 4 - 4 - 2　2000—2020 年中国、美国、日本、韩国和欧洲

智能家居领域专利申请数量

表4-4-1是世界范围内智能家居领域主要专利申请人分布情况。韩国是该领域的技术大国，排名前5位的申请人中有两家来自韩国。另外从该表可以看出，三星电子、LG电子和格力电器为传统家用电器制造企业，谷歌则为互联网公司，这些企业在这一领域的创新方向有所不同。在智能家居的发展过程中，美国一直处于领先水平。此外，日本松下电器公司、韩国三星公司等知名企业都有性能优良的各种智能家居产品。

表4-4-1　世界范围内智能家居领域主要申请人

序号	申请人	申请人国家
1	三星电子（SAMSUNG）	韩国
2	谷歌（Google）	美国
3	LG电子（LG）	韩国
4	格力电器（GREE）	中国
5	科学亚特兰大（Scientific - Atlanta）	美国

图4-4-3示出了在中国专利局递交的智能家居领域专利申请的主要申请人情况。就国内企业而言，诸如格力电器、美的集团等以家电制造为主的传统家电企业是最重要的参与者。这些企业以生产销售家用电器获取硬件利润为主，他们的优势在于领先的家电制造技术和成熟的供应链，抓住了传统家电向智能家电过渡的机遇。因此，这些企业主要的创新方向在于提高现有家用电器的智能化程度，以及如何将这些家用电器接入智能家居生态系统。在智能家居从独立的智能设备向智能家居生态系统演进的过程中，互联网公司利用其在信息技术和网络技术上的优势加入了智能家居技术的竞争，诸如小米科技等企业的创新方向是利用其拥有的庞大用户群体、用户背后的大数据及云服务能力，向用户提供精准的信息推送等增值服务。

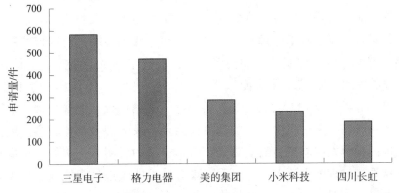

图4-4-3　国内智能家居领域专利申请主要申请人分布

表4-4-2示出了智能家居领域专利申请所属的五个主要的 IPC 分类位置，分别对应于智能家居系统内采集的各种数字信息的传输、无线通信环境的构建、信息的识别、对系统内各具体设备的智能控制及语音交互处理。根据对产业的分析，结合智能家居领域专利主要申请人分布情况可以看出，这些分类位置大致反映了智能家居领域创新的主要热点方向。例如，美国的谷歌、苹果、亚马逊等公司均将智能音箱和语音分析技术作为其智能家居平台构建的基础；苹果、亚马逊的语音分析技术主要围绕 HOMEKIT 平台进行相关专利布局，Siri 和 Alexa 成为对搭载 HOMEKIT 的产品进行智能控制的人机交互接口。

表4-4-2　智能家居领域专利申请主要 IPC 分类分布

序号	IPC 分类	分类号含义
1	H04L	数字信息的传输，如电报通信
2	G05B	一般的控制或调节系统；这种系统的功能单元；用于这种系统或单元的监视或测试装置
3	H04W	无线通信网络
4	G06K	数据识别；数据表示；记录载体；记录载体的处理
5	G10L	语音分析或合成；语音识别；语音或声音处理；语音或音频编码或解码

总体而言，国外公司在智能家居系统的创新方向侧重于巩固自身产品的兼容性，如苹果、亚马逊等公司侧重于语音识别技术和家居产品的管控系统，三星集团借助自身产品多元化优势，在智能家居软件及硬件领域都做了大量的专利布局。对于国内的智能家居企业而言，主要创新主体是传统家电企业，小米科技因有产业链长、产品多样的特点，专利布局的技术领域更为全面。

二、检索及创造性判断要点

智能家居系统是由无线传感器网络通过家庭网关并入外网，将采集的家居数据上传到智能家居数据管理平台，并可以通过移动终端进行远程控制，进而使得整个家居工作过程变得更加便捷，其核心技术涉及网络技术、通信技术、自动控制技术等，涵盖了无线传感器、通信网、平台、操作系统等重要领域，对应的 IPC 分类号及 CPC 分类号包括传感器、通信协议、图像处理、语音识别等技术领域，在检索过程中涉及的基本检索要素及分类号都比较多。因此，在检索之前的理解发明阶段，需要先了解本申请的发明点。例如，在检索前通过阅读申请文件理解发明，判断发明对现有技术的改进是智能家居整体架构组成上的改进，还是对传感器、通信协议等技术上进行特性改善，抑或是将智能家居用于不同场景。从而在检索前确定哪些是构成或反映技术方案必不可少的关键词，哪些是能够反映发明构思的关键词。

检索涉及智能家居的发明专利申请的另一难点是检索要素的关键词扩展。一方面，智能家居的组成结构相对固定，相对应的关键词的表达也较为局限，难以对基本检索要素进行有效扩展；另一方面，对于涉及智能家居应用场景的专利申请，其关键词的表达方式较多，并且多是涉及常见的生活类词语，因此检索时容易引入较多的噪声，所以要考虑选择系统架构的组成部分作为检索要素并选择专利全文库进行检索。

智能家居相关的专利申请方案中所涉及的特征多且关键词表达较为局限，在进行检索时还可充分利用智能检索系统、自动检索系统等手段，这有助于进行关键词的扩展表达，并且有助于迅速了解技术领域的发展现状。

智能家居网络是一种复杂的网络模式，终端类型千差万别，完成功能各不相同，接入方式多样，Ir DA、Bluetooth、HomeRF、Zigbee、WiFi 等无线组网技术均广泛用于物联网智能家居中。因此，大多涉及智能家居的申请中包含的细节特征较多，筛选对比文件也是难点之一。从获取的对比文件中选择最接近的现有技术时，不仅要考虑技术领域、公开的技术特征的多少，还要注意现有技术所解决的技术问题，尽可能将相同和/或相近技术领域中技术问题与本申请的发明要解决的技术问题相关联的那些现有技术优先作为最接近的现有技术来评价发明的创造性。

另外，在判断涉及智能家居申请的创造性时，应当针对权利要求限定的技术方案整体进行评价，而不是评价某一技术特征是否具备创造性，不能将发明的整体割裂为一个个独立的技术特征而忽略了特征之间的有机联系。应当客观分析并确定发明实际解决的技术问题，从最接近的现有技术和发明实际解决的技术问题出发，判断要求保护的发明对本领域技术人员来说是否显而易见。判断过程中，要确定的是现有技术整体上是否存在某种技术启示，这种启示会使本领域技术人员在面对所要解决的技术问题时，有动机改进该最接近的现有技术并获得要求保护的发明。

三、典型案例

（一）案例 4 - 4 - 1：智能家居购物系统

1. 案情概述

本申请涉及智能家居领域中将第三方购物系统、物业管理系统和门禁系统融合的智能信包箱系统。移动互联网的兴起，为人们的网上消费提供了极大的便利，但也存在着一定的制约因素：一是移动互联网主要消费人群是年轻人，中老年人受到制约；二是移动流量❶一定程度上制约了人们的网上消费热情；三是购物网站均需填写收件人姓名、电话、地址等敏感信息，引起用户个人信息泄露的担忧；四是所有的购物网站均需填写繁杂的地址信息，程序烦琐，抑制了人们的消费热情。传统信报箱置于单元门内，一户一箱，一一对应，取件安全方便；但其规格均一且较小，只能用来收取信件报纸，无法满足包裹收投需要，随着信件业务和纸媒的日益衰落，传统信报箱使用率极低，部分地区仅有不到10%的利用率，投资浪费较大。而现有的智能快递柜在小区只能集中露天布放，居民使用不方便，还会带来安全隐患，并且成本较高、运营情况不稳定。

本申请提供一种基于第三方购物系统、物业管理系统和门禁系统，不需要用户填写地址，通过第三方购物系统与物业管理系统、信包箱进行融合，将购物网站通过物业管理系统将购物信息推送至设置于住户家中的第二门禁系统，供住户免费浏览，而不需要住户家中开通宽带，也不消耗居民个人流量，最大限度地覆盖了消费人群，并且住户浏览购物网站或购买商品时，才会产生实时流量。在该系统网上购物时，第三方购物系统与物业管理系统、信包箱自动匹配地址或分配一个信包箱格口，住户无须填写繁杂的地址信息，轻松完成一键确认，一键购买，商品配送至匹配的地址或格口；住户在购物时，无须填写姓名、电话、地址，取件时凭密码或门禁卡取件，有利于保护住户个人敏感信息，避免信息泄露。

本申请独立权利要求的技术方案具体如下：

1. 一种智能家居购物系统，其特征在于，该购物系统包括物业管理系统、门禁系统、第三方购物系统、布设在楼宇内部的信包箱，门禁系统被设置成与楼宇的物业管理系统连接，物业管理系统与第三方购物系统通过网络连接，其中：

所述门禁系统包括第一门禁终端及第二门禁终端，所述第一门禁终端设置于单元门外，所述第二门禁终端设置于住户家中，其中：

所述第一门禁终端包括第一读取模块、第一验证模块、第一网络连接模块、第一控制单元，第一读取模块用于读取用户的身份验证信息，第一验证模块用于通过第一网络连接模块将身份验证信息与存储在物业管理系统中的登记的每个住户的住户登记信息进行比对验证，第一控制单元响应于验证通过的结果而

---

❶ 本申请申请日为2013年，当时移动互联网资费高于今日，因而移动流量是网络用户可能考虑的因素。

控制单元门的开启；

所述第二门禁终端包括显示屏单元、第二控制单元、第二网络连接模块，显示屏单元用于显示购物网站信息，且住户通过第二网络连接模块可以访问购物网站并确定是否完成商品购买，确认购买商品时第三方购物系统给予商品配送地址供客户选择确认，第二控制单元用于通过第二网络连接模块将完成商品购买的信号和选择的配送地址均分别传输给物业管理系统中的控制单元和第三方购物系统；

所述物业管理系统具有用于存储住户登记信息的第一数据库、用于存储快递员信息的第二数据库、控制单元、网络连接模块，所述控制单元被设置用于通过网络连接模块将管理范围内的信包箱地址传输给第三方购物系统，且控制单元还被设置用于接收第三方购物系统传输的快递员信息并将之存储于第二数据库中；

第三方购物系统上设置有存储购物网站登记信息的第三数据库、用于存储快递员信息的第四数据库、信息提取模块、信息匹配模块、第三网络连接模块，所述信息提取模块显示物业管理系统的控制单元通过网络连接模块传送的信包箱地址用于供客户选择配送地址，信息匹配模块用于将信息提取模块提取的配送地址与第四数据库中的快递员信息相匹配；

所述信包箱与物业管理系统相连接，且信包箱具有多个存储格，每个存储格定义一个用于容纳包裹和/或信函的存储空间；

所述物业管理系统中存储的快递员通过第一门禁系统进入楼宇内部，开启信包箱中处于未被占用状态的存储格的柜门将快递放入存储格中，在柜门关闭后向该快递所属的住户的第二门禁终端发送提示信号，由第二门禁终端发出声光提醒有包裹和/或信函的到达，住户通过提示信号开启所述柜门取出快递。

2. 充分理解发明

权利要求1请求保护的智能家居购物系统具有物业管理系统、门禁系统、第三方购物系统、布设在楼宇内部的信包箱等多个组成部分，并且每个组成部分还包括多个模块，各模块之间还存在连接和数据交换关系。权利要求1篇幅较长，这给检索该权利要求的方案和评价其创造性带来了一定的困扰。对于此类申请，在理解发明的时候，可以将权利要求的技术方案抽丝剥茧，把涉及发明构思的核心技术手段与本领域中用于实现常规功能的特征区分开，通过将冗长的权利要求"瘦身"，明确解决技术问题的关键手段。在充分理解发明后，在检索和创造性评判过程中，还需要对方案涉及的全部特征进行整体考虑，避免割裂特征。

根据说明书记载，由于现有的智能快递柜都被布置在楼宇外部，因而居民使用不方便，还可能会带来安全隐患。针对使用不便的问题，本申请的解决手段是将设置于单元门内的传统信报箱改造成为"信包箱"，发挥其取件安全方便的优势，克服其规格均一且较小，只能用来收取信件报纸，无法满足包裹收投需要的缺点。针对安全隐患，一方面，信包箱被置于楼宇内部降低了失窃风险；另一方面，为信包箱自动匹配地址或分配一个信包箱格口，使住户无须填写地址信息，从而避免了地址信息泄露，增强了安全性。实现"在用户不填写地址的前提下仍能正确送达快递"的技术手段是在系统内预先配置信包箱地址供用户选择，并且把快递员的信息也预先存储在系统内，并在配送时完成二者的匹配，使得快递员能够被授权进入信包箱所在的楼宇进行投递。

至于说明书中记载的不需要住户家中开通宽带，也不消耗居民个人的移动数据流量的"技术"效果，在权利要求1记载的技术方案中并没有得到体现。实际上，本申请是通过在智能家居购物系统内向住户提供访问第三方购物网站的服务来达到降低用户自身访问网络的能力要求的，这相当于给系统用户提供了专用的网络连接，代替系统用户承担网络服务费用，即本申请不是以技术手段降低了购物时网络带宽占用时间或者压缩了数据传输量来节约用户费用，而是改变了费用承担方，因此上述效果很难被认定是"技术效果"。

综上所述，权利要求1请求保护的技术方案与背景技术中存在的基于室外智能快递柜的购物及配送系统的主要区别可以概括为：信包箱在楼宇内部，快递员信息被存储在系统数据库内，将配送地址与数据库中的快递员信息匹配，允许物业管理系统中存储的快递员通过门禁系统进入楼宇。后续的检索与创造性评价应该重点关注上述区别。

3. 检索过程分析

（1）检索要素确定及表达。

权利要求的技术方案可概括为使用信包箱物业管理系统与第三方购物系统通过网络连接，利用布设在楼宇内部的信包箱完成购物及购买商品的配送，并且进一步包括两组细节上的技术特征：第一组特征是物业管理系统对小区的管理，第二组特征是用户进行商品的购买及配送地址的选择。因此，"信包箱"和"购物"都应作为基本检索要素。

此外，本申请与检索前已知的现有技术的重要区别之一是信包箱设置的位置在楼宇内，应将信包箱位置（在楼宇内）作为检索要素，然而这种位置关系是相对的，除在全文库中使用同在算符以外，没有更有效的表达方式，容易造成漏检。根据说明书记载可知，将信包箱设置在楼宇内之所以能够提高安全性是因为楼宇具有物业管理及门禁系统，因而与设置在楼宇外部的快递柜等设施不同，其能够限制接触信包箱的人员范围和身份，因此选择"物业"等作为该要素的表达方式，当其与"信包箱"组合时，一定程度上能够表达"信包箱"处于楼宇内的特点。当然，这种要素选择和表达方式是在关键词和分类号都无法直接准确表达"信包箱"位置的情况下的折中之选，需要在人工浏览文献时进一步核实"信包箱"的位置以弥补不能直接表达信包箱位置的不足。

本申请的方案涉及智能家居运行流程中的多个方面，本申请公开文本涉及的分类号包括 G06Q30/06、G06Q10/08、G06Q50/16、G07C9/00、G07F17/12，上述分类号涉及商业购买交易、物流配送、房地产、输入或输出登机口及购物临时保管容器方面，囊括了多个应用领域，如果使用上述分类号作为检索要素进行检索，可能会导致噪声过大，增加不必要的文献阅读量，因此考虑同时采用关键词和分类号表达检索要素。

经过上述对权利要求的分析，获取检索要素表如表4－4－3所示。

表4－4－3 案例4－4－1检索要素表

基本检索要素	信包箱	购物	楼宇内
中文关键词基本表达	信包箱，报箱，信箱，包裹箱，包裹柜	购物，购买，快递，配送，网络，网上，商城	物业，管理，门禁，物管
英文关键词基本表达	mailbox，letter box，package，cabinet	buy，shop，purchase，web，internet，store，distribute，delivery	management，entrance guard
分类号基本表达	G07F17/12	G06Q30/06；G06Q10/08	G06Q50/16；G07C9/00

（2）检索过程。

首先利用基于语义匹配的智能检索系统得到一篇涉及寄存柜终端和自动式配送方法及自助式配送系统的现有技术1，其公开了利用终端使用户实现商品的购买及配送地址选择的技术内容，尽管其公开了本申请权利要求中的部分细节内容，如电子商务系统的具体组成部分、购物和选择地址的过程，但其并未公开信包箱位置及与之相关的快递员身份的识别与限制等内容，因而不能作为最接近的现有技术。

为确定是否存在能够影响本申请新颖性和创造性的现有技术，基于确定的检索要素及其扩展方式，首先使用全要素检索方式在中文摘要库 CNABS 中进行检索：

1　CNABS　4383　　信包箱 or 报箱 or 信箱 or 包裹箱 or 包裹柜
2　CNABS　1067761　购物 or 购买 or 快递 or 配送 or 网络 or 网上 or 商城

| 3 | CNABS | 744711 | 物业 or 管理 or 门禁 |
| 4 | CNABS | 306 | 1 and 2 and 3 |

通过浏览上述检索结果，发现干扰文献比较多，这通常是由于在检索初始阶段对关键词扩展过多导致噪声过大，此时可以尝试用分类号对检索结果进行限缩，以达到过滤噪声迅速筛选最相关文献的目的。检索过程如下：

| 5 | CNABS | 44443 | G07C9 + /ic |
| 6 | CNABS | 16 | 4 and 5 |

然而，直接用分类号限定后导致文献量急剧减少。考虑到中文摘要库收录的仅是摘要和权利要求的内容，将同一检索要素的不同表达方式进行与（AND）操作有可能导致漏检相关文献，因此转到中文全文库 CNTXT 中再次尝试：

1	CNTXT	12889	信包箱 or 报箱 or 信箱 or 包裹箱 or 包裹柜
2	CNTXT	3677841	购物 or 购买 or 快递 or 配送 or 网络 or 网上 or 商城
3	CNTXT	2514791	物业 or 管理 or 门禁
4	CNTXT	4671	1 and 2 and 3
5	CNTXT	14195630	pd < = 20161202
6	CNTXT	26	4 and 5 and （G07C9 + ）/ic

对上述结果浏览后，得到一篇发明名称为"一种住户收件提醒系统"的现有技术 2，其公开了为每个用户分配一个布设在楼宇内部的包裹箱，当包裹箱合上时，包裹箱发出对应信号到门禁系统，再由门禁系统将信号发送到对应的住户的提示箱提示用户快递到达的技术内容。权利要求 1 与其相比的主要区别在于第二门禁终端实现购物及配送地址的选择并匹配快递员，以及实现对小区楼宇的统筹管理。如前面分析所指出的那样，将地址和快递员匹配是本申请提高安全性的技术手段。在已经浏览的文献中未发现过采用这一手段，这说明该区别并不是本领域的惯用技术手段，需通过检索查看现有技术中是否存在技术启示。

针对如何实现对小区楼宇的统筹管理的部分进行进一步检索，考虑本申请中针对该部分内容主要涉及购物系统与物业管理系统之间的交互，因此针对该部分在中文全文数据库 CNTXT 中进行检索：

| 7 | CNTXT | 131 | 物业 and 门禁 and 购物 |

对上述检索结果进行浏览后，得到一篇发明名称为"一种基于云技术的综合服务与可视门铃系统"的现有技术 3，其公开了门禁系统将接收到的身份认证信息与服务系统预存的身份认证信息进行核对得到身份认证的审核结果，并

且可通过互联网实现和电商与服务平台的信息交互的技术内容。

通过对检索到的现有技术 1、现有技术 2 和现有技术 3 进行分析可知，现有技术 2 公开的住户收件提醒系统为每个用户分配一个布设在楼宇内部的包裹箱，当包裹箱合上时，包裹箱发出对应信号到门禁系统，再由门禁系统将信号发送到对应的住户的提示箱提示用户快递到达的技术内容，其公开了与本申请发明构思最为接近的技术手段，可作为与本申请最接近的现有技术的对比文件 1。现有技术 1 公开了利用终端使用户实现商品的购买及配送地址选择的技术内容，现有技术 3 公开了物业管理与购物系统交互的技术内容，可分别作为对比文件 2 和对比文件 3。

4. 对比文件分析与创造性判断

（1）对比文件分析。

对比文件 1 公开了一种住户收件提醒系统，具体公开了：由包裹墙、门禁系统、触碰开关和提示箱组成，包裹墙上还设有扫码器、数字表盘和控制单元。包裹墙设置在每栋住宅楼的一楼（相当于布设在楼宇内部的信包箱），包裹墙上设置多个包裹箱（每个包裹箱必然具有一个容纳包裹和/或信函的空间，因此相当于信包箱具有多个存储格，每个存储格定义一个用于容纳包裹和/或信函的存储空间），每个包裹箱都带有电子锁，包裹箱上标识住户门牌号码。提示箱安装在靠近住户大门的位置，门禁系统通过数据线连接提示箱，提示箱上有 LED 显示灯和发声装置，信号通过 LED 显示灯显示，通过发声装置报警。触碰开关安装在住户大门上，当住户回家打开大门时，带动触碰开关与提示箱电连接，如果有物件，则提示箱灯光闪烁并且发出声音。在包裹箱上还设有显示屏，用来显示快递编号并且提示下一步操作。数字表盘用来选择门牌号码，门牌号码显示在显示器上。例如，住户 1 对应 101 室。当快递员送来包裹时，先用包裹墙上的扫码器将包裹的条形码扫入，获得开箱权利。根据住户填写的住址，在数字表盘上选择门牌号码，将包裹箱打开放入包裹，合上箱子（相当于开启信包箱中存储格的柜门将快递放入存储格中）。101 室有包裹，在数字表盘上输入 101，则箱子打开。当包裹箱合上时，包裹箱发出对应信号到门禁系统，再由门禁系统将信号发送到对应的住户的提示箱，启动提示箱发声"有包裹"，LED 显示灯亮（安装于用户家中的门禁系统、触碰开关及提示箱共同构成第二门禁终端，因此，相当于设置于住户家中的第二门禁终端；在柜门关闭后向该快递所属的住户的第二门禁终端发送提示信号，由第二门禁终端发出声光提醒有包裹和/或信函的到达），当住户刚到家时就可直接取件。门禁系统将信号发送到 101 室的提示箱，提示箱发出声"有包裹"、打开提示蓝灯亮；当住户进入家门时，打开门启动触碰开关，提示箱发声"有包裹"。当住户用钥匙取完包裹时，包裹箱发出信号到门禁系统，再由门禁系统发信号到对应住户的提示箱（相当于住户通过提示信号开启所述柜门取出快递）。关闭提示箱并且熄灭提示箱上的灯。

对比文件 2 涉及一种寄存柜终端和自动式配送方法及自助式配送系统，其公开了自助式配送系统包括电子商务系统和寄存柜终端，寄存柜终端通过网络与电子商务系统相连，所述网络如互联网（包括 GPRS、3G、WiFi、有线）。电子商务系统包括下单子系统、库房及配送子系统、寄存柜管理子系统。下单子系统用于客户在线下单，并将订单传送给库房及配送系统。作为一种技术选择，下单子系统可以将订单传送给寄存柜终端。下单子系统可以包括配送方式选择模块，用于当客户通过下单子系统在线下单时，允许客户选择寄存柜自提的配送方式及允许客户选择具体的寄存柜。例如，当客户选择寄存柜自提的配送方式时，下单子系统可以向客户显示可供选择的寄存柜。下单子系统可以包括寄存柜预留确认模块，用于当客户选择了特定的寄存柜时，访问寄存柜管理子系统（如其中的柜子资源管理模块），以确认是否有可预留柜子资源供订单商品或包裹投递。库房及配送子系统用于存储和管理商品，根据订单进行备货、商品出库，并由配送员将订单商品或包裹投递到客户所选择的寄存柜。在成功下订单后，下单子系统将订单传送给库房及配送子系统。或者，可以将订单传送至寄存柜终端，将订单传送给寄存柜终端。在接收到订单后，库房及配送子系统（如通过拣货人员）根据摆放顺序查找订单上的商品进行备货，当备货完成后进行商品出货，并安排特定配送员来投递订单商品或包裹。

对比文件 3 涉及一种基于云技术的综合服务与可视门铃系统，其公开了 SIP 鉴证服务器是由互联网云平台提供的，跨地域共用一个 SIP 服务器集群，从而节省每个小区的服务器投资。SIP 鉴证服务器中预存有各门口机、室内机和移动终端的身份认证信息。SIP 鉴证服务器通过核对呼叫请求中的身份认证信息和预存的身份认证信息来建立门口机与室内机、门口机与移动终端间的 P2P 通话连接。当有访客来临时，访客通过门口机上的键盘或触摸屏输入房间号发起呼叫，呼叫申请转至互联网云平台，互联网云平台解析出目的地址后，由 SIP 鉴证服务器进行身份认证信息审核，并在门口机和室内机和/或门口机和移动终端之间建立安全的 P2P 通道。当需要通过室内机或移动终端在线订购物业服务时，室内机或移动终端登录到互联网云平台，再转向电商与服务平台，根据需要定购各类服务，生成的订单由电商与服务平台下达到商家客户端，商家接收订单并执行。发生的结算数据可以由用户在互联网云平台的账户结算，也可以由用户在电商与服务平台上的账户结算。

（2）创造性判断。

对比文件1公开了在每栋住宅楼的一楼设置包裹墙并与门禁系统连接，为每个用户分配其对应的包裹箱，并利用提示箱提醒用户收取包裹信件的技术内容，而权利要求1要求保护的技术方案是将第三方购物系统与物业管理系统、信包箱进行融合，通过物业管理系统将购物网站的购物信息推送至设置于住户家中的第二门禁系统供住户浏览购物，网上购物时匹配的用户地址为分配给该用户的信包箱，并提醒用户收取包裹信件。权利要求1与对比文件1相比的区别特征在于第二门禁终端实现购物及配送地址的选择并匹配快递员，具体主要涉及三个方面：①如何实现对楼宇内单元门的控制开启；②如何利用终端使用户实现商品的购买及配送地址的选择；③如何实现对小区楼宇的统筹管理。

对于区别特征①，在单元门外设置门禁终端是本领域技术人员的惯用技术手段，并且将获取的身份验证信息与存储在物业系统中的住户登记信息进行比对验证，利用验证结果来控制单元门的开启属于本领域的公知常识。对于本领域技术人员来说，相应地设置第一读取模块、第一验证模块、第一网络连接模块及第一控制单元来实现读取用户的身份验证信息、通过网络连接进行身份的比对验证及响应验证通过的结果而控制单元门开启的功能也是显而易见的。

对于区别特征②，对比文件2公开了客户终端包括显示屏单元用于显示购物网站信息，且客户可以访问购物网站并确定是否完成商品购买，确认购买商品时第三方购物系统给予商品配送地址供客户选择确认，将完成商品购买的信号和选择的配送地址均分别传输给管理寄存柜的控制单元和第三方购物系统，以及第三方购物系统上设置有存储快递员信息的第四数据库、显示用于供客户选择的配送信包箱地址的信息提取模块和将快递员信息进行匹配的信息匹配模块的技术内容。并且其在对比文件2中所起的作用与上述区别特征在本申请权利要求1中所起的作用相同，都解决了如何利用终端使用户实现商品的购买及配送地址选择的技术问题，也就是说对比文件2给出了将上述技术特征用于该对比文件1以解决其技术问题的启示。而在系统中设置一控制单元实现对接收与发送信息的管理，以及在系统中设置网络连接模块实现各个模块之间利用网络的信息交互是本领域技术人员的惯用技术手段，属于本领域的公知常识。用户在登录购物网站时进行登记注册是本领域技术人员的惯用技术手段，属于本领域的公知常识。相应地，在系统中必然需要设置一数据库对用户登录网站的登记信息进行存储，即第三方购物系统上设置有存储购物网站登记信息的第三数据库。为了实现快递的高效派送，根据配送地址选择合适范围内的快递员是本领域技术人员的惯用技术手段，即匹配过程的实现是将提取的配送地址与第四数据库中的快递员信息相匹配。将实现上述功能的终端设置在何处是本领域技术人员面对不同系统架构需求时能够进行的常规选择，即将客户终端集成在第二门禁系统中，使第二门禁系统实现上述终端功能，对本领域技术人员来说是显而易见的。

对于区别特征③，对比文件3公开了门禁系统将接收到的身份认证信息与服务系统预存的身份认证信息进行核对得到身份认证的审核结果，并且可通过互联网实现和电商与服务平台的信息交互的技术内容。对比文件3公开的上述内容使得本领域技术人员有动机及启示将其与对比文件1相结合，即门禁系统与物业管理系统相连接，物业管理系统预存住户登记信息，并且物业管理系统与第三方购物系统，可通过设置的网络连接模块实现与第三方购物系统的信息交互。在此基础上，为了实现配送地址与快递员之间的匹配，本领域技术人员容易想到，使管理信包箱的控制单元将其管理范围内的信包箱地址通过网络连接模块传输到第三方购物系统，同时也接收第三方购物系统传输的快递员信息。设置数据库对获取的信息进行存储是本领域的公知常识，即物业管理系统具有用于存储住户登记信息的第一数据库和用于存储快递员信息的第二数据库。由物业管理系统实现对信包箱的管理是本领域技术人员的惯用技术手段，即信包箱与物业管理系统连接。相应地，物业管理系统中包括管理信包箱的控制单元也是显而易见的。为了实现对出入人员身份的认证，物业管理系统中存储的快递员可以通过第一门禁系统进入楼宇内部是显而易见的。

因此，在对比文件1的基础上结合对比文件2、对比文件3及本领域的公知常识，得出权利要求1要求保护的技术方案，对本领域技术人员来说是显而易见的，权利要求1不具备《专利法》第22条第3款规定的创造性。

5. 案例启示

本申请的权利要求篇幅较长，组成系统的各个子系统和模块包含了大量技术特征，因此尽管本申请的方案在理解上不存在任何难点，但诸多的技术细节给检索和评价权利要求带来了一定的困难。面对这种类型的权利要求，首先应该准确把握与发明构思密切相关的核心技术手段，明确假如现有技术中存在足以破坏本申请新颖性和创造性的文献，则其必须公开哪些技术特征，从而据此确定基本检索要素并对检索目标建立初步预期。

当用关键词表达检索要素时，除了通过同义词、近义词等进行字面上的扩展时，还可以利用要素之间的关联关系对要素进行间接表达。例如在本申请中，无论是关键词还是分类号都不易直接表达信包箱处于楼宇之内的位置特征，但是当通过理解发明认识到这种位置限定实质上反映的是有权接触信包箱的人员身份和范围之后，可以利用"物业""门禁""物管"等关键词，将"处于楼宇内的信包箱"这一概念表达为"受物业管理的信包箱"。尽管的确有可能存在位于室外的受到监管的信包箱，但是与直接以各种词汇表达"楼宇内""室内"可能引入干扰文献相比，"受物业管理的信包箱"更接近发明构思，更有利于发现相关文献。

本申请针对门禁的实现过程、物业管理系统对小区的管理过程有较为细节的限定，作为最接近现有技术的对比文件中虽然缺少这些细节，但由于这些细节特征是现有技术中解决其问题的常规手段，并且在本申请中也仅发挥与现有技术中一样的已知功能，与体现发明构思的特征相对独立，因此可进一步检索对比文件以评述整个方案的创造性。

（二）案例4-4-2：一种基于历史烹饪信息的烹饪引导方法

1. 案情概述

本申请属于智能家居领域中基于历史烹饪信息的烹饪引导方法。现有烹饪领域中所生产的炊具都只是提示用户输入信息，再根据用户输入的信息进行烹饪。用户为了达到烹饪目的通常执行以下操作：首先，在电炊器中选择食材；其次，调节电炊器的按钮来选择对应的烹饪方式；最后，点击电炊器上的"开始"按钮。按照上述操作方式，用户每次烹饪时都需要花费时间调整电炊器采用的烹饪方式，以达到相应的烹饪目的，操作过程较为烦琐。

本申请提供的基于历史烹饪信息的烹饪引导方法基于历史烹饪信息对用户进行引导，根据对待烹饪食材已采用的烹饪方式的历史统计信息，调整符合用户习惯的烹饪方式，为用户提供健康的饮食推荐，从而节省了用户的操作时间。

本申请独立权利要求的技术方案具体如下：

1. 一种基于历史烹饪信息的烹饪引导方法，其特征在于，包括：

第一电炊器接收用于请求历史烹饪信息的指令信息；

所述第一电炊器响应所述指令信息获取所述历史烹饪信息，其中，所述历史烹饪信息至少包括：对已采用的烹饪方式进行统计得到的统计信息；

所述第一电炊器根据所述历史烹饪信息为用户提供可被选择的第一烹饪方式和/或第二烹饪方式，其中，所述第一烹饪方式在所述历史烹饪信息中被统计的已采用的次数高于第一预定阈值，所述第二烹饪方式在所述历史烹饪信息中被统计的已采用的次数低于第二预定阈值。

2. 充分理解发明

权利要求1请求保护的烹饪引导方法是存储于电饭锅等电器具中的程序执

行的方法，其与背景技术中提到的传统电炊器的区别在于通过统计使用该电炊器用户的历史烹饪信息，能够对未来用户的烹饪行为作出预测，并据此向用户提供可供选择的第一烹饪方式和/或第二烹饪方式，因而更加"智能"化。

本申请的说明书中，记载了本申请能够产生的两个有益效果：一是解决了用户需要花费大量时间调整电炊器采用的烹饪方式的问题；二是达到了平衡膳食的目的。

根据当前权利要求的技术方案比较容易确定第一个技术效果，因为该方法的基本构思与较为常见的电子商务领域中根据用户的历史购买行为推荐可供选择购买的商品是类似的，都属于应用历史数据的统计信息并假设历史行为与未来行为之间可能具有相关性来对用户行为作出预测。也就是说，当所推荐的烹饪方式的确是用户需要选择的方式时，用户无须再次设置烹饪方式，直接采用默认推荐即可。由于本申请将上述构思用于电炊器领域，因此应该优先检索相同领域内公开了类似手段的现有技术文献，如果不能找到相同领域中的文献，则需要考虑这种技术领域上的转换所能产生的有益效果是否是本领域技术人员容易预期的。

根据当前权利要求尚无法确定其能够产生帮助用户平衡膳食的效果。权利要求中可能与平衡膳食相关的特征是"所述第一烹饪方式在所述历史烹饪信息中被统计的已采用的次数高于第一预定阈值，所述第二烹饪方式在所述历史烹饪信息中被统计的已采用的次数低于第二预定阈值"，即通过设定阈值确定推荐的烹饪方式，而所述烹饪方式代表膳食结构。然而，当前权利要求中既没有限定第一烹饪方式和第二烹饪方式自身具有任何与膳食结构相关的特征，也没有限定电炊器提供任何与膳食平衡相关的指示信息以便作出烹饪方式的选择，本领域技术人员无法从权利要求的方案认识到其能够产生说明书中的技术效果。因此在评述权利要求的创造性时，应该注意避免将仅在说明书中记载的内容理解为对权利要求的限定。

3. 检索过程分析

（1）检索要素确定及表达。

本申请公开文本的分类号是 G06F 19/00，专用于特定应用的数据处理设备和方法。但是自 2019 年 2 月 1 日起 G06F 19/00 组不再用于文献分类，而转至 G16Z99/00 组。考虑到本申请的申请日远早于 2019 年，且早期被分类至 G06F 19/00 未完全改版为新分类位置，因此仍可选择 G06F19/00 作为检索使用的分类号之一，同时将分类号扩展至新组 G16Z99/00。虽然本申请不涉及对电炊器机械结构上的改进，但是该方案整体上仍可视为对炊事器具烹饪功能的优化，因此现有技术中与其类似的发明也有可能被给予和烹饪器具有关的分类号。通过查阅分类表可知，相关的 IPC 分类号包括 F24C7/00（涉及用电能加热的炉或灶）、F24C7/08（涉及控制或安全装置的配置或安装）等。

另外，考虑到本申请的申请人是国内知名的锅具生产厂家，并且该技术方案本身的功能描述相对简单，有可能在产品的说明书和广告中出现相关描述，因此可以查找在线购物网站并检索电锅相关内容查看其功能说明、用户使用评价等信息，用于扩展检索要素的表达方式。

根据对权利要求技术方案的理解，不难看出"获取和分析烹饪历史信息"是关键技术手段，应作为基本检索要素，对其进行扩展时可表达为"频率""频度""次数"等。

此外，"电炊器"是本申请的具体领域，将基于历史行为数据的统计信息进行推荐的手段应用于该领域有可能产生有益的效果，因此"电炊器"也应作为基本检索要素之一。同时应注意到，"电炊器"是一个不常见的表达方式，检索时可以用更加生活化的词语或者与烹饪器具有关的分类号对其进行表达，如"电饭煲""电炊器""电锅"等。另外，本申请的推荐过程反映的是用户对烹饪方式的倾向，因此"偏好"也是用来表示上述手段的基本检索要素。本申请检索要素表如表 4 - 4 - 4 所示。

表 4 - 4 - 4　案例 4 - 4 - 2 检索要素表

基本检索要素	电炊器	历史信息	偏好
中文关键词基本表达	苏泊尔，九阳，烹饪，炊具，厨具，锅，电饭煲，电炊器，电炊具，烹调	历史，频率，频度，次数，以往，以前，统计	个性化，推荐，偏好，喜好，习惯，倾向
英文关键词基本表达	cooker，pot，oven，supor，joyong	history，frequency，statistics，count	preference，select，choose recommend
分类号基本表达	F24C7/00；F24C7/08	G06F19/00；G16Z99/00	

（2）检索过程。

基于上述检索要素，首先在中国专利文摘库（CNABS）中进行全要素的检索，并结合分类号进行限定以减少噪声，具体检索过程如下：

1	CNABS	798	（烹饪 or 烹调 or 菜 or 料理） s（历史 or 偏好 or 习惯）
2	CNABS	486472	频率 or 阈值
3	CNABS	89	1 and 2

4	CNABS	497545	（G06F19 or G16Z99）/ic
5	CNABS	45	3 and 4
6	CNABS	179	（烹饪 or 烹调 or 菜谱 or 料理）s（历史 or 偏好 or 习惯 or 喜好）
7	CNABS	15	2 and 6

考虑到该领域的申请相对集中在几个特定的申请人中，针对申请人、发明人等信息进行检索，检索过程如下：

8	CNABS	3254	/pa 苏泊尔
9	CNABS	2	6 and 8
10	CNABS	193	/in 林达福 or 凌金星 or 陶惠钧
11	CNABS	2	6 and 10

在中文全文库 CNTXT 中针对发明点进行检索：

1	CNTXT	141	（烹饪 or 烹调）5d 历史
2	CNTXT	8012572	pd＜20131204
3	CNTXT	62	1 and 2

在英文摘要库（VEN）中利用关键词，结合分类号进行检索：

1	VEN	170858	（G06F19 or G16Z99）/ic
2	VEN	347023	cook +
3	VEN	2705146	guid +
4	VEN	21	1 and 2 and 3
5	VEN	89721	history
6	VEN	16	1 and 2 and 5
7	VEN	2793313	G06F19/ic
8	VEN	207	cook + s history
9	VEN	102	7 and 8
10	VEN	472890	threshold
11	VEN	4	9 and 10
12	VEN	77	cooking s history
13	VEN	27	12 and 7

进一步扩展关键词的表达方式，并在英文摘要库中进行检索：

1	VEN	333991	cook +
2	VEN	3994966	guid + or lead +
3	VEN	20225	1 and 2

4	VEN	107588	（past 2D record ＋） or（histor ＋）
5	VEN	29	3 and 4
6	VEN	1264	3 and（select ＋ or choose ＋）
7	VEN	1202867	count ＋
8	VEN	68	7 and 6

在英文专利数据库中采用烹饪领域的重要申请人作为检索要素进行检索：

9	VEN	1682	SUPOR/pa
10	VEN	9	9 not（cn/pn）
11	VEN	2249	joyoung/pa
12	VEN	22	11 not（cn/pn）
13	VEN	22103	midea/pa
14	VEN	89	13 not（cn/pn）
15	VEN	49653	recommend ＋
16	VEN	441	1 and 15
17	VEN	2950	recommend ＋ w system
18	VEN	12	17 and 1

4. 对比文件分析与创造性判断

（1）对比文件分析。

对比文件 1 公开了一种带有自动烹饪程序预选装置的烹饪器具和用于设定这种烹饪器具的方法，具体公开了如下内容：在接通（开启）烹饪器具之后，如果用户选择了"推荐"模式（相当于第一电炊器接收用于烹饪信息的指令信息），则在显示装置上显示通过第一、第二和/或第三参数预选的多个程序，并允许用户通过至少一个操作装置选择所显示的这些程序中的一个（相当于第一电炊器为用户提供可被选择的第一烹饪方式）。预选的程序在显示装置上的排列顺序和/或布置由分析相应程序的平均使用频率确定（公开了请求历史烹饪信息，根据历史烹饪信息对多个程序排序，因而是根据历史烹饪信息提供的第一烹饪方式，并隐含公开第一烹饪方式在所述历史烹饪信息中被统计的已采用的次数高于第一预定阈值），和/或在烹饪器具的工作中更新。预选程序在显示装置上的顺序和/或布置由使用频率自身确定，其中所述使用频率优选在烹饪器具工作期间更新，和/或根据经验值相关地确定（隐含公开所述第一电炊器获取所述历史烹饪信息，其中所述历史烹饪信息至少包括对已采用的烹饪方式进行统计得到的统计信息）。

对比文件 2 公开了一种烹饪方法，即在炉具存储器中存储有多种烹饪程序的数字化烹饪菜谱数据库，用户可方便快捷地从烹饪程序数据库中选择一个烹饪程序，启动该烹饪程序，炉具立即按照该烹饪程序的每一道烹饪工序所规定的加热方式、火力、温度、时长等参数的要求，逐一自动选择炉具的加热设备，自动来烹饪食物，直到完成该烹饪程序的全部工序。操作主控界面上设置有"常用的"烹饪程序的分类选择项，用户选择了"常用的"选择项，将"常用的"选择项设置为选择状态，并在用户界面上列出按照"使用频度"排序的所有烹饪程序（相当于第一电炊器根据历史烹饪信息为用户提供可被选择的第一烹饪方式，根据历史烹饪信息为用户提供可被选择的第一烹饪方式在历史烹饪信息中被统计的已采用的次数高于第一预定阈值）。权利要求1与对比文件1的区别特征为：根据历史烹饪信息为用户提供可被选择的第二烹饪方式，第二烹饪方式在历史烹饪信息中被统计的已采用的次数低于第二预定阈值。

权利要求1相对于对比文件2的区别特征为：①第一电炊器接收用于请求历史烹饪信息的指令信息；②根据历史烹饪信息为用户提供可被选择的第二烹饪方式，第二烹饪方式在历史烹饪信息中被统计的已采用的次数低于第二预定阈值。

在判断选择对比文件1还是对比文件2作为最接近的现有技术时，不仅要考虑技术领域、公开的技术特征的多少，还要注意现有技术所解决的技术问题，尽可能将相同和/或相近技术领域中技术问题与本申请的发明要解决的技术问题相关联的那些现有技术优先作为最接近的现有技术来评价发明的创造性。

具体到本申请，无论是对比文件1还是对比文件2实际上都公开了根据使用频率确定优先推荐的烹饪程序，对比文件1或对比文件2与本申请解决的技术问题是类似的，区别特征主要在于选择的具体推荐方式上。因此，对比文件1或对比文件2实际上均可单独作为X类文献评价本申请的创造性。由于对比文件1直接公开了根据用户选择操作获取程序平均使用频率，因此选择对比文件1作为最接近的现有技术。

（2）创造性判断。

基于权利要求1相对于对比文件1的上述区别特征，权利要求1实际解决的技术问题是如何为用户提供其他类型的烹饪推荐选项。在本领域中，根据多种不同的标准进行排序推荐是惯用的技术手段。在对比文件1已经公开了根据频度（对应第一个阈值）来提供第一烹饪方式的做法，本领域技术人员容易想到根据其他标准设置第二阈值，继而根据第二阈值的判断来提供第二种烹饪方式的做法。

在对比文件1基础上结合本领域惯用技术手段获得权利要求1所要求保护

的技术方案对本领域技术人员来说是显而易见的，因此该权利要求不具备突出的实质性特点和显著的进步，因而不具备创造性。

5. 案例启示

本申请权利要求 1 的技术方案步骤简单，发明构思清晰，在发明理解上一般不容易出现偏差。然而，由于方案较为简单，在检索过程中容易出现大量看起来类似但实际上与本申请发明构思不同的涉及炊具的现有技术文献。对于此类申请，应从整体上理解申请人是为了解决现有技术的何种缺陷，针对该缺陷提出的方案中采用了哪些步骤使得本申请与现有技术区分开来，进而确定基本检索要素。在创造性评判过程中，应避免出现"事后诸葛亮"的错误。

现有技术中存在基于历史行为快速筛选出符合用户偏好的推荐结果的解决方案，但是不能仅从手段是否相同来判断该解决方案是否具备创造性，还应考虑申请的应用领域，不能忽视将应用于其他领域中的手段转用到本申请所属领域时的难度及其可能产生的有益效果。

第五章

区块链技术及应用

区块链的概念首次出现在 2008 年中本聪发表的《比特币：一种点对点的现金系统》（*Bitcoin：A peer – to – peer electronic cash system*）中。该文提出以区块链技术为基础的比特币（Bitcoin）系统构架，所有元数据和加密交易信息都记录在该架构中，从而建立了一个采用点对点（P2P）技术的分布式电子现金系统，使得在线支付的双方可不通过第三方金融机构而直接进行交易。

随着比特币网络多年来的稳定运行与发展，比特币在全球流行起来。同时，比特币的底层技术逐渐引起了产业界的广泛关注，并被命名为"区块链"技术，使之与比特币技术区分开。

区块链可以视作一个账本，每个区块可以视作一页账，其通过记录时间的先后顺序链接起来就形成了"账本"。一般来说，系统会设定每隔一个时间间隔就进行一次交易记录的更新和广播，这段时间内系统全部的数据信息、交易记录被放在一个新产生的区块中。如果所有收到广播的节点都认可了这个区块的合法性，这个区块将以链状的形式被各节点加到自身的链中，就像在旧账本里添加了新的一页。作为一种在不可信的竞争环境中低成本建立信任的新型计算范式和协作模式，区块链凭借其独有的信任建立机制，正在改变诸多行业的应用场景和运行规则，是未来发展数字经济、构建新型信任体系不可或缺的技术之一。

区块链在新的技术革新和产业变革中起着重要作用。2016 年 12 月，由国务院发布的《国务院关于印发"十三五"国家信息化规划的通知》中，"区块链"首次被作为战略性前沿技术写入。

近几年来，涉及区块链技术的专利申请量增长迅猛，本章将从区块链组织架构、区块链安全机制、区块链行业应用、数字货币四个方面分别介绍相关典型专利申请在检索及创造性评判方面的难点或要点。

第一节　区块链组织架构

一、区块链组织架构技术综述

（一）区块链组织架构概述

区块链从狭义来说，是一种将数据区块以时间顺序相连的方式组合成的并以密码学方式保证不可篡改且不可伪造的分布式数据库。从广义来说，是利用块链式结构来验证并存储数据、利用分布式节点共识算法来生成并更新数据、利用密码学方式保证数据传输和访问安全、利用由自动化脚本代码组成的智能合约来编程并操作数据的一种全新的分布式基础架构与计算方式。

典型的块链存储结构由三部分组成：本区块的地址、交易单和前一区块的地址，这种设计使得每个区块都能找到其前一区块，甚至溯源至起始区块，从而形成一条完整的交易链。

一般来说，区块链的基础架构包括数据层、网络层、共识层、激励层、合约层和应用层❶。其中，数据层封装了底层数据区块及相关的数据加密和时间戳等技术；网络层包括分布式组网机制、数据传播机制和数据验证机制等；共识层主要封装网络节点的各类共识算法；激励层将经济因素集成到区块链技术体系中来，主要包括经济激励的发行机制和分配机制等；合约层主要封装各类脚本、算法和智能合约，是区块链可编程特性的基础；应用层则封装了区块链的各种应用场景和案例。其中，基于时间戳的链式区块结构、分布式节点的共识机制、基于共识算力的经济激励和灵活可编程的智能合约是区块链技术最具代表性的创新点。

区块链的分层架构使区块链的应用开发具有很好的可扩展性和开放性，因而能适应多种应用场景。区块链技术在持续扬弃中不断发展，实现了以需求为导向的应用创新。例如，多通道技术将整个区块链网络按照交易规则划分成多

---

❶ 袁勇，王飞跃. 区块链技术发展现状与展望［J］. 自动化学报，2016，42（4）：481－494.

个通道，每个节点与关联的配置和数据共同构成一条逻辑上完整的子链，每个节点可同时在多条子链上参与共识，每条子链上的交易具有独立性。多通道技术将原来的单链结构演化成为多链模式，不同的应用可根据需要生成不同的子链，不同的交易在各自的子链上并行处理，子链所在的通道之间相互隔离，避免了单链结构在处理能力方面存在的木桶效应。❶

（二）专利申请特点概述

随着对区块链技术的深入研究，近几年涉及区块链技术的专利申请量增长迅速。截至 2020 年 9 月，在德温特世界专利索引数据库（DWPI）中公开的专利申请中，涉及区块链的专利申请有 2 万余件。从图 5 - 1 - 1 可以看出，2008—2015 年是区块链技术的起步阶段，专利申请量较少。2015 年后，区块链获得了越来越多的关注，金融企业、互联网企业和制造业等积极投入区块链技术的研发和应用推广，专利申请量开始快速增加（受专利公开滞后的影响，2019 年和 2020 年申请数据不完整）。

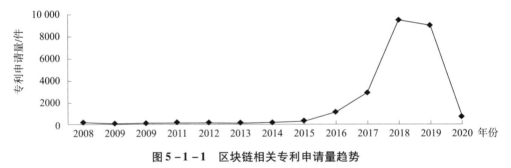

图 5 - 1 - 1　区块链相关专利申请量趋势

注：2020 年数据截止到 9 月。

图 5 - 1 - 2 示出了向中国、美国、日本、韩国和欧洲专利局递交的涉及区块链的专利申请量。从图中可以看出，区块链技术相关专利申请在中国、美国布局最多，技术研究十分活跃。

在中国专利文摘数据库（CNABS）中对区块链技术相关的专利文献进行检索和统计，截至 2020 年 9 月，区块链相关专利申请量有 1 万余件。图 5 - 1 - 3 示出了我国国内区块链领域的专利申请量的发展趋势。可以看出，2016 年之前，国内涉及区块链技术的专利申请量不多，整体呈萌芽状态。2018 年，专利申请量呈现爆发式增长，据此反映出国内申请人近几年来对区块链相关技术研

---

❶ 王群，李馥娟，王振力，等. 区块链原理及关键技术［J］. 计算机科学与探索，2020，14（10）：1621 - 1643.

发和应用的高度重视（受专利公开滞后的影响，2019 年、2020 年数据不完整）。

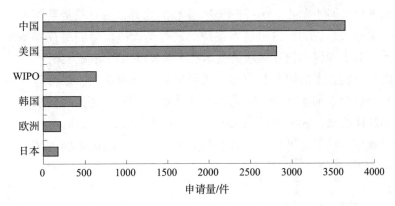

图 5 - 1 - 2 2008—2020 年中国、美国、日本、韩国、
欧洲和 WIPO 区块链相关专利申请量比较

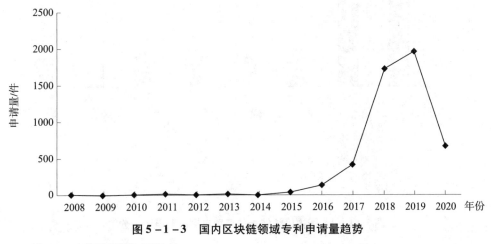

图 5 - 1 - 3 国内区块链领域专利申请量趋势

注：2020 年统计数据截止到 9 月。

区块链技术相关专利申请涉及的 IPC 分类号主要集中于 G06Q、H04L 和 G06F 这三个小类。其中，G06Q 小类下专利申请量最多，该分类代表的是商业数据处理系统等领域，更侧重区块链技术的应用。其次分别是 H04L（数字信息的传输）和 G06F（电数字数据处理），这两个小类的专利申请更侧重区块链技术本身的改进。

2014—2015 年，区块链行业在国内仍处于起步阶段，上述三个 IPC 小类所涉及的专利申请量在区块链相关专利申请中就占据较大的比例。2016—2017 年，上述三个小类涉及的专利申请量均呈现大幅增长趋势，但 G06F 相关专利申请量的增幅要小于另外两个小类。随着时间的推进，区块链相关专利申请的申请量呈现出从 G06F 向 G06Q 和 H04L 偏移的趋势，这种趋势与国内区块链技术发展状况有关，说明国内申请人在持续进行基础协议等底层技术研发的基础上，开始倾向于探讨如何让区块链技术在产业界落地的解决方案。

国内区块链技术的研发和应用，主要是依靠政府部门、银行等大型金融机构及互联网企业来加速推进。政府部门加快制定区块链的技术标准及相应的监管措施和法律法规，大型金融机构形成多个超级联盟，在技术研发上不断发力，互联网企业更是较早地进行多领域布局。图 5 - 1 - 4 示出了国内区块链领域主要专利申请人。

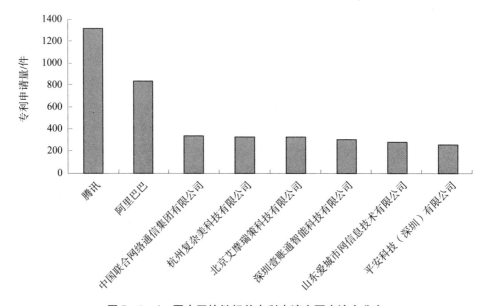

图 5 - 1 - 4　国内区块链相关专利申请主要申请人分布

腾讯在区块链领域的专利申请始于 2016 年，2016—2018 年的总申请量不足 200 件，而 2019 年其申请量显著增加，总申请量达 800 余件。阿里巴巴在区块链领域的专利申请始于 2016 年 12 月，申请内容大多涉及对区块链关键技术的改进和利用区块链技术对现有数据进行处理，前者包括共识方法或装置、区块链数据存储和查询、区块链节点通信方法、区块链节点信息监控及基于区块链的数据处理或业务处理，后者包括采用区块链技术对现有数据进行校验、监控、备份、隐私保护等。之后阿里巴巴陆续将区块链技术应用到供应链、金融、公益、医疗等多个领域，将区块链技术与其热门业务融合，带动原有业务升级，逐步成为国内区块链行业的佼佼者。

二、检索及创造性判断要点

区块链通常采用分层架构，通过全网节点共识实现公共账本数据的统一。区块链组织架构本身涉及的技术细节繁杂，当其应用于不同领域时，还会涉及不同的业务逻辑，其检索和创造性评判都具有一定的难度。

涉及区块链组织架构的专利申请大多与具体应用领域、业务流程相结合，现有的分类表中仅提供了少部分应用领域的分类位置，而对于特定区块链组织架构的技术细节，对于新商业模式涉及的应用领域，都难以用分类号进行表达。例如，对于单链或者多链这类结构特征，对于共识算法、智能合约这类有关区块链工作机制的特征，对于众筹、众包、共享经济等新商业模式的应用场景，分类表中都缺少相对准确的 IPC 或 CPC 分类位置，对该领域专利申请的检索主要依赖于关键词的选择和扩展。

同时，对这类申请进行创造性评判时，要重点关注组织架构所涉及的基础技术内容是如何被有机整合起来的。例如，是否在应用于特定领域时为解决特定技术问题而进行了特定形式的整合。如果区块链组织架构是服务于特定领域中的具体业务，从理解发明、检索到创造性判断的整个过程，都应将特定领域与区块链的组织架构作为整体看待，关注其中的关联，客观评价该特定领域下的业务流程是否给区块链的组织架构带来了技术上的改进。还需注意的是，很多新商业模式中都运用了区块链技术，而不同商业模式也有可能采用类似或相同的区块链组织架构，因此在检索时应注意对应用场景的扩展，在创造性评判时要考虑类似或相同的区块链组织架构是否易于转用到其他应用场景中。

三、典型案例

（一）案例 5 - 1 - 1：跨链交易的区块链互联网模型的核心算法

1. 案情概述

本申请涉及针对金融体系的区块链互联网技术，特别是采用分布式的区块链互联网结构。现有的区块链互联网，如宇宙网（Cosmos），多为中心化的结构，其中间链是一个中心机构，于是中间链的计算及通信链易成为区块链互联网的瓶颈。另外，其每一条链都需要维持自己的一致性，而中间链也需要动态维持与每一条参与链之间的一致性，进而一条跨链交易需要多条参与链与中间链共同维持，使得区块链的运行速度减慢。

为了克服应用于金融系统的链网（如宇宙网等）效率较慢的问题，本申请提供了一种跨链交易的区块链互联网模型的核心算法，其组织架构为如图 5 - 1 - 5 所示的金丝猴模型，基于该模型，在证券结算时无须每笔交易都通过一个总的中央机构，各个中间机构的交易量和负载量都大大减轻。同时，还可以并行操作，进而提高了交易的效率，增快了交易的速度，也保证了系统的一致性。

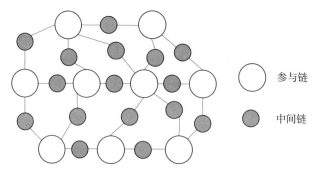

图 5 - 1 - 5　金丝猴模型

本申请独立权利要求的技术方案具体如下：

1. 一种跨链交易的区块链互联网模型，其特征在于，包含以下组成部分：

（1）参与链，代表一个或多个金融机构或金融单位，可包含由一至多个节点；

（2）中间链，代表一个中间机构，起到中央对手方的作用；

（3）每两条参与链之间可连有中间链，中间链可连接两条至多条参与链，并由中间链完成两条或多条参与链之间的交易，其包含两种交易模式，以适用于不同的需求：

（3a）实时交易：即时执行每一条交易；

（3b）多边净额结算：在每个结算周期结束时进行多边净额结算，一起处理多笔待定交易；

（4）若干多个金融机构构成了一个分布式网络。

2. 充分理解发明

本申请将区块链技术架构应用于证券结算业务，利用基于区块链技术的分布式交易结算系统实现交易机构在中央对手制度下的证券买卖。其方案是基于区块链技术将若干个金融机构以参与链、中间链的形式构成一个分布式网络，链网包含若干条中间链，每一条中间链代表一个中间机构，其本身也是一个金融机构，可以起到中央对手方的作用。每两条参与链之间可连有一条或多条中间链，每条中间链可连接两条至多条参与链，并由中间链完成两条或多条参与链之间的交易，利用区块链实现了中央对手方制度下的证券结算。

3. 检索过程分析

（1）检索要素确定及表达。

基于上述对发明构思的解读，可以从区块链组织架构及行业应用两个方面提取基本检索要素并进行表达（检索要素表见表5-1-1）。

本申请中，涉及行业应用的专业术语运用比较规范，关键词的扩展方向也比较明确，关键词的表达相对容易。而对于组织架构方面，在进行关键词表达时，受制于其特定的区块链结构类型，如金丝猴模型，很难对中英文关键词进行有效扩展。

由于本申请涉及金融行业，主要考虑的分类号包括G06Q40/04——交易（如股票、商品、金融衍生工具或货币兑换），G06Q20/02——涉及中立的第三方（如认证机构、公证人或可信的第三方（TTP）），G06Q20/06——专用支付电路（如涉及仅在通用支付方案的参与者中使用的电子货币）。对于区块链组织架构，可考虑以下几个分类号：H04L29/08——传输控制规程（如数据链级控制规程），H04L29/06——以协议为特征的通信协议或通信处理，G06F16/27——在数据库间或在分布式数据库内的数据复制、分配或同步。

表5-1-1　案例5-1-1检索要素表

检索要素	区块链组织架构	证券交易
中文关键词基本表达	金丝猴模型、互联网模型、分布式网络、拓扑、跨链、参与链、中间链、多链	证券交易、结算、中央对手方、多边净额结算、证券集中托管结算
英文关键词基本表达	distributed system、topology、cross-chain、participant blockchains、PPCs、inter-chain blockchain、ICC	securities trading、account、central counterparty、CCP、multilateral netting、centralized securities custody and settlement
分类号基本表达	H04L29/08；H04L29/06	G06Q40/04；G06Q20/00

（2）检索过程。

基于上述检索要素，首先考虑在中英文摘要库及全文库中进行全要素的检索，即采用"区块链组织架构"＋"行业应用领域"的块检索方式进行检索：

1　CNABS　2　区块链 and（跨链 or 参与链 or 中间链 or 金丝猴模型 or 互联网模型）and（证券交易 or 中央对手方 or 多边净额）

2　CNTXT　13　区块链 and（跨链 or 参与链 or 中间链 or 金丝猴模型 or 互联网模型）and（证券交易 or 中央对手方 or 多边净额）

基于上述方式并未在专利文献数据库中获得理想的检索结果，此时考虑调整检索思路和检索数据库，即从本申请解决的问题出发，在非专利数据库中进行检索。

如前文分析，本申请要解决的问题是利用区块链技术实现中央对手方制度下的证券结算，从而使用关键词"区块链"和"证券结算"在 CNKI 数据库中进行检索，即可得到内容相关程度比较高的一篇文献"区块链技术的本质特征及在证券业的应用"，该文献可作为对比文件。

4. 对比文件分析与创造性判断

（1）对比文件分析。

该篇对比文件公开了区块链可应用于证券登记与发行、证券清算和结算等领域，通过区块链技术能够简化证券市场业务流程、降低交易成本。证券结算是对应收和应付证券和资金的转移交收操作，包括清算和交收两个过程。清算和交收遵循净额结算、中央对手方（CCP）、货银对付（DVP）和分级结算四个基本原则。净额清算分为双边净额清算和多边净额清算（相当于多边净额结算：在每个结算周期结束时进行多边净额结算），交易主体 A 和交易主体 B 在中央对手制度下进行证券买卖，A 和 B 不直接交易，交易被分为 A 和中央对手方之间、B 和中央对手方之间的两笔交易。基于区块链技术的分布式登记结算系统（相当于若干多个金融机构构成了一个分布式网络），将实时全额结算模式（相当于实时交易，即时执行每一条交易）作为中央对手方制度的补充和替代。

（2）创造性判断。

基于上述分析可知，权利要求 1 与对比文件之间的区别特征包括：参与链，代表一个或多个金融机构或金融单位，可包含一至多个节点；中间链，代表一个中间机构，起到中央对手方的作用；每两条参与链之间可连有一条或多条中间链，每条中间链可连接两条至多条参与链；由中间链完成两条或多条参与链之间的交易。基于上述区别特征可以确定，权利要求 1 的方案实际要解决的问题是如何利用区块链实现中央对手方制度下的证券结算。

上述区别特征虽然具体限定了金融机构（参与链）和中央对手方（中间链）之间的交易方式，即金融机构彼此之间并不互联，各金融机构与中央对手方互联，由中央对手方完成金融机构之间的交易。然而，对比文件公开了交易主体 A 和交易主体 B 在中央对手制度下进行证券买卖，A 和 B 不直接交易，交易被分为 A 和中央对手方之间、B 和中央对手方之间的两笔交易。显然，交易主体 A 和交易主体 B 之间彼此并不互联，而是各自与中央对手方互联，通过中央对手方完成 A 和 B 之间的交易。由此可见，对比文件公开了上述区别特征中限定的交易方式。进一步地，该篇对比文件还公开了基于区块链技术的分布式登记结算系统，在此基础上，本领域技术人员根据本领域公知常识很容易想到将区块链应用于交易主体和中央对手方，使得参与链代表金融机构、中间链代表中央对手方，共同构成区块链的组织架构，实现中央对手方制度下的证券结算。因此，权利要求1相对于对比文件与公知常识的结合不具备创造性。

5. 案例启示

本申请涉及应用于证券结算的区块链组织架构。对这类申请的检索和创造性评判，首先要了解方案中涉及的行业基本概念，还要厘清其与区块链组织架构之间的关系。以本申请为例，其涉及应用于证券结算业务的"金丝猴模型"，其中有交易需求的金融机构双方在中央对手制度下进行证券买卖时，彼此之间不能直接交易，而是需要将其转化为金融机构双方分别与中央对手之间的交易，由此构建基于区块链技术的分布式登记结算系统作为"金丝猴模型"。可见，"金丝猴模型"的具体构成是由证券结算业务的需求所决定的。因此，在检索和创造性评判中，要关注证券结算业务及其与区块链组织架构之间是否在技术上紧密关联。由于本申请的解决方案仅是将证券结算业务进行简单上链，其结算业务流程并没有给区块链组织架构带来技术上的较大改进，因此并不具备创造性。

（二）案例5-1-2：基于区块链技术的众包系统及其建设方法

1. 案情概述

本申请涉及网络空间安全技术领域，尤其涉及基于区块链技术的众包系统。在传统的众包模式中，雇主和工作者都需要依赖可信的第三方来处理任务派发、交易及任务评估等工作。这类系统与传统金融机构一样受制于"基于信用的模式"，中心化服务器会产生单点故障问题，还会导致系统可用性及隐私泄露问题。为了解决上述问题，本申请提出一种解决方案，将区块链技与众包模式相结合，通过智能合约，无须再依赖第三方，通过该模型，雇主和工作者能够进行公平交易。

本申请独立权利要求的技术方案具体如下：

1. 一种基于区块链技术的众包系统，其特征在于：包括应用层、区块链层及数据存储层；

所述区块链层包括若干相互连接的区块，所述区块包括智能合约模板；

所述应用层根据智能合约模板的内容，用于编辑和录入用户信息；

所述智能合约模板用于用户信息注册、用户任务众包条件达成、任务众包结果汇总及创建智能合约；

所述数据存储层用于存储原数据信息及任务结果信息；

所述原数据信息的哈希值由所述区块链层进行保存，确保数据的完整性及不可追溯性。

2. 充分理解发明

本申请涉及应用于众包领域的区块链组织架构。众包是电商模式的一种，通过聚集全球各个地方的劳动者，为企业和个人等提供解决方案，涵盖的领域包括工程制造、网页开发、艺术设计等。在现有技术中，雇主将任务发布在Freelancer、oDesk、Amazon Mechanical Turk、UBER 及猪八戒网等第三方众包平台，工作者通过竞争来为雇主提供有偿服务。

本申请的方案是将任务的发布、接收、评估等过程以智能合约的形式写入区块链层平台中，雇主与工作者无须经过可信的第三方中介机构即可自动完成交易。

3. 检索过程分析

（1）检索要素确定及表达。

基于上述分析，可以从区块链组织架构及众包领域两个方面提取基本检索要素并进行表达（检索要素表见表 5 - 1 - 2）。

表 5 - 1 - 2　案例 5 - 1 - 2 基本检索要素表

检索要素	区块链组织架构	众包领域
中文关键词基本表达	应用层，区块链层，数据存储层，智能合约，哈希值	众包，任务
英文关键词基本表达	User, data, application, blockchain, smart contract, hash	Crowsourcing, task, mission, assignment
分类号基本表达	G06F21/60	G06Q10/06

对本申请而言，其涉及区块链组织架构中的应用层、区块链层、数据存储层及智能合约等内容，还涉及区块链技术在众包领域的落地应用，对这两方面检索要素中的关键词表达都较为容易。

由于分类表中没有针对区块链组织架构、众包领域的具体分类位置，从而难以根据上述检索要素就 IPC 或 CPC 分类号进行准确表达。对于众包领域，其分类号表达通常仅能限制到 G06Q；对于区块链组织架构，其分类号表达通常只能限制到 H04L、G06F。

因此，本申请并不适合依赖分类号进行检索，而应当将重点放在关键词的检索上；但为了减少噪声，可以使用分类号做进一步限定。

（2）检索过程。

基于上述检索要素表在专利数据库中进行全要素检索，所获得的检索结果数量相当少。检索过程如下：

1　CNABS　0　（区块链 or 智能合约）and 众包 and（pd < =20170322）

2　CNTXT　1　（区块链 or 智能合约）and 众包 and（pd < =20170322）

3　VEN　26　（block？chain？or（smart contract））and crowdsourcing

4　USTXT　175　（block？chain？or（smart contract））and crowdsourcing

浏览检索结果发现，虽然有多篇文献涉及区块链在众包领域中的应用，但是其公开日均在本申请的申请日之后，无法构成本申请的现有技术。

考虑到涉及区块链行业应用的研究成果在非专利数据库中公开的时效性更强，可转向非专利库中进行检索。

本申请是利用智能合约实现双方约定，其中将双方约定的规则制定成智能合约代码，将代码与项目状态记录在区块链上，并由区块链执行项目代码。因此，在 CNKI 数据库中，首先利用关键词"区块链""智能合约""众包"进行检索，但未能发现与本申请方案相近的现有技术。随后，减少关键词"众包"的限定，获得一篇名称为"众筹区块链上的智能合约设计"的现有技术，经过全文阅读，发现其与本申请的内容相关程度比较高，可以作为对比文件评述本申请的创造性。

4. 对比文件分析及创造性判断

（1）对比文件分析。

对比文件涉及一种众筹区块链上的智能合约设计，其公开了区块链把众筹项目的规则制定成智能合约代码，将代码与项目状态记录在区块链上，并由区块链执行项目代码，图 5 - 1 - 6 示出了其模块组织架构。

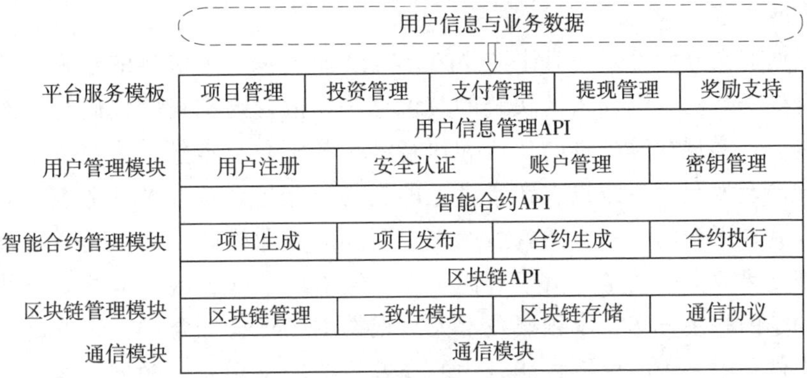

	用户信息与业务数据				
平台服务模板	项目管理	投资管理	支付管理	提现管理	奖励支持
	用户信息管理API				
用户管理模块	用户注册	安全认证	账户管理	密钥管理	
	智能合约API				
智能合约管理模块	项目生成	项目发布	合约生成	合约执行	
	区块链API				
区块链管理模块	区块链管理	一致性模块	区块链存储	通信协议	
通信模块	通信模块				

图 5 - 1 - 6　众筹区块链模块组织架构

区块链上的智能合约可以通过代码合约实现对众筹系统价值流的控制，将众筹业务流转换成智能合约代码，代码与状态均存放在区块链上面，并由区块链执行（相当于区块链层包括若干相互连接的区块，区块包括智能合约模板）。把合约执行的规则加入区块链的共识算法中，并且把合约本身的代码与状态放在区块链上，当合约触发时直接读取并执行合约代码，执行的结果返回到合约状态（相当于智能合约模板用于条件达成、结果汇总）。众筹区块链（crowd-funding private blockchain，CPBC）是私有区块链，包括平台服务模块、用户管理模块、智能合约管理模块、区块链管理模块、通信模块。用户管理模块，支持用户注册、安全认证、账户管理和密钥管理（上述对用户的注册及用户信息的录入必然是基于智能合约模板的内容进行的，相当于应用层根据智能合约模板的内容编辑和录入用户信息；智能合约模板用于用户信息注册）。智能合约管理模块，用于管理全生命周期活动，项目完整的生命周期包括项目的完成、项目的发布、合约生成（相当于智能合约模板用于创建智能合约）和合约执行。区块链管理模块，用于管理区块链的运行，存储平台所有的交易数据（相当于数据存储层用于存储原数据信息及结果上传信息）。众筹区块链中，每个区块包含时间戳、区块高度、前区块头部哈希值、区块制作者公钥、区块头部哈希值、状态根、交易根、版本号、交易结果根、扩展码、区块投票结果及交易信息（相当于原数据信息的哈希值由区块链层进行保存，确保数据的完整性及不可追溯性）。

（2）创造性判断。

权利要求1的方案与对比文件之间的区别特征在于：将区块链用于众包系统，其中智能合约模板用于众包条件达成和众包结果汇总。基于上述区别，权利要求1的方案实际解决的问题是如何基于区块链智能合约实现众包系统中交易双方的约定。

根据前文分析可知，对比文件的方案公开了基于区块链的众筹系统，通过把合约执行的规则加入区块链的共识算法，把合约本身的代码与状态放在区块链上，实现众筹条件的达成和执行结果的汇总。本领域人员都知晓，众筹系统涉及发起人、跟投人在平台上的交易，众包系统涉及任务发布者、任务接收者在平台的交易，两者虽然属于不同的商业模式，但都是通过技术平台实现交易双方的约定。由于对比文件已经给出了基于区块链智能合约实现双方约定的解决方案，本领域技术人员根据本领域公知常识，很容易想到将对比文件1中基于区块链智能合约的众筹系统转用到众包领域，通过智能合约模板达成任务众包条件、汇总众包结果，实现对众包平台上交易双方的约定。因此，在该篇对比文件的基础上结合本领域公知常识得到权利要求1的技术方案是显而易见的，权利要求1不具备突出的实质性特点和显著的进步，不具备创造性。

5. 案例启示

对于涉及特定应用领域的区块链组织架构的专利申请，在理解发明时要关注区块链组织架构中哪些层级或哪些机制为了适应新领域需要进行相应的改进。就本申请而言，其采用的区块链组织架构为常见的数据存储层、区块链层、应用层等形式，但其发明点在于利用智能合约实现众包系统中雇主与任务执行者的约定。因此，在进行检索和创造性判断时，不应将关注点放在区块链组织架构的组成部分上，而应重点考虑智能合约在应用于众包模式时是如何实现其功能的。

还需注意的是，不同应用领域也有可能采用类似的区块链组织架构来解决类似的问题。对比本申请与对比文件的解决方案，二者分别涉及众包、众筹两个领域，虽然应用领域不同，但都是利用智能合约实现双方的约定，对于这一关键技术手段没有因众包、众筹的应用场景不同而产生技术上的改进。因此，对于涉及特定应用领域的区块链组织架构的专利申请，当未能在该特定领域中检索到合适对比文件时，可以扩展到相近领域继续寻找答案。

第二节　区块链安全机制

一、区块链安全机制技术综述

（一）区块链安全机制概述

为了保障信息的安全可信，区块链技术中会采用哈希函数、非对称加密算法等安全技术手段。

哈希函数在密码学中又称为单向散列函数，它可以将任意长度的消息散列为固定长度的哈希值，主要用来完成认证消息、数据完整性及数字签名的验证，能够保障区块链数据的不可篡改性与完整性，进而保护信息的安全。

非对称加密算法是指在加密和解密的过程中使用一个"密钥对"，"密钥对"中的公钥是对外公开的，私钥是保密的，每一个私钥都可以推导得到对应的公钥，但从公钥无法推导得到对应的私钥。

虽然这些已有的加密技术能够在一定程度上保障区块链的信息安全，但区块链在应用过程中仍然存在很多待解决的安全问题，这些安全问题有可能会阻碍区块链技术的发展，阻碍其在各个领域的广泛应用。

区块链技术的安全风险主要涉及如下方面：

第一，存储层的安全威胁，主要包括文件系统、数据库等存储设备的安全风险，病毒木马攻击等传统网络安全风险，以及因数据窃取、破坏或误操作、系统故障等导致的数据丢失和泄露风险。

第二，协议层的安全威胁，主要包括利用 P2P 协议缺陷的分布式拒绝服务（DDOS）攻击，针对共识机制漏洞的算力攻击、女巫攻击、分叉攻击等，恶意节点的区块扣留攻击❶、自私挖矿攻击等。

第三，扩展层的安全威胁，主要来自智能合约的设计开发中可能存在的安全漏洞和后门，如时间戳依赖❷、函数的可重入性❸和超出调用栈深度❹等。

第四，应用层的安全风险，主要涉及私钥管理安全、账户窃取、应用软件漏洞等，其中用户私钥的安全性是区块链中信息不可伪造的前提，用户通过生成私钥保管自己的数字资产，如果私钥存储方式不安全，可能导致私钥的泄露或窃取，威胁用户数字资产的安全。❺

（二）专利申请特点概述

截至 2020 年 9 月，在中国专利文摘数据库（CNABS）中公开的专利申请中，涉及区块链安全机制的大约有 7000 件。从图 5 - 2 - 1 可以看出，2016 年前，有关区块链安全机制的专利申请量非常少；2016 年后，随着我国大力发展区块链技术，区块链安全机制开始获得越来越多的关注，相应的专利申请量也在急速增长。虽然受专利申请公开滞后的影响，图中 2019 年和 2020 年申请量数据比实际申请量要少，但从图中呈现的增长趋势来看，2019—2020 年该领域

---

❶ 区块扣留攻击是指在一个矿池中，一个恶意的矿工提交了无效的工作量证明，并且扣留已经发现的区块，这种攻击会降低矿池中其他诚实节点的收益。

❷ 时间戳依赖是指矿工在挖矿成功时会在区块中加入当地世界标准时间的时间戳，由于允许时间戳存在几秒钟的波动范围，因此攻击者有机会对触发智能合约的时间戳进行修改。

❸ 函数的可重入性是指在智能合约执行过程中，可能会涉及合约之间的相互调用，当一个合约调用另一个合约的时候，当前合约会暂停等待另一个合约的执行，但由于回退机制，从调用合约返回后又从头执行原合约，导致合约被循环调用。

❹ 超出调用栈深度是由于在调用合约时，每调用一次，与合约相关的堆栈会自动增加一帧，当超过调用堆栈大小的限制时则会抛出异常。如果攻击者提前生成一个将满的堆栈，则调用目标合约的函数时，就会出现堆栈超出限制抛出异常的情形。

❺ 中国信息通信研究院. 区块链安全白皮书——技术应用篇［EB/OL］.（2018 - 09 - 19）［2018 - 10 - 07］. http：//www. caict. ac. cn/kxyj/qwfb/bps/201809/P020180919411826104153. pdf.

的专利申请量仍呈现上扬态势，说明区块链安全机制的相关研究越来越活跃。

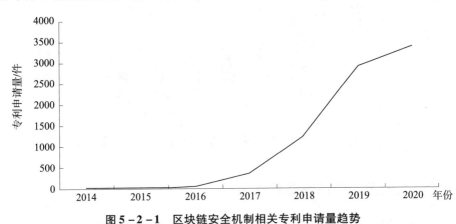

图 5 - 2 - 1　区块链安全机制相关专利申请量趋势

注：2020 年统计数据截止到 9 月。

从区块链安全机制相关专利申请的 IPC 分布来看，主要的分类号包括与区块链基础技术相关的分类号，即 H04L29/06（以协议为特征的通信控制、通信处理）和 H04L29/08（传输控制规程，如数据链级控制规程），G06F16/27（在数据库间或在分布式数据库内的数据复制、分配或同步，其分布式数据系统结构）和 G06F16/22（索引、数据结构、存储结构）；与安全技术相关的分类号，即 G06F21/60（保护数据）及其下位点组 G06F21/62（通过一个平台保护数据存取访问，如使用密钥或访问控制规则）和 G06F21/64（保护数据的完整性，如使用校验和、证书或签名），H04L9/00（保密或安全通信装置）及其下位点组 H04L9/32（包括用于检验系统用户的身份或凭据的装置）、H04L9/06（使用移位寄存器或存储器用于块式码的密码装置，如 DES 系统）和 H04L9/08（密钥分配）；除此之外，还有涉及 G06Q 下属分类号，体现了区块链安全技术在交易、支付、金融、银行、物流、商业、电力天然气能源供应、政府或公共服务等各个领域的广泛运用。

对于区块链安全机制的相关专利申请，其申请人类型也较为多样。腾讯作为互联网巨头公司在该领域的专利申请量遥遥领先，平安科技、阿里巴巴在该领域的专利申请量虽仅有腾讯的一半，但也足以看出两家公司在区块链应用方面的专利布局。此外，中国联通等国企也积极投入区块链安全机制研究中，很多初创企业、中小企业（如江苏荣泽信息科技股份有限公司、深圳壹账通智能科技有限公司等）和高等院校（如西安电子科技大学）也参与到区块链安全技术的研究中来。该领域主要申请人的专利申请量可参见图 5 - 2 - 2。

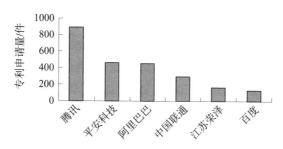

图 5 - 2 - 2　区块链安全机制相关申请人专利申请量

二、检索及创造性判断要点

区块链对各领域产生积极影响的同时，其自身也面临着来自内外部实体的攻击。虽然区块链系统通过多种密码学原理对数据进行加密以尽可能地确保隐私安全，但现有的区块链安全机制在应对密码算法、共识及合约等风险方面仍存在不足。

区块链安全机制属于前沿技术，其相关的技术方案专业性强、复杂度高、时效性强。对于这类申请，可以多使用互联网数据库进行检索，如知乎等技术问答网站、CSDN 及简书等技术博客网站等，在增进背景知识了解的同时，还要以解决的技术问题为出发点，准确把握申请的发明构思，寻找关键技术手段。

另外，对于密码学的区块链安全技术，现有技术中已存在成熟的加解密机制，如果权利要求的方案涉及对现有加解密机制技术的组合，在创造性评判时应关注被组合的各种安全机制之间是否在功能上彼此相互支持、相互作用从而解决了新的技术问题，还要关注这种组合在技术上的难易程度，以及现有技术中是否给出了这种结合的启示等。

三、典型案例

（一）案例 5 - 2 - 1：基于虹膜的区块链加密方法、装置及可读存储介质

1. 案情概述

本发明涉及区块链安全技术，尤其涉及一种基于虹膜的区块链密钥生成方法。区块链的密钥是证明用户身份的唯一凭证，用户的核心资产由且仅由密钥控制，只有经过用户密钥的签名才能实现交易的确认，因此针对区块链密钥的保护显得至关重要。当前区块链存储和使用密钥有四种主流方法：平台托管、本地客户端、硬件 KEY、离线冷存储。这四种方法除了硬件 KEY 外，其他均无

法抵御木马或黑客的攻击。同时这四种方法都没有考虑密钥的恢复，而现有技术中密钥由一长串数字组成，用户极易忘记密钥，而密钥一旦丢失，用户的财产或权益将无法找回。因此，目前急需一种有效的区块链密钥生成解决方案，不仅要保证密钥安全，还要确保密钥丢失后可以安全地被找回。

本申请独立权利要求的技术方案具体如下：

1. 一种基于虹膜的区块链密钥生成方法，其特征在于，包括：

通过虹膜采集器采集用户虹膜信息；

对通过虹膜采集器采集到的用户虹膜信息进行识别，形成虹膜密钥；

基于所述虹膜密钥进行转换生成助记词；

基于所述助记词与预先用户设定作为盐值的数字相结合，运算生成种子；

基于所述种子生成区块链密钥。

2. 充分理解发明

本申请既要保证区块链密钥的安全，又要方便用户找回易忘的区块链密钥。其方案中，当用户忘记或丢失由一长串数字组成的密钥时，可以通过用户的虹膜信息再次生成区块链密钥，虽然数字易忘，但只要用户的生物特征还存在，就一直能够找回区块链密钥，从而避免了用户丢失密钥导致的经济损失。

通过了解区块链密钥的相关背景技术可知，现有技术中支持 BIP32、BIP44标准的硬件钱包，通过随机生成器生成随机数，将随机数进行处理转换得到相应的助记词，通过助记词生成种子，由种子推导出主密钥，再由主密钥推导出子密钥，子密钥推导出孙密钥，以此递推，这些主密钥、子密钥及孙密钥等共同组成区块链密钥。通过助记词生成种子的过程为：助记词与预先在硬件钱包系统中录入的盐值作为输入参数，通过一个伪随机函数经过多次重复计算得到一个长度为64字节的种子。

本申请为了保证区块链密钥的安全，并使得密钥易找回，提出了基于虹膜的区块链加密方法，将现有硬件钱包进行改进。具体而言，是将现有技术中通过随机生成器生成随机数，再将随机数进行处理转换得到相应的助记词的方式，改进为基于虹膜密钥转换生成助记词的方式，同时这种改进也是本申请的关键技术手段。

3. 检索过程分析

（1）检索要素确定及表达。

本申请的方案涉及两个方面，即生成虹膜密钥和生成区块链密钥，相应地确定本申请的检索要素为虹膜和区块链密钥。由于权利要求中"基于助记词与预先用户设定作为盐值的数字相结合，运算生成种子，基于种子生成区块链密钥"的方式与现有技术中硬件钱包的密钥生成方法一致，从而可以确定本申请的区块链密钥实际上就是硬件钱包。而生成硬件钱包的过程中，还涉及助记词、盐值和种子等技术特征，因此在对区块链密钥这个检索要素进行关键词表达时，也需要将上述技术特征考虑在内（检索要素表见表5-2-1）。

表5-2-1　案例5-2-1检索要素表

检索要素	虹膜	区块链密钥	
中文关键词 基本表达	虹膜，生物特征，指纹	区块链； 密钥，秘钥，私钥	助记词，助记码，助记符； 盐值；种子
		硬件钱包、硬钱包、HD钱包、确定性钱包	
英文关键词 基本表达	iris，biologic，biometric，characteristic，fingerprint	Blockchain； key	mnemonic； salt value；seed
		hd wallet	
分类号IPC		H04L9/08	
分类号CPC	H04L9/0866	H04L9/0861	

（2）检索过程。

本申请的申请日为2018年12月19日，在申请日之前，涉及硬件钱包的区块链密钥安全技术还属于探索阶段，无论是针对硬件钱包还是针对区块链密钥、助记词、盐值、种子等技术特征进行检索，其检索结果都非常少。此时，可以考虑将这些技术特征的优先级进行排序，适当减少检索式中涉及的关键词。

本申请的关键技术手段为"基于所述虹膜密钥进行转换生成助记词"，因此助记词的优先级最高，而硬件钱包的关键在于通过助记词生成种子，种子生出密钥，盐值只是在助记词生成种子的过程中用户自行设定的数字，其可以为空，因而盐值的优先级最低。具体检索式如下：

1	CNTXT	20430989	pd＜20181219
2	CNTXT	222	hd？wallet？or 硬件钱包 or 硬钱包 or HD钱包 or 确定性钱包
3	CNTXT	38	1 and 2
4	CNTXT	9196	（区块链 or Block？chain？）s（密钥 or 秘钥 or 私钥 or key）
5	CNTXT	16	（助记词 or 助记码 or 助记符 or mnemonic？） and（种子 or seed？）and（盐值 or salt）

6	CNTXT	1	1 and 4 and 5
7	CNTXT	168	（助记词 or 助记码 or 助记符 or mnemonic?） and （种子 or seed?）
8	CNTXT	5	1 and 4 and 7
9	CNTXT	1805	（助记词 or 助记码 or 助记符 or mnemonic?）
10	CNTXT	10	1 and 4 and 9
11	CNTXT	46	3 or 10
12	CNTXT	315810	生物特征 or 虹膜 or 指纹 or biologic?? or biometric? or Characteristic? or iris or fingerprint?
13	CNTXT	14	11 and 12

通过上述检索过程可以获得与权利要求 1 内容相关度较高的现有技术 1 "一种基于生物 ID 身份认证的数字货币挖矿系统及方法"（下称"对比文件 1"）。对比文件 1 公开了本申请权利要求 1 的关键技术手段"基于虹膜密钥进行转换生成助记词"，但并未公开具体是如何根据助记词生成区块链密钥。

从上述检索过程可以看出，针对硬件钱包的专利申请并不多，因而考虑在互联网资源中进行检索。在百度中以"HD 钱包""私钥""助记词"关键词进行检索，得到第二篇现有技术文献"HD 钱包总结（URL：https：//www. jianshu. com/p/30af695404b0)"（下称"对比文件 2"）。

4. 对比文件分析与创造性判断

（1）对比文件分析。

对比文件 1 公开了一种基于生物 ID 身份认证的数字货币挖矿系统，包括 VR 头显模块，所述 VR 头显模块包括虹膜识别模块，所述虹膜识别模块用于系统的注册和登录。虹膜特征的唯一性，决定了身份识别的唯一性（相当于通过虹膜采集器采集用户虹膜信息，对通过虹膜采集器采集到的用户虹膜信息进行识别，形成虹膜密钥）。将挖矿中的硬件钱包与虹膜识别技术相结合，在使用硬件钱包时还需虹膜识别身份，从而避免了单一硬件钱包被破解的情况发生。为了避免助记词丢失，挖矿中将助记词存储于 VR 头显，将助记词与虹膜识别技术相绑定，通过虹膜识别技术控制访问权限（相当于基于虹膜密钥进行转换生成助记词）。

对比文件 2 中指出，HD 钱包是目前常用的确定性钱包，BIP32 是 HD 钱包的核心提案，通过种子来生成主私钥，然后派生海量的子私钥和地址，但是种子是一串很长的随机数，不利于记录，所以用 BIP39 扩展了 HD 钱包种子的生成算法。BIP39 包含生成助记词、将助记词转化成种子两部分内容，之后种子会用于 BIP32 生成确定性钱包。

（2）创造性判断。

该权利要求的技术方案与对比文件 1 公开的内容相比，其区别特征在于：基于助记词与预先用户设定作为盐值的数字相结合，运算生成种子，基于所述种子生成区块链密钥。基于上述区别特征，可以确定该权利要求的方案实际解决的技术问题是如何根据助记词生成区块链密钥。

而对比文件 2 公开了以下内容：助记词转化为种子，用户使用密码来保护他们的助记符，如果密码不存在，则使用空字符串代替，为了从助记符创建二进制种子，使用带有用作密码的助记符句子的 PBKDF2 函数和用作盐的字符串，迭代计数设置为 2048，HMAC – SHA512 用作伪随机函数，派生密钥的长度为 512 位（相当于基于所述助记词与预先用户设定作为盐值的数字相结合，运算生成种子），这种种子可以用于 BIP32 生成确定性钱包（相当于基于所述种子生成区块链密钥）。上述区别特征在对比文件 2 所起的作用和该权利要求中所起的作用相同，都是为了根据助记词生成区块链密钥。因此，根据对比文件 2 给出的上述启示，本领域技术人员有动机将上述特征应用于对比文件 1 的方法来解决上述技术问题。因此，权利要求 1 相对于对比文件 1 和对比文件 2 的结合不具备创造性。

5. 案例启示

针对区块链安全机制相关的专利申请进行检索时，应着重考虑检索要素的英文关键词表达，这是因为在英文中这些与安全相关的技术术语表达相对单一、固定、规范，以本申请中的"助记词"为例，中文关键词可以表达为助记词、助记符、助记码，而英文中只需表达为"mnemonic"，类似地，"密钥"的中文关键词可以表达为密钥、秘钥、私钥，但在英文中只需表达成"key"，使用英文关键词进行检索要素，能够有效避免引入噪声，提高对比文件的查准率。

对于区块链安全机制相关的专利申请，其技术方案可能会涉及不同安全技术的组合使用。以本申请为例，其采用了生物特征密码和 HD 钱包密钥的组合，二者在功能上彼此作用、相互支持，既可以保持 HD 钱包密钥安全系数高的特性，又可以获得生物特征密钥不易丢失、易找回的优势。在评判创造性时，要考虑二者之间是否在功能上彼此相互支持、相互作用从而解决了新的技术问题，还要考虑二者的组合在技术上的难易程度，以及现有技术中是否给出了这种结合的启示等方面。就本申请而言，对比文件 1 给出了将生物特征密钥与 HD 钱包中助记词结合使用的启示，对比文件 2 给出了基于种子生成区块链密钥的启示，从而本申请的技术方案并不具备创造性。

（二）案例 5－2－2：智能合约执行方法及智能合约执行系统

1. 案情概述

本申请涉及区块链安全领域，尤其涉及一种智能合约执行方法及智能合约执行系统。智能合约是一种分布式计算引擎，当用户按照某种接口标准写好函数之后，就会提交到所有的节点运行，以透明的方式向所有人展示所有细节，具有公开透明、任何人可查、不可篡改、自动执行、可追溯等特点。然而，在现实应用中，商业上利益相关方之间的具体商业执行条款是需要保密的，不可能放到公共网络让利益无关方随意进行查看追溯，因此把合约简单地放到公链上，不能满足商业隐私保护的需求。为了解决上述问题，本申请采用同态映射的方法，确保在加密的密文上能正确执行智能合约，并同时达到保护隐私的目的。

本申请独立权利要求的技术方案具体如下：

1. 一种智能合约执行方法，其特征在于，包括以下步骤：

将预先为区块链账户生成的公钥作为同态加密算法的输入参数，通过同态加密算法对区块链账户的元信息进行加密，获得加密后元信息；

当执行智能合约时，调用加密后元信息，根据智能合约对加密后元信息进行运算，获得加密运算结果；对加密后元信息进行运算的步骤包括：对加密后元信息进行算术运算；

接收到查询请求时，将预先为区块链账户生成的与所述公钥对应的私钥作为解密算法的输入参数，通过同态加密算法对应的解密算法对加密运算结果进行解密，获得明文运算结果。

2. 充分理解发明

在本申请要求保护的方案中，融合了两种技术手段来提高智能合约的安全性。

第一，采用了非对称加密算法。在使用非对称加密算法时，会生成两把配对的密钥，即公钥和私钥，当利用了其中一把钥匙加密信息时，只有配对的另一把钥匙才能解密，因此公钥和私钥形成了唯一对应的关系。通常使用公钥对信息进行加密，利用配对的私钥进行解密。如果没有对应的私钥则无法对信息进行解密，对于保护信息的安全具有重要意义。加密信息是为了保证只有交易双方才能了解信息的具体内容。加密的过程为：信息发送者 A 在发送消息时，首先要用接收者 B 的公钥对信息进行加密，当接收者 B 收到加密的消息后，使用自己的私钥对信息进行解密，由于其他人没有对应的私钥，因而无法解密信息，从而避免了信息泄露。

第二，采用了同态加密算法。根据现有技术可知，同态加密是基于数学难题的计算复杂性理论的密码学技术，对经过同态加密的数据进行处理得到一个输出，将这一输出进行解密，其结果与用同一方法处理未加密的原始数据得到的输出结果是一样的。

本申请结合了非对称加密算法和同态加密算法的优势，首先，利用用户的区块链公钥对交易信息进行同态加密；其次，在执行智能合约时，对加密后的交易信息进行一系列的数据处理，得到处理结果；最后，利用与公钥对应的私钥，通过同态加密算法对应的解密算法对处理结果进行解密。根据这种方式得到的解密结果与直接对原始交易数据进行智能合约处理得到的结果一致，而由于在处理数据的过程中，区块链中的其他用户只能看到加密后的数据及对加密数据的处理过程，无法得知交易的真实内容，从而既能保证智能合约执行，又可以有效地保护隐私。

3. 检索过程分析

（1）检索要素确定及表达。

首先，本申请要解决的是智能合约及其执行过程完全公开从而导致没有隐私、安全性低的问题，涉及智能合约的安全问题。其次，本申请的关键技术手段在于"将公钥作为同态加密算法的输入参数""将与公钥对应的私钥作为解密算法的输入参数"，以及同态加密算法的数据处理流程，包括"加密"→"运算"→"解密"。因此，本申请的检索要素包括智能合约、同态加密、公钥、私钥。

在使用关键词表达检索要素时，由于同态加密、公钥、私钥均是本领域公知且表达方式固定、规范的技术术语，从而无须进行过多的关键词扩展。"智能合约"虽然也是公知且规范的技术术语，但由于区块链中交易方共同遵守的具体的合同、约定和规则均可以理解为智能合约，必要时可以利用"区块链""交易规则"等关键词进行扩展。考虑到有些文献中可能不会直接出现"智能合约"这一关键词，而是将"智能合约"隐晦为具体的实际业务规则，在检索时应该避免漏检这种与实际应用结合而具象化的智能合约。根据以上分析，最终确定本申请的检索要素表（见表5-2-2）。

表 5 - 2 - 2　案例 5 - 2 - 2 检索要素表

检索要素	智能合约	同态加密	非对称加密
中文关键词基本表达	智能合约，合约，交易规则，区块链	同态加密	公钥，私钥
英文关键词基本表达	smart contracts, trading rules, blockchain	homomorphic encryption	public key, private key
分类号基本表达	G06F21/62	H04L9/06；H04L9/08	H04L9/06；H04L9/08

（2）检索过程。

由于该案例的技术方案中涉及的专业术语较多，应当首先利用互联网检索资源了解相关技术术语的含义，梳理技术特征之间的关系。在充分理解发明的基础上，确定检索要素及其表达之后再进行相应的检索。

在准确把握本申请的关键技术手段后，在中国专利文摘数据库中利用"同态加密＋智能合约＋非对称加密"的组合，进行全要素检索，即可快速获得理想的检索结果。

1	CNABS	886	（同态加密 or（Homomorphic？encryption））
2	CNABS	6212	智能合约
3	CNABS	16566	公钥 and 私钥
4	CNABS	28	1 and 2 and 3

对上述检索式命中的文献进行浏览，即可发现了多篇可影响本申请创造性的对比文件，从侧面说明了现有技术中，利用非对称加密和同态加密算法保护区块链中智能合约利益相关方的隐私安全是一种较为常见的方案。经过文件筛选，确定发明名称为"一种基于区块链的投票方法"的文献为与本申请最接近的现有技术，可作为对比文件进行创造性评判。

4. 对比文件分析及创造性判断

（1）对比文件分析。

该对比文件公开了一种基于区块链的投票方法，包括：获取各投票节点中表征投票意图的投票值；根据计票节点由同态加密算法产生的同态公钥，对各投票值进行加密以生成加密值（相当于将预先为区块链账户生成的公钥作为同态加密算法的输入参数，通过同态加密算法对区块链节点的原始信息进行加密，获得加密后的信息）；将各加密值传输至运行有区块链智能合约的共识节点，并控制共识节点对各加密值进行求和运算，以获得加密投票结果（相当于当执行智能合约时，调用加密后的信息，根据智能合约对加密后的信息进行运算，获得加密运算结果，所述运算操作包括算术运算）；控制计票节点通过同态加密算法产生的同态私钥，对加密投票结果进行解密得到原始投票结果，并通过区块链智能合约将原始投票结果记录于区块链中，以用于向区块链网络中的各节点公示（相当于接收到查询请求时，将预先与所述公钥对应的私钥作为解密算法的输入参数，通过同态加密算法对应的解密算法对加密运算结果进行解密，获得明文运算结果）。

（2）创造性判断。

权利要求1所要求保护的技术方案与对比文件公开的技术内容相比，其区别技术特征在于：对比文件用于处理区块链中的投票信息，本申请用于处理区块链账户的元信息。基于上述区别技术特征，权利要求1的技术方案实际要解决的问题是：如何在执行智能合约的同时保障区块链账户的隐私安全。

对比文件与本申请都涉及利用智能合约进行数据处理，虽然该篇对比文件的处理对象是投票数据，而本申请中的处理对象是区块链账户元信息，但区块链账户需要保护元数据的隐私性，投票节点需要保护投票内容的隐私性，即二者都需要保护节点信息的隐私安全。因此，本领域技术人员容易想到将对比文件公开的保护投票节点投票信息隐私性的方法转用到区块链账户元信息隐私性的保护中，并且这种转用也是本领域技术人员根据本领域公知常识所容易实现的。

综上，在该篇对比文件的基础上结合本领域公知常识以得到权利要求1请求保护的技术方案，对于本领域技术人员是显而易见的，因此权利要求1不具备创造性。

5. 案例启示

与本节前一个案例类似，本申请也涉及两种安全算法的组合使用，在创造性评判的过程中，同样要关注被组合的两种安全算法之间是否在功能上彼此支持、相互作用从而解决了新的技术问题，还要关注这种组合在技术上的难易程度，以及现有技术中是否给出了这种结合的启示等。

本申请中所采用的非对称加密算法和同态加密算法均属于现有技术中的成熟算法，通过将这两种密钥生成方法组合在一起，既可以保持非对称加密算法在数据加密保护隐私方面的特性，又可以获得同态加密算法中委托第三方对数据进行处理而不向第三方泄露信息的效果，被组合的两种算法在功能上彼此相互支持、相互作用，在执行智能合约的同时保障了区块链账户的隐私安全。然而，对比文件给出了将非对称加密算法和同态加密算法进行结合的启示，本申请与对比文件的区别仅在于保护的信息对象不同，这种区别并不涉及安全机制相关的技术内容的改进，从而权利要求1的方案不具备创造性。

第三节 区块链行业应用

一、区块链行业应用技术综述

（一）区块链行业应用概述

近几年来，区块链技术的应用范围在不断扩展，涉及金融服务、产品溯源、物流管理、政务管理、电子存证、产业供应等各个行业，区块链与各行业的融合能大大提高各行业的运营效率与安全程度。

根据中国信息通信研究院《区块链白皮书（2019年）》的报告❶，在金融服务行业，区块链技术主要用于供应链金融、跨境支付、资产管理、保险等细分领域；在产品溯源方面，区块链技术主要用于农业溯源、商品溯源、信息溯源以及物流溯源等细分领域；在政务民生方面，区块链技术主要用于电子政务、发票或票据管理、便民服务及社会公益等细分领域；在电子存证方面，区块链技术主要用于司法存证、商用存证及版权保护等细分领域；在数字身份方面，区块链技术主要用于个人身份认证、设备身份认证等细分领域；在供应链管理方面，区块链技术的应用也逐渐落地。

各行业的区块链落地应用方案所采用的区块链组织架构也各有不同。根据中国信息通信研究院《供应链协同应用白皮书（2020年）》❷中的区块链和应用对应的架构分类，大致分为：①单链单应用架构，通过各参与方共同提供区块链节点、组建许可链（联盟链），提供分布式共享账本，而上层应用仍为单一应用。②单链多应用架构，通过参与方之间共同组建区块链网络，但根据参与方角色不同，提供不同的应用系统供用户使用。③多链多应用架构，不同参与方分别参与到不同的区块链网络中；某些参与方同时参与在多个区块链网络；不同区块链网络之间通过跨链交换和共享数据；不同参与方通常采用不同的应用。④主侧链应用架构，使用一条主链进行全局共识和数据共享，另外部署多条侧链；侧链完成局部共识，具备较高的性能；主链则为业务协同提供更大范围的支持。

---

❶ 中国信通研究院. 区块链白皮书（2019年）[EB/OL]. (2019-11-08) [2020-11-24]. http://www. caict. ac. cn/yjcg/201911/P020191108365460712077. pdf.

❷ 中国信通研究院. 供应链协同应用白皮书（2020年）[EB/OL]. [2020-11-24]. https://download. csdn. net/download/shxflg/12419260.

由此可见，区块链技术在各行业落地应用是一项复杂的系统工程，由于业务不同、选用的区块链组织架构不同、运行方式不同，区块链的节点管理层、服务层与应用层的部署也不同，实现数据接入、数据共享与数据安全的方式也可能不同，在共识机制、智能合约与数字签名的处理方式上同样会有差异。

（二）专利申请特点概述

区块链行业应用的相关专利申请大多集中在金融服务、产品溯源及身份认证等领域，也有一部分涉及电子政务、供应链。如图 5 - 3 - 1 所示，涉及金融服务、产品溯源及身份认证等领域的专利申请量明显要高于涉及电子政务、供应链的专利申请量。

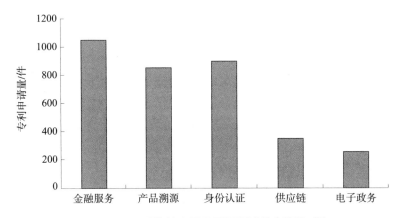

图 5 - 3 - 1　区块链应用于不同领域的申请量对比

具体来说，截至 2020 年 11 月底，在中国专利文摘数据库公开的专利申请中，涉及区块链在金融服务领域应用的专利申请量超过 1000 件，涉及区块链在产品溯源领域应用的专利申请量超过 800 件，涉及区块链在身份认证领域应用的专利申请量超过 900 件，但涉及区块链在供应链领域应用的专利申请量仅为 300 件左右，涉及电子政务的专利申请量仅为 250 件左右。

涉及上述五个典型应用领域的专利申请近十年来申请量变化趋势如图 5 - 3 - 2 所示。从图中可以看出，2011—2015 年这段时间的申请量几乎为零，区块链行业应用的研究尚未开展；2016 年开始有少量申请、呈现萌芽状态；而 2017—2020 年的申请量则呈井喷式增长。由此可见，涉及区块链行业应用的研发在最近几年相当活跃。

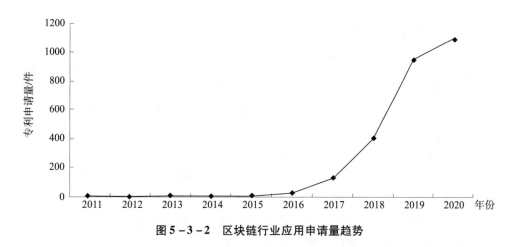

图5-3-2 区块链行业应用申请量趋势

从IPC分布来看，有关产品溯源应用的申请大多集中在分类号G06Q30与G06Q10下；有关金融服务应用的申请大多集中在G06Q20、G06Q30与G06Q40，由于G06Q40是直接与金融保险等行业有关的分类号，因而G06Q40分类号下的申请量相对更多，另外金融领域与支付相关的申请主要集中在G06Q20下；有关电子存证、版权保护、身份认证的专利申请，除了涉及G06Q下的分类号，还涉及G06F21等分类位置；有关电子政务、供应链的申请，在G06Q10、G06Q20、G06Q30、G06Q40与G06Q50下均有分布，供应链相关的申请还涉及G06F16/27等分类号。

该领域的申请人类型多样，不仅涉及BAT等IT巨头、中钞信用卡产业发展有限公司等央企，很多初创企业、小微企业也参与其中，另外还涉及高校研究所和个人申请人。从近几年的申请量来看，研发和申请比较活跃的申请人主要为国内申请人，具体如表5-3-1所示。

表5-3-1 涉及区块链行业应用的专利申请的主要申请人

排名	申请人
1	阿里巴巴
2	北京艾摩瑞策科技有限公司
3	深圳前海微众银行股份有限公司
4	江苏荣泽信息科技股份有限公司
5	腾讯科技
6	平安科技
7	深圳壹账通智能科技有限公司
8	杭州趣链科技有限公司
9	杭州复杂美科技有限公司
10	杭州云象网络技术有限公司

二、检索及创造性判断要点

区块链行业应用相关专利申请的基本特点是，基于行业内的业务特点与业务诉求，利用不同组织架构的区块链构建落地方案。这类申请的行业应用范围广、行业业务专业性强、区块链从底层到应用层的技术细节复杂，其检索及创造性评判需要综合考虑多方面的因素。

不同行业领域有可能采用类似的区块链架构解决类似的技术问题。例如，农产品、食品、药品、艺术品及物流管理、信息管理等领域都会采用类似的区块链架构、涉及类似的溯源问题，因此，对溯源相关的技术方案进行检索时，需要将上述领域都纳入检索范围。在全要素检索结果较少时，可以按照优先级对检索要素作出取舍，重点考虑发明所解决的技术问题，而不必局限于行业特点与区块链本身所涉及的各种技术细节。

在进行创造性判断时，要关注行业应用是否会给区块链技术带来技术上的改进，如果行业应用没有带来技术上的较大改进，其落地方案通常不具备创造性。

另外，对于涉及技术细节多、篇幅较长的权利要求，要从其方案涉及的应用领域、所要解决的技术问题等方面入手，将"繁"化"简"，合理提取检索要素。对这类权利要求进行创造性判断时，要关注技术细节之间的技术关联，不能武断割裂技术特征。

三、典型案例

（一）案例 5－3－1：基于区块链的农产品追溯系统

1. 案情概述

本申请涉及产品溯源领域，其具体公开了基于区块链的农产品追溯系统。传统的农产品溯源系统中，农产品从生产到批发再到销售，最后到达消费者手中这一系列环节涉及的步骤繁杂、企业人员关系较多，不能保证每个环节的数据都被统计到，通常只能溯源到上一供应链，无法对整个供应链进行查询。为了解决传统农产品溯源系统中因为数据庞大而导致无法在整条供应链追溯产品的问题，本申请提出了一种基于区块链的农产品追溯系统，其系统构成可参见图 5－3－3。

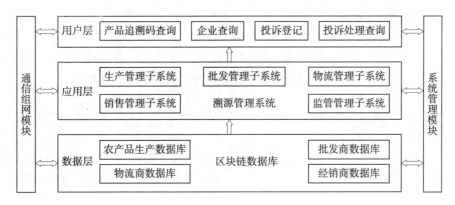

图 5 - 3 - 3　基于区块链的农产品追溯系统

本申请独立权利要求的技术方案具体如下：

1. 一种基于区块链的农产品追溯系统，其特征在于，包括用户层、应用层、数据层、管理各个层运行的系统管理模块及为各个层之间数据传输提供支持的通信组网模块；

所述用户层提供用户溯源使用；

所述应用层包括溯源管理系统，所述溯源管理系统包括生产管理子系统、批发管理子系统、物流管理子系统、销售管理子系统及监管管理子系统，用于管理农产品从生产、批发、物流、销售到最后监管这一流程；

所述数据层为所述应用层提供数据支持，所述数据层包括区块链数据库，其中包括农产品生产数据库、批发商数据库、物流商数据及经销商数据库。

2. 充分理解发明

本申请涉及区块链技术在产品溯源领域的行业应用，具体而言，是涉及区块链在农产品从生产到批发再到销售，最后到达消费者手中这一系列环节中的溯源应用。其方案采用的是单链结构的区块链，应用层包括生产管理子系统、批发管理子系统、物流管理子系统、销售管理子系统及监管管理子系统，为不同的参与方提供不同的应用系统。由此可见，本申请是将单链多应用的区块链应用于产品溯源领域。

3. 检索过程分析

（1）检索要素确定及表达。

基于上述分析，可以从区块链架构类型、行业应用领域、区块链平台构成及业务环节等方面提取出如下基本检索要素并进行表达（见表 5 - 3 - 2）。权利要求 1 中的术语运用规范，基于其文字表述进行关键词表达相对容易。需要注意的是，在扩展关键词表达时，不能仅局限于权利要求中描述的农产品领域，还要考虑食品、药品、艺术品等存在溯源需求的相关领域。

对于应用领域、业务环节这两个检索要素，分类表中并没有相对准确的下位 IPC 或 CPC 分类号，通常仅能限制到 G06Q。类似地，对架构类型和系统构成这两个检索要素，其分类号表达通常也只能限制到 H04L、G06F。

表 5 - 3 - 2　案例 5 - 3 - 1 检索要素表

检索要素	架构类型	应用领域	系统构成	业务环节
中文关键词基本表达	单链，多应用，区块链	农产品，溯源，追溯，追踪，食品，药品，艺术品	用户层，应用层，数据层，管理层，框架，平台	生产，批发，物流，销售，监管
英文关键词基本表达	single，chain multi，block	production，medicine，food，artwork，traceability，counterfeit	user，data，application，manage layer，framework，hierarch，platform	production，wholesale，retail，sale，market，supervise
分类号基本表达		G06Q10/00 G06Q50/02		G06Q30/00

（2）检索过程。

基于上述检索要素表，在 CNABS 中进行全要素检索，即使对每个检索要素都进行了充分的关键词扩展，其检索结果仍然很少，并且没有检索到能影响本申请新颖性或创造性的文献。相关检索式如下：·

1　SS 83　CNABS？　61　（单链 or 区块链）and（溯源 or 追溯 or 追踪）and（农产品 or 食品 or 药品 or 艺术品）and（用户层 or 应用层 or 数据层 or 管理层 or 框架 or 平台）and（生产 or 批发 or 物流 or 销售 or 监管）

此时，可以考虑适当减少检索式中的检索要素数量，扩大检索范围。就架构类型、应用领域、系统构成及业务环节四个检索要素而言，"应用领域"与本申请的发明目的直接相关，"业务环节"涉及的关键词过多、对检索的限制较大，"系统构成"中涉及的用户层、应用层、数据层、管理层等内容在不同的申请中其文字表述有可能不同，因而首先考虑去掉业务环节、系统构成这两个检索要素，重点考虑基于应用领域来构造检索表达式。对于应用领域这个检索要素，其溯源对象可以为食品、药品、艺术品等，相应的检索式如下：

2　SS 83　CNABS？　176　区块链 and（溯源 or 追溯）and（农产品 or 食品 or 药品 or 艺术品）

基于上述检索，可以在中文专利文摘库中获得适当数量的检索结果，其中包括内容相关程度较高的一篇发明名称为"一种基于区块链的食品供应链追溯系统"的专利文献（对比文件1），以及一篇发明名称为"一种基于区块链的食品供应链追溯系统"的专利文献（对比文件2）。

4. 对比文件分析与创造性判断

（1）对比文件分析。

对比文件1涉及基于区块链的食品供应链追溯系统，其与本申请都是将单链多应用区块链应用于产品溯源领域，所解决的也是全流程的食品溯源问题。基于区块链的食品供应链追溯系统（即基于区块链的产品追溯系统），包括用户层、应用层、控制层、数据层；如对比文件1的系统架构图（见图5－3－4）所示，相邻两层之间进行信息交互（即隐含公开了为各个层之间数据传输提供支持的通信组网模块）；用户层中的各种角色则通过所述自动推送的数据进行食品供应链的追溯（即用户层提供用户溯源使用）；应用层包括面向用户层中各种角色的应用：针对生产商的制造管理的应用、针对物流商的流通管理的应用、针对经销商的销售管理的应用、针对监管者的监管的应用、针对数据供应商的第三方数据的应用（即应用层包括溯源系统，溯源管理系统包括生产管理子系统、批发管理子系统、物流管理子系统、销售管理子系统及监管管理子系统，用于管理农产品从生产、批发、物流、销售到最后监管这一流程）；所述数据层包括数据库和知识库，所述数据库和知识库均基于区块链的存储结构。其中，所述知识库用于存储生产商对于食品安全生产、安全储存、安全食用的知识，物流商对于食品安全运输的知识；所述数据库用于存储除知识库中所述知识之外的数据。数据层所储存的数据主要包括两类：食品的本体信息和食品的流通信息（即所述数据层为所述应用层提供数据支持，所述数据层包括区块链数据库，其中包括农产品生产数据库、批发商数据库、物流商数据及经销商数据库）。

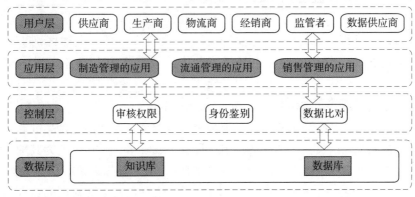

图5－3－4 基于区块链的食品供应链追溯系统

对比文件 2 涉及溯源系统中数据的安全可信任区块链及管理方法，区块链包括跨层功能层，用于为农产品溯源系统的通信及基础设施提供服务，其系统架构如图 5 – 3 – 5 所示。

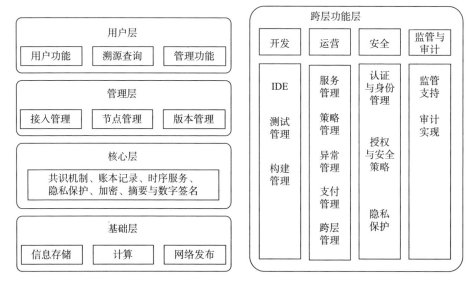

图 5 – 3 – 5　溯源系统数据安全可信任区块链

（2）创造性判断。

权利要求 1 要求保护的技术方案与对比文件 1 公开的内容相比，其区别在于：①系统还包括管理各个层运行的系统管理模块；②系统应用于农产品并且系统还包括批发管理子系统、批发商数据库。基于上述区别，权利要求 1 的技术方案所要解决的问题为：如何保障区块链溯源系统中的各个层之间协同运行，以及如何实现农产品流通中的批发环节溯源。

对于上述区别①，对比文件 2 公开了跨层管理层，对用户层、管理层、核心层及基础层进行跨层管理；由此可见，对比文件 2 公开了上述区别①，并且其在该对比文件中所起的作用也是保障区块链溯源系统中的各个层之间协同运行。

对于上述区别②，本领域人员都知晓，食品与农产品均为常见的溯源对象，并且食品溯源与农产品溯源所涉及的业务环节也类似。因此，将食品溯源系统应用于农产品溯源，以及在产品流通环节中设置批发环节，并相应地为其配置批发管理子系统、批发商数据库，也是本领域技术人员基于公知常识所容易实现的。

综上，权利要求 1 相对于对比文件 1、对比文件 2 及公知常识的结合不具备创造性。

5. 案例启示

本申请实际解决的是农产品的溯源问题，而食品、药品、艺术品及物流管理、信息管理等领域也涉及类似的溯源问题，因此在检索时需要将检索范围扩展到上述相关领域。

在全要素检索结果较少时，可以按照优先级对检索要素作出取舍。从方案整体出发，重点考虑与发明所解决的技术问题密切相关的核心技术手段，而不必局限于行业特点与区块链本身所涉及的各种技术细节。

在进行创造性判断时，即使对比文件与本申请所面向的行业或领域不同，只要解决溯源问题所采用的区块链架构类似，即行业差异没有直接带来技术上的较大差异时，仍然可以采用对比文件评述本申请的创造性。虽然本申请涉及农产品溯源，对比文件1涉及食品溯源，但两者的区块链架构基本相同，采用的管理层及应用层等设置也基本相同，因而可以将对比文件1作为最接近的现有技术评述本申请的创造性。

（二）案例5-3-2：多链场景下的区块链链间资产转移方法

1. 案情概述

本申请涉及多链场景下的区块链链间资产转移方法。基于区块链技术的分布式加密数字资产系统目前面临一些问题：一是系统可扩展性和疏散程度间的冲突，一个大容量的区块能够支持高的交易率，但会在安全验证环节上耗费大量工作量从而引发高集中性危险；二是交易简明性和可审计性之间的冲突，简明有效的交易不利于交易的审计。引入替代链来解决上述问题时，一是存在安全问题，由于每个替代链使用的是自己的技术堆栈，其工作记录被频繁地复制或发生丢失；二是替代链通常存在价值浮动的本地加密货币，为了使用替代链，用户必须通过一个交易市场来获取替代链本地货币，不仅需要建立一个这样的市场，还需要解决潜在的市场拥挤风险。

为了解决上述问题，本申请提供了一种多链场景下的区块链链间资产转移方法，实现了母链与侧链间的挂钩锁定机制设计，在不改变数字资产物理位置的情况下将其在链间进行等效转移，并能规避双重支付问题。

本申请涉及的独立权利要求的技术方案具体如下：

1. 一种多链场景下的区块链链间资产转移方法，包括如下步骤：

（1）构建母链和侧链间的挂钩锁定机制，确保数字货币转移的有向性；

（2）母链将需要转移的数字货币进行锁定，在侧链生成等额度的数字货币，从而实现数字货币在链间的等效转移；

（3）确保母链数字货币锁定过程、侧链等额度数字货币生成过程及交易过程依次进行的先后时序关系，规避双重支付问题；

所述步骤（1）中构建母链和侧链间的挂钩锁定机制，需先对相关对象进行具体定义，然后采用简化支付验证证明来实现挂钩锁定机制，所述简化支付验证证明是一种动态成员多方签名行为，其作用类似于发生在比特币系统中区块链的工作量证明，简化支付验证证明由以下两部分组成：①反映工作量证明的区块头列表；②一个关于区块头列表中某一区块创建数字货币输出的加密证明；当存在以下情况下简化支付验证证明是无效的：有另一个证明表明存在一个工作量更多的区块链且该区块链中不包含先前创建数字货币输出的区块；

所述步骤（2）中通过使母链与侧链双向挂钩实现数字货币在链间的等效转移，所述双向挂钩是指数字货币以固定汇率在侧链之间进行来回转移的机制，该转移机制并非指数字货币从母链消失然后在其他侧链上产生，实际上数字货币根本没有离开母链，即数字货币的物理地址没有发生任何变化，只是在母链上被暂时锁定，同时在侧链上有等价的数字货币被解锁；当侧链上有等量等价的数字货币被再次锁定时，母链上原来的数字货币就会被解锁；

所述步骤（3）中确保母链数字货币锁定过程、侧链等额度数字货币生成过程以及交易过程依次进行的先后时序关系，需在确认数字货币转移成功之前设立以下两个等待时间：确认等待时间，即数字货币在转移至侧链之前必须确保其已经在母链上锁定所需的时间；竞争等待时间，即限制新转移到侧链上的数字货币进行交易的时间。

2. 充分理解发明

本申请涉及区块链技术在金融交易行业的应用，具体而言，是涉及区块链技术在金融支付领域的应用。从申请文件整体来看，其涉及的区块链架构不是最为传统的单链结构，而是具有主、侧链的多链结构，采用简化支付验证证明方式来实现挂钩锁定机制，可以在母链将需要转移的数字货币进行锁定，在侧链生成等额度的数字货币，从而实现了数字货币在链间的等效转移。此外，本申请还通过确保母链数字货币锁定过程、侧链等额度数字货币生成过程及交易过程依次进行的先后时序关系，实现了对双重支付的规避。

由此可见，本申请采用了有别于传统单链架构的主侧链结构，其共识机制也采用了简化支付证明的方式。另外，从解决的问题来看，本申请采用主侧链这种架构形式的区块链的主要目的是避免金融交易中的双重支付。

3. 检索过程分析

（1）检索要素确定及表达。

基于上述分析，可以从区块链架构类型、行业应用领域、共识机制、工作机制及解决问题等方面提取出如下基本检索要素并进行表达（见表5－3－3）。

就权利要求1而言，其方法流程的三个步骤非常明确，且每个步骤都限定得比较详细，导致整体篇幅较长，如果检索时将每个细节都进行限定，会使得检索结果过少。因而在进行检索要素选择时，要将三个步骤与区块链架构类型、行业应用领域、共识机制、工作机制及解决问题等方面一起综合考虑。

与本节前一个案例不同，本申请涉及区块链行业在金融领域的应用，而金融保险领域具有特定的IPC和CPC分类号G06Q40／。另外，本申请所采用的是主副链的组织架构，区别于最传统的单链架构，选择检索要素时需要考虑H04L等与互联网通信相关的分类号。

还需要注意的是，本申请的发明目的是避免双重支付，而关于支付的专利申请有比较明确的分类位置G06Q20／，所以采用分类号进行检索时可以优选G06Q20／，之后再考虑G06Q下的其他分类号。

表5－3－3 案例5－3－2检索要素表

检索要素	应用领域	架构类型	共识机制	工作机制	解决的问题
中文关键词基本表达	金融，转移，交易，资产，货币	多链，主链，母链，父链，侧链，副链，子链，区块链	工作量，简化支付，证明	挂钩，锁定，解锁，时序，顺序，时间，时段	双重支付，一币多付
英文关键词基本表达	finance, transfer, trade, currency, asset transaction	main, side, parent, son, block, chain	proof of work, pow, simply, payment, verification	link, lock, unlock, sequence, series, time, period	payment, double, spending
分类号基本表达	G06Q40/04				G06Q20/00

（2）检索思路调整。

采用全要素在中英文专利文献数据库中检索，命中的检索结果数量过少，因而重新选择应用领域、架构类型、解决的问题这三个方面涉及的检索要素。

具体来说，本申请所要解决的避免双重支付的问题属于金融交易领域的问题，其直接与本申请的发明构思相关，并且解决该问题所采用的区块链结构是主侧链结构，也区别于传统的单链结构。但采用这三个检索要素在中英文专利库进行检索后依然未发现相关度高的对比文件，进而考虑仅使用共识机制、工作机制两个检索要素，通过使用用来表达共识机制的关键词 simpl＋、verification、proof 及表达工作机制的关键词 period 进行检索，即会发现内容非常相关的一篇专利文献（对比文件1）。

另外，通过互联网检索，可以在百度文库中找到披露了本申请双向挂钩的具体实现方式的一篇非专利文献"区块链技术之双向挂钩"（对比文件2）。

4. 对比文件分析与创造性判断

（1）对比文件分析。

对比文件1公开了一种通过挂钩侧链在区块链间转移账本资产的方法（见图5-3-6），其用于将资产从父链转移到侧链。生成与父链资产有关的简化支付证明（SPV），SPV证明可以包括工作的阈值级别。与父链资产有关的SPV证明可以被验证，对应于父链资产的侧链资产可以被生成。如果没有检测到重组证明，则侧链资产被释放。为了兑取父链中的侧链资产，与侧链资产相关的SPV证明可以被生成。父链可以验证与侧链资产相关的SPV证明。与侧链资产相关的父链资产可以在预定竞争时间内保持。

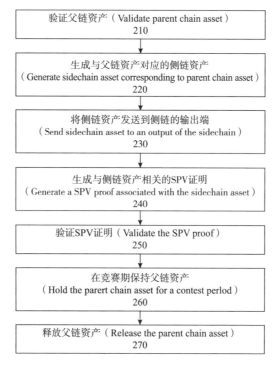

图5-3-6 通过挂钩侧链在区块链间转移账本资产的方法

可见，对比文件1所采用的区块链结构与本申请相同，都是主侧链结构，并且应用领域都为金融交易，所解决的问题也是避免交易中的双重支付。具体来说，其公开了通过挂钩侧链在区块链间转移账本资产的方法，用于将资产从父链转移到侧链（即多链场景下的区块链链间资产转移方法）；链之间转移的确认期是指货币可以转移到侧链之前将其锁定在父链上的持续时间，响应于侧链验证器服务器接收到将父链资产转移到侧链的请求，可以生成与父链资产相对应的侧链资产（即在母链将需要转移的数字货币进行锁定，在侧链生成等额度的数字货币，从而实现数字货币在链间的等效转移）；所生成的侧链资产还可以保持预定的竞赛期，在此期间，如果在父链中检测到与父链资产相关联的重组证明，则该转移无效；竞赛期是指新转移的硬币可能不会花在侧链上的持续时间；预定竞赛时段可以通过在重组期间转移先前锁定的货币来有效地防止父链中的双重支付（即确保母链数字货币锁定过程、侧链等额度数字货币生成过程及交易过程依次进行的先后时序关系，规避双重支付问题）。

与父链资产有关的 SPV 证明可以被验证，对应于父链资产的侧链资产可以被生成，父链可以验证与侧链资产相关的 SPV 证明（即采用简化支付验证证明来实现挂钩锁定机制）；简化的支付验证证明 SPV 证明是用于将资产转移到挂钩侧链的占有证明的示例；SPV 证明可以是一个 DMMS，比特币的区块头可以被视为动态成员多方签名的一种示例，这是一种新型的组签名；它表明一个动作发生在类似于比特币的工作量证明区块链上（即简化支付验证证明是一种动态成员多方签名行为，其作用类似于发生在比特币系统中区块链的工作量证明）；在一个实施例中，SPV 证明可以包括（a）展示工作量证明的块头列表，以及（b）在该列表中的一个块中创建输出的加密证明；这样的 SPV 证明可以允许验证者检查是否存在一定数量的工作已存在于输出中；这样的证明可能会被另一个证明无效，SPV 证明表明存在更多工作的链条不包含创建输出的数据块（即简化支付验证证明由以下两部分组成：①反映工作量证明的区块头列表；②一个关于区块头列表中某一区块创建数字货币输出的加密证明；当存在以下情况时简化支付验证证明是无效的：有另一个证明表明存在一个工作量更多的区块链且该区块链中不包含先前创建数字货币输出的区块）；将资产移入挂钩的侧链或从挂钩的侧链移出的示例性机制是双向挂钩，其允许资产以固定的或确定性的汇率往返于侧链转移（即通过使母链与侧链双向挂钩实现数字货币在链间的等效转移，所述双向挂钩是指数字货币以固定汇率在侧链之间进行来回转移的机制）；为输出生成与父链资产相关联的 SPV 证明，SPV 证明可以包括工作的阈值级别，并且生成可以在预定时间段内进行，该时间段也可以被称为确认期；链之间转移的确认期是指硬币可以转移到侧链之前将其锁定在父链上的持续时间；所生成的侧链资产还可以在步骤 130 处保持预定的竞赛期，在此期间，如果在父链中检测到与父链资产相关联的重组证明，则该转移无效；竞赛期是新转移的硬币不能在侧链上花费的时间；预定竞赛时段可以通过在重组期间转移先前锁定的硬币来有力地防止父链中的双重支付（即在确认数字货币转移成功之前设立以下两个等待时间：确认等待时间，即数字货币在转移至侧链之前必须确保其已经在母链上锁定所需的时间；竞争等待时间，即限制新转移到侧链上的数字货币进行交易的时间）。

对比文件 2 公开了如下内容：双向挂钩（2WP）使得比特币能够从比特币区块链转移到它辅助区块链上，但是这种转移并非指比特币从比特币区块链消失然后在其辅助区块链产生；实质上比特币根本没有离开比特币区块链，只是在比特币区块链上被暂时锁定。同时，辅助区块链上有等价的数字货币被解锁；当辅助区块链上有等量等价的数字货币被再次锁定时，比特币区块链上原来的比特币就会被解锁，实现了区块链间的双向挂钩。

（2）创造性判断。

权利要求 1 的方案与对比文件 1 公开的内容相比，区别在于：①需先对相关对象进行具体定义。②该转移机制并非指数字货币从母链消失然后在其他侧链上产生，实际上数字货币根本没有离开母链，即数字货币的物理地址没有发生任何变化，只是在母链上被暂时锁定，同时在侧链上有等价的数字货币被解锁；当侧链上有等量等价的数字货币被再次锁定时，母链上原来的数字货币就会被解锁。基于上述区别，本申请实际要解决的问题是明确区块链中操作的金融对象，以及确定双向挂钩的具体实现方式。

对于上述区别①，在基于区块链技术进行金融交易时，先对相关对象进行具体定义来明确区块链中操作的金融对象，这是本领域技术人员所采用的常规处理方式，属于本领域的公知常识。

对于上述区别②，该特征已经被对比文件 2 所披露，其也是为了实现双向挂钩，即对比文件 2 给出了将上述区别特征应用到对比文件 1 的启示，在对比文件 1 的基础上结合对比文件 2 与本领域公知常识，从而得到权利要求 1 的技术方案是显而易见的。综上，权利要求 1 不具备创造性。

5. 案例启示

充分理解发明是进行检索的基础，其过程需要足够的行业背景知识做支撑。以本申请为例，权利要求中"挂钩""双向挂钩"看似是常规描述，实际上在金融领域都具有特定的行业含义。同时，在用金融行业里用英文表达"挂钩"时，使用的是特定词语"pegged"，如果对该领域的基本知识缺乏了解，在理解发明和检索时都会有偏差。

另外，本申请涉及的行业在专利申请分类表中有相对确定的分类位置，即金融交易领域相关分类号 G06Q40/，以及支付相关的分类号 G06Q20，初步检索时要优先考虑上述分类号。

对于最接近现有技术的选择是创造性评判的关键环节。对本申请而言，对比文件 1 采用的区块链结构与本申请相同，都是主侧链结构，并且应用领域同样为金融交易，所解决的问题也是避免交易中的双重支付。因此，选择对比文件 1 作为最接近的现有技术。在进行特征对比时，由于本申请部分特征的表述与对比文件 1 中的表述有差异，因而需要基于本领域的背景知识作出客观判断。

另外，还需要注意的是，本申请的权利要求 1 篇幅相对较长，细节撰写较多，但在创造性判断时，不能因其篇幅长短而武断认定其创造性高低，还是应当以检索到的证据为基础，从而作出客观的评价。

第四节　数字货币

一、数字货币技术综述

（一）数字货币概述

区块链是一种源于比特币但又超越了比特币的可信技术。区块链技术创新不仅催生了各类私人数字货币，同时也引起了各国中央银行广泛的兴趣和探索。可以这样说，目前大多数国家的央行数字货币（Central Bank Digital Currency，CBDC）实验都是基于区块链技术展开的。[1]

目前，我国法定数字货币采用的是"中央银行—商业银行"双层运营体系，货币认证中心化的顶层设计构想为：中央银行数字货币系统用于产生和发行数字货币，对数字货币进行权属登记，并记录数字货币的交易流水；商业银行数字货币系统用于针对数字货币执行银行功能；商业银行认证系统用于对中央银行数字货币系统和数字货币的用户所使用的终端设备之间的交互提供认证，以及对中央银行数字货币系统和商业银行数字货币系统之间的交互提供认证。数字货币的兑换、支付等环节都围绕着这一顶层设计构想实现。[2]

对于数字货币的具体应用，其涉及数字货币钱包全流程管理、数字货币的流通管理及应用数字货币的落地方案等多个方面。数字货币钱包全流程管理包括钱包的申请、开通、登录、存币、同步、查询、支付、扣款、关联账户、与

---

[1] 姚前. 区块链与央行数字货币 [J]. 清华金融评论，2020（3）：65 – 69.
[2] 杨宇. 法定数字货币专利助力我国数字金融发展 [N]. 中国知识产权报，2020 – 05 – 14.

银行账户的绑定和解绑、更换密钥、注销等多个环节，数字货币的流通管理包括交易、发行、销毁、兑换、结算等多个方面。

我国的法定数字货币除了具有和一般数字货币相同的交易支付功能外，还具有加载智能合约，可定向流通，可追踪、可追溯、可控匿名等功能，具有不可伪造、不可篡改、交易安全的特性，法定数字货币的流通需要通过统一的发钞行进行确权，在发行和认证上具有中心化的特点，与钱包弱耦合，保障了用户使用数字货币时的隐私性，使数字货币流通更加便捷。

另外，数字货币系统的具体实现，也要依赖于加解密技术、区块链技术、数据同步及系统稳定性等一系列基础技术。

区块链作为一种可能成为未来金融基础设施的新兴技术，对中央银行和商业银行二元模式而言，有助于实现分布式运营，同时并不会影响集中管理。区块链技术的去中心化特点可以纳入 CBDC 的分布式运营与央行的集中管理体系中。❶

（二）专利申请特点概述

从数字货币技术相关专利申请的整体情况来看，我国的法定数字货币研发进展迅速，目前有了一定程度上的技术储备，基本具备了落地条件。截至 2020年 9 月底，在中文专利数据库中检索获得的基于区块链技术的数字货币相关专利申请量已超 1400 件。从逐年公开的专利申请量来看，2016—2020 年其申请量增长势头迅猛（见图 5 - 4 - 1，2019 年、2020 年的数据为已公开数据，部分数据由于未公开而未被统计在内）。

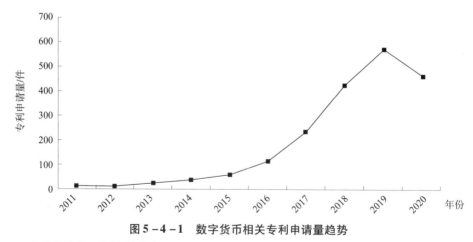

图 5 - 4 - 1　数字货币相关专利申请量趋势

注：2020 年统计数据截止到 9 月。

❶　姚前. 区块链与央行数字货币［J］. 清华金融评论，2020（3）：65 - 69.

从相关专利申请的 IPC 分布来看，大部分专利申请都属于 G06Q 领域（用于管理、商务、金融、监管的方法和系统）。如图 5 - 4 - 2 所示，G06Q20 相关专利申请所占比重最大，其中超过 900 件的申请集中在分类号 G06Q20，超过 600 件的申请集中在分类号 G06Q40，而分类号 G06Q30 下的专利申请为 200 余件，G06Q10、G06Q50 下的申请均为 100 件左右，并且其中部分申请具有上述多个分类号。上述涉及的分类号中，G06Q20 是涉及支付架构体系、方案的分类号，G06Q40 是涉及金融、保险、税收等领域的分类号，G06Q30 是涉及电子商务的分类号，从而涉及法定数字货币"中央银行—商业银行"双层运营体系、货币认证中心化体系涉及的申请更有可能被分入 G06Q20 分类号，涉及数字货币钱包管理、数字货币流通管理的申请既可能被分入 G06Q20，也可能被分入 G06Q30，而涉及数字货币应用场景的申请如果与金融、保险、税收等领域相关，则有可能被分入 G06Q40。

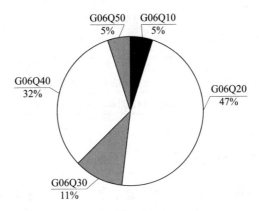

图 5 - 4 - 2　数字货币相关专利申请 IPC 分布

我国法定数字货币研发工作主要由中国人民银行（以下简称"央行"）下属的中国人民银行印制科学技术研究所、中国人民银行数字货币研究所、中钞信用卡产业发展有限公司三家机构承担。

根据检索获得的专利申请数据来看，中国人民银行印制科学技术研究所最早提交有关申请，且 22 件专利申请集中在 2016 年 3 月 25 日提交，这些申请的内容集中体现了我国法定数字货币的"中央银行—商业银行"双层运营体系、货币认证中心化的顶层设计构想。

中国人民银行数字货币研究所提交的有关专利申请的申请日主要集中在 2017 年，解决方案主要涉及数字货币的具体应用，与数字货币钱包相关的专利申请为 20 件，涉及数字货币的流通过程的专利申请共 26 件，涉及数字货币应用场景的专利申请共 10 件，另有 9 件专利申请的内容涉及数字货币的基础技术。

中钞信用卡产业发展有限公司与数字货币相关的专利申请有 43 件，2016—2019 年，每年申请量分布较为均匀，该公司主要是着眼于实现数字货币系统的基础技术问题。❶

除了央行下属相关机构，很多金融科技公司也积极投入数字货币相关技术的研发并进行相应的专利申请布局，最近几年申请量较高的申请人都为国内申请人，具体可参见表 5 - 4 - 1。

表 5 - 4 - 1　数字货币领域主要专利申请人（不含央行下属相关机构）

序号	申请人
1	北京艾摩瑞策科技有限公司
2	北京比特大陆科技有限公司
3	杭州复杂美科技有限公司
4	杭州云象网络技术有限公司
5	支付宝（杭州）信息技术有限公司
6	深圳比特微电子科技有限公司
7	北京嘉楠捷思信息技术有限公司

二、检索及创造性判断要点

如前文所述，我国的法定数字货币也是基于区块链技术进行研发的，因此，由此形成的专利申请在解决方案上不仅涉及区块链相关技术，如区块链的组织架构、共识机制、智能合约等，还涉及法定数字货币的发行、管理和应用。据此，在对该领域的专利申请进行检索和创造性判断时，不仅要知晓区块链相关技术，还需要了解国家的相关金融制度和货币政策。

再者，用于实现法定数字货币的基础技术与 Bitcoin、Lira 等虚拟货币所采用的金融基础设施及隐私保护、数据安全等技术有共通之处，因而对于涉及法定数字货币的相关专利申请进行检索时，可以参考其他数字货币、虚拟货币涉及的基础技术。

数字货币相关研究近期处于非常活跃的状态，对其相关专利申请的检索更适宜在非专利资源中进行，万方、读秀、CSDN、Springer、Elsevier 等网站和数

---

❶　杨宇. 法定数字货币专利助力我国数字金融发展 ［N］. 中国知识产权报，2020 - 05 - 14.

据库均可作为必须检索的数据源。另外，由于数字货币通常以区块链技术为基础，检索资源还可包括以太坊、柚子网等特定网站及 Github 等开源资源。

当将法定数字货币应用于特定的场景时，不同场景的业务需求和设计也会不同，此时需要分辨其中涉及业务流程改变的商业规则和方法特征能否构成技术手段。如果涉及交易模式与流通方法的商业规则和方法特征与涉及区块链基础技术的技术特征在功能上彼此相互支持、存在相互作用关系，那么在创造性评判过程中要一并考虑这些流程上的改进给方案整体上带来的技术贡献。如果二者之间不存在相互作用关系，所涉及的交易模式、流通方法都是因商业需要而设定的交易规则，那么通常这些涉及流程改变的商业规则和方法特征不会给相关方案带来技术上的贡献。

三、典型案例

（一）案例 5 - 4 - 1：区块链货币交易方法

1. 案情概述

本申请涉及区块链数字货币领域，具体涉及一种区块链货币交易方法。区块链货币交易是区块链系统中的重要部分，目前主要通过提高交易过程中的矿工费用，或者减小用于表示交易时长的时间锁的方式来提高交易速度，而这两种方案都存在交易加速效果不明显或交易变慢的问题。同时在交易过程中，找零都会把零钱放入同一地址，有些敏感的用户会比较介意将零钱全部放入同一地址。为了克服现有技术中的上述不足，本申请提供了一种应用于区块链客户端的区块链货币交易方法。

本申请独立权利要求的技术方案具体如下：

1. 一种区块链货币交易方法，其特征在于，应用于区块链客户端，所述方法包括：

获取未花费交易支出账单，所述未花费交易支出账单中记录有至少一条可用于交易的余额条目；根据所述余额条目选取余额数值等于矿工费用的余额条目用于支付所述矿工费用，所述矿工费用表示区块链货币交易过程中产生的费用；

所述根据所述余额条目选取余额数值等于矿工费用的余额条目用于支付所述矿工费用的步骤进一步包括：

选取余额数值等于所述矿工费用的单个余额条目用于支付矿工费用；或者选取最少数量的多个余额条目用于支付所述矿工费用，其中，所述多个余额条目的余额值的总和等于所述矿工费用。

2. 充分理解发明

本申请涉及基于区块链技术的数字货币交易方法，该方法应用于区块链货币客户端，通过获取未花费交易输出账单并有选择地选取余额条目进行矿工费用支付来实现数字货币的快速交易。

其中，区块链货币客户端是用来管理区块链货币钱包的软件，通过该软件可以导入和删除钱包，将区块链货币钱包里的资产进行转账、收款或查看交易记录等处理。而区块链货币的交易由交易输入和交易输出组成，每一笔交易都要花费一笔输入，产生一笔输出，而其所产生的输出就是未花费交易输出（Unspent Transaction Output，UTXO）。未花费交易输出账单中记录有至少一条可用于交易的余额条目，本申请通过有选择地选取余额条目用于支付矿工费用，提高了交易成功率，同时尽量减少找零的步骤，从而提高了交易速度。

3. 检索过程分析

（1）检索要素确定及表达。

从权利要求1限定的方案来看，其主题名称为区块链货币交易方法，其采用的手段是通过有选择地获取未花费交易输出账单中的可交易余额条目来支付矿工费用，从而减少找零并提高交易速度。

依据其所涉及的技术领域可以确定区块链货币交易作为基本检索要素，依据方案所采用的手段可以确定未花费交易输出账单、矿工费用作为检索要素，而减少找零作为本申请所要解决的问题也可以作为检索要素。

进一步地，在进行检索要素的表达时，由于每个检索要素都与货币交易直接相关，而G06Q40是直接与金融保险等行业有关的分类号，因此全部的检索要素都直接涉及该分类号。

权利要求1的方案中，比较重要的一个检索要素是未花费交易输出账单（UTXO），其属于区块链货币交易中的专属名词，对于这类带有明显行业特色的检索要素，应当在进行关键词表达前，利用互联网资源进行背景知识的补充，这样才能准确地选取中英文关键词。

针对该检索要素，通过互联网检索到背景资料——《关于UTXO的思考》，其中解释了UTXO可以被理解为一个"币（coin）"，被花费的UTXO的总面额必须等于或者大于该交易产生的UTXO的总面额，一个用户的余额并不是作为一个数字储存起来的，而是用他占有的UTXO的总和计算出来的。

另外，对于"找零"这个检索要素，其减少找零的具体处理方式类似于动态规划算法中的最少硬币问题。因此，对于具有计算机算法基础背景知识的检索人员而言，对检索要素"找零"进行关键词表达时，还可以采用"动态规划""最少硬币"等与算法相关的术语进行关键词表达（检索要素表见表5-4-2）。

表5-4-2　案例5-4-1检索要素表

检索要素	区块链货币交易	未花费交易输出账单	矿工费	找零
中文关键词基本表达	区块链，货币，交易，数字货币，虚拟货币，电子货币，比特币，以太币，支付	未花费，交易输出，账单，余额，条目，记录，币	矿工，挖矿，奖励，回报，手续费，交易费，小费，费	找零，最少硬币，零钱，等，匹配，多，大，动态规划
英文关键词基本表达	block，chain，currency，transaction，digital currency，virtual currency，bitcoin，BTC payment	unspent transaction output，UXTO，bill，item，record，balance，coin	miner，coinbase，minting，award，reward，fee，token，tip	change，mininum，coin，larger，bigger，more，equal，match，dynamic，program
分类号基本表达	G06Q40/00 G06Q40/04	G06Q40/00 G06Q40/04	G06Q40/00 G06Q40/04	G06Q40/00 G06Q40/04

（2）检索过程。

检索发现，在中外专利数据库中基于全要素检索所获得的检索结果数量相当少，需要适当减少检索式中涉及的检索要素数量。然而，对本申请而言，即使减少到"UTXO"一个检索要素，依然无法在专利数据库中获取到合适的对比文件。此时需要考虑对检索资源进行调整，尝试转到 CNKI、ACM 与 IEEE 等非专利数据库中进行检索。

在 CNKI 数据库中，基于检索式"主题 = UTXO and（全文 = 支付 or 全文 = 转账）and 全文 = 矿工 and（全文 = 奖励 or 全文 = 回报 or 全文 = 矿工费）"进行检索，可以检索到一篇硕士论文《基于国密算法的区块链及 UTXO 模型优化研究》，其涉及的 UXTO 选取交易输入方式与权利要求1的方案接近，但该文献公开时间为2019年6月，明显晚于本申请的申请日，无法构成本申请的现有技术证据。通过对上述文献的参考文献进行追踪，可以获得互联网上搜索到的背景知识文献：CSDN 技术文章《关于 UTXO 的思考》，但也没有发现能够影响权利要求1新颖性或创造性的其他文献。

在 IEEE 数据库中，基于关键词 UTXO、fee 进行检索，可以检索到文献"Building mathematical models applied to UTXOs selection for objective transactions，2018 5th NAFOSTED Conference on Information and Computer Science（NICS）"，其

中公开了从 UTXO 池中选择 UTXO，最好的选择方式是正好有一个与目标精确匹配的 UTXO，然后 UTXO 支付交易费给矿工。从内容上看，该篇非专利文献与权利要求 1 的方案内容非常接近。作为 NICS 的会议文章，虽然会议的召开时间为 2018 年 11 日 24，但其被收录到 IEEE 数据库的时间为 2019 年 1 月 10 日，而本申请的申请日为 2018 年 12 月 14 日，如果在没有其他证据证明上述文献的内容在会议召开时已被公开的情况下，则不能直接将该文献作为现有技术使用。

检索至此，在专利数据库及 CNKI、ACM 与 IEEE 等常规非专利数据库中都没有检索到适合的对比文件，因而进一步需要寻求其他的检索资源，如在万方、读秀数据库中进行书籍检索。基于关键词"UXTO""矿工费"在读秀数据库中检索到《区块链技术金融应用实践》（对比文件 1）。

另外，针对检索要素"找零"，利用"最少硬币"作为关键词在读秀数据库中进行检索，检索到《计算概论》（对比文件 2）。

4. 对比文件分析与创造性判断

（1）对比文件分析。

对比文件 1 公开了 UTXO 模式是比特币所创造的一种交易模式（见图 5 - 4 - 3）。每个 UTXO 都是一个不能再次分割的储值单元，包含了面值、拥有者的地址，以及上一位拥有者的签名和公钥。尽管 UTXO 可以是任意值，但只要它被创造出来了，就像不能被切成两半的硬币一样不可再分。最初始的 UTXO 都是区块链挖矿发给矿工的奖励，然后矿工在后续的交易中将其花费出去，再产生新的 UTXO。

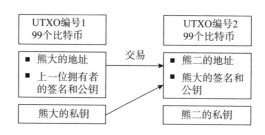

图 5 - 4 - 3 UTXO 模式

如图 5 - 4 - 3 所示，在进行交易时，用户熊大要转移 99 个比特币给用户熊二，但交易不是将比特币从熊大的账户直接转到熊二的账户，UTXO 模式中是没有账户的概念的。实际情况是，熊大会先看看自己有没有一个 99 比特币面值的 UTXO，如果恰好有一个，那么熊大先将 1 号 UTXO 发送给交易处理脚本作为输入（相当于"获取 UTXO 账单，所述 UTXO 账单中记录有至少一条可用于交易的余额条目；根据所述余额条目选取余额数值等于费用的余额条目用于支付"），系统销毁 1 号 UTXO 的同时，新建一个 2 号 UTXO 作为输出，拥有者地址为熊二的地址。同时熊大会用自己的私钥在 2 号 UTXO 上进行签名，并附上自己的公钥来让其他节点验证交易的真实性。所有的节点都会收到这笔交易状态的变化，节点会利用熊大提供的公钥和 1 号 UTXO 上的熊大地址，通过签名验证算法去验证 2 号 UTXO 是不是熊大的签名。如果验证成功，那么 1 号 UTXO 作废，2 号 UTXO 生成，并写入区块，完成价值的转移。实际情况会更复杂一些，一个是每笔转账要付给矿工费用（相当于"矿工费用表示区块链货币交易过程中产生的费用"），另一个是熊大很可能没有正好 99 比特币面值的 UTXO。熊大会先看看自己有没有一个 99 比特币面值的 UTXO，如果恰好有一个（相当于"选取余额数值等于所述矿工费用的单个余额条目用于支付矿工费用"），那么熊大先将 1 号 UTXO 发送给交易处理脚本作为输入。

对比文件 2 中记载了"最少硬币"问题的解决算法。具体而言，有面值为 1 元、2 元和 5 元的硬币若干枚，如何用最少的硬币凑够 11 元？其解决方法为，用 $d(i)$ 标识凑够 i 元需要的最少硬币数量，将它定义为该问题的"状态"，最终求解的问题，可以用这个状态来表示：$d(11)$，即凑够 11 元最少需要多少个硬币。

（2）创造性判断。

权利要求 1 请求保护一种区块链货币交易方法。对比文件 1 涉及通过 UTXO 进行交易的方法，权利要求 1 与对比文件 1 公开的内容相比，其区别特征在于：选取最少数量的多个余额条目用于支付所述矿工费用。其中，所述多个余额条目的余额值的总和等于所述矿工费用。基于上述区别特征，权利要求 1 的方案所要解决的问题是，在需要使用多个余额条目支付费用时，尽量减少所选用的条目从而提高处理速度。

对比文件 2 公开了凑齐 11 元时选取最少数量的硬币，其作用也是为了减少硬币数量、提高处理速度。因此，对比文件 2 给出了通过减少硬币量而提高处理速度的技术启示。在此基础上，本领域技术人员容易想到在 UTXO 模式中也选取最少数量的多个余额条目用于支付所述矿工费用。因此，将对比文件 1 和对比文件 2 结合得到权利要求 1 的方案，对本领域人员而言是显而易见的，权利要求 1 的方案不具有突出的实质性特点和显著的进步，不具备创造性。

5. 案例启示

就本申请而言，其检索要素涉及区块链货币交易，采用的手段包括 UXTO、矿工费用，方案解决的问题是减少找零，但分类表中仅涉及 G06Q40 这一分类号。因此，在用关键词表达检索要素之前，需要查询数字货币相关背景知识避免重要检索要素的错误表达或遗漏。例如，对于本申请中的专有术语"UTXO"，在关键词表达之前需要进行初步检索来准确理解其在数字货币领域中的具体含义。

从所解决的问题出发扩展关键词表达时，不应局限于数字货币这一领域的限定。以检索要素"找零"为例，其具体实现方式与动态规划算法中的最少硬币问题的解决方式类似。因此，可以从所要解决的问题出发，将"动态规划""最少硬币"也作为该检索要素的关键词表达，而不仅限于数字货币领域的相关关键词。对于基于区块链技术的数字货币相关专利申请，由于其属于前沿技术，在检索相关证据时，会发现可用的现有技术较少。当在中英文专利数据库及中英文期刊数据库中均未检索到可用现有技术时，需要检索更多的非专利资源。

还需注意的是，对于涉及数字货币的专利申请，其权利要求中常常涉及交易模式，在创造性判断的过程中，应当关注交易模式的改进是否带来了技术上的改进。

（二）案例 5 - 4 - 2：用区块链来标示数字货币流通的方法

1. 案情概述

本申请涉及区块链数字货币交易流通领域。近年来，以区块链技术为基础的各种加密数字货币开始在因特网上大量使用和流行，越来越多的公司和机构支持使用以比特币为代表的数字货币进行交易支付。当使用数字货币进行转账交易时，发送方需要提前获取接收方的公钥地址，并将货币发送到对方的公钥地址中。而区块链中的公钥地址通常由随机的大小写字母和数字组成，且长度较长，极不方便辨别、记忆、拷贝和转抄，在录入过程中非常容易出错，因此经常发生由于发送方将接收方公钥地址输错导致的经济损失的情况。

为了避免用户因公钥地址被他人篡改或冒充或弄错而造成经济损失，本申请提供了一种用区块链来标示数字货币流通的方法，能大幅提升加密数字货币交易的可用性、便利性、安全性和可靠性。

本申请独立权利要求的技术方案具体如下：

1. 一种用区块链来标示数字货币流通的方法，其特征在于，该方法的步骤为：

S1、构建区块链数字货币系统，并为之配套区块链数字货币网络；

S2、当用户登录区块链数字货币系统、使用区块链数字货币网络时，用户填写必要的注册信息，建立个人注册账号，并构建个人公钥地址和私钥地址；

S3、区块链数字货币系统接收待注册用户的注册账号请求并进行验证，对通过验证的注册账号接收其区块链数字货币的公钥地址；从而建立已注册用户，使得所述注册账号与所述公钥地址建立对应关系；

S4、向所述区块链数字货币网络中的用户公布验证公钥地址；

S5、利用与所述验证公钥地址对应的私钥地址向所述已注册用户的区块链数字货币的公钥地址发送数量大于等于零的区块链数字货币，作为所述已注册用户的验证交易并记录在所述公开账本中形成交易编号，设置所述验证交易的附加信息或脚本内容中包含所述已注册用户的账号名；

S6、接收来自所述区块链数字货币网络中其他用户的查询请求，所述查询请求为查询所述已注册用户的公钥地址的请求；根据所述查询请求反馈所述已注册用户的公钥地址，并在所述公开账本中根据所述交易编号检索是否存在所述已注册用户的验证交易；若不存在，则表示所述已注册用户的公钥地址为可疑地址并进行提示；若存在，则校验所述已注册用户的验证交易的发送方是否为所述验证公钥地址的公布方，且校验所述已注册用户的验证交易的接收方是否为所述已注册用户的加密数字货币的公钥地址；若不是，则表示所述已注册用户的公钥地址为非法地址并进行提示；若是，则检查所述验证交易的附加信息或脚本内容中，是否包含所述已注册用户的账号名，若包含，则表示所述已注册用户的公钥地址为安全有效地址，否则，表示所述已注册用户的公钥地址为非法地址并进行提示。

2. 充分理解发明

本申请的权利要求和说明书具体实施方式部分的内容基本完全一样，从申请文件中无法获得对每个步骤进一步的阐释，只提及方案整体带来的技术效果。这为判断本申请的技术方案能否解决其声称要解决的技术问题、达到声称的技术效果时带来困难，从而也会影响检索的效能。因此，对这类申请进行检索前，需要补充背景知识，根据现有技术准确理解发明，掌握各步骤间的关联。

通过补充背景知识了解到，采用非对称加密算法进行区块链交易时，交易参与方实质为一组公私钥的组合，公私钥存在一一对应关系，公钥用于指明资金的来源和去向，私钥用于交易过程中的"验证密码"，用户用私钥对信息进行签名，当交易公开后其他用户通过私钥签名对应的公钥来验证签名，从而确保信息为真正持有人发出。对应本申请来看，步骤 S1 是指构建区块链系统和网络；步骤 S2 和 S3 描述了用户在区块链系统中的注册和登录；步骤 S4 中向区块链网络中公布验证公钥地址，是为了后续对数字货币公开账本中支付者的身份进行验证；步骤 S5 主要描述了用户通过自己的私钥向对方的公钥地址发送数量大于等于零的数字货币过程并将交易记录在公开账本中，包括交易编号和附加信息或脚本内容；步骤 S6 中其他用户的查询请求，是为了对记录在公开账本的交易的进行有效性验证，包括对支付者和收款人的身份验证。

3. 检索过程分析

（1）检索要素确定及表达。

在分析、推理完每个步骤所起的作用后，可以进一步结合本申请所要解决的技术问题，找到本申请的关键技术手段，进而确定检索要素。本申请背景技术指出，现有技术中存在"常有发生由于地址输入错误，导致发送方将币发送到了错误的或不存在的公钥地址，造成了不可挽回的经济损失"的缺陷，并且在有益效果中提及"避免用户因公钥地址被他人篡改或冒充或弄错而导致的经济损失"，由此可以看出，无论是要解决的技术问题还是能获得的技术效果均是围绕"公钥"产生的，从而将"公钥"确定为本申请的检索要素之一。

另外，在步骤 S2 和 S3，在区块链网络中进行注册时不仅构建公钥、私钥，还包括建立账号并将账号与公钥地址建立对应关系，在步骤 S5 中验证交易的附件信息或脚本内容包含账号名，在步骤 S6 中账户名还用于交易验证判断已注册用户的公钥地址是否为安全有效地址。由此可见，用户账号的使用是本申请的一个关键技术手段，可确定为检索要素之一。综上分析，基本检索要素包括区块链、公钥、账号。

表 5-4-3　案例 5-4-2 检索要素表

检索要素	区块链	公钥	账号
中文关键词基本表达	区块链，数字货币，虚拟货币，电子货币，比特币，以太币	公钥	账户，账号
英文关键词基本表达	block，chain，digital currency，virtual currency，crypto currency，digital money，digital cash，bitcoin，BTC	public key	account
分类号基本表达	G06Q20/40	H04L9/06	

（2）检索过程。

基于"区块链/数据货币"与"公钥/账号"在中文摘要库中进行全要素检索，即可命中一篇发明名称为"基于加密数字货币公开账本技术的用户公钥地址绑定、检索和校验的方法及系统"的现有技术，相关检索式如下：

1	CNABS	19923	区块链 or 数字货币
2	CNABS	810	公钥 and 账号
3	CNABS	269	1 and 2

基于确定的检索要素在其他专利数据库、非专利数据库进行检索后，均未

发现更为相关的技术。因此，将检索到的该篇专利文献作为与本申请最接近的现有技术。

4. 对比文件分析与创造性判断

（1）对比文件分析。

该篇对比文件公开了一种基于加密数字货币公开账本技术的用户公钥地址绑定、检索和校验的方法及系统。

该方法应用在由一个公开账本和 n 个用户构成的加密数字货币网络中，所述公开账本用于存储并公开所述 n 个用户的交易记录所述 n 个用户拥有各自不同的公钥地址和私钥地址，所述公钥地址用于公布并接收加密数字货币，所述私钥地址用于签名并发送加密数字货币（相当于 S1 全部内容，以及 S2 中当用户登录区块链数字货币系统、使用区块链数字货币网络时，需要构建个人公钥地址和私钥地址）所述绑定、检索和校验方法按如下步骤进行：步骤 1、向所述加密数字货币网络中的用户公布验证公钥地址（相当于 S4 全部内容）；步骤 2、接收待注册用户的注册账号（注册账号隐含公开了 S2 中当用户登录区块链数字货币系统、使用区块链数字货币网络时，需要建立个人注册账号）请求并进行验证，对通过验证的注册账号接收其加密数字货币的公钥地址，从而建立已注册用户，在数据库中记录注册用户的账号名和注册用户的公钥地址，使得所述注册账号与所述公钥地址建立对应关系（相当于 S3 全部内容）；步骤 3、利用与所述验证公钥地址对应的私钥地址向所述已注册用户的加密数字货币的公钥地址发送数量大于等于零的加密数字货币，作为所述已注册用户的验证交易并记录在所述公开账本中形成交易编号，设置所述验证交易的附加信息或脚本内容中包含所述已注册用户的账号名（相当于 S5 全部内容）；步骤 4、接收来自所述加密数字货币网络中其他用户的查询请求，所述查询请求为查询所述已注册用户的公钥地址的请求，根据所述查询请求在所述公开账本中根据所述交易编号检索是否存在所述已注册用户的验证交易，若不存在则表示所述已注册用户的公钥地址为可疑地址，若存在则校验所述已注册用户的验证交易的发送方是否为所述验证公钥地址的公布方，且校验所述已注册用户的验证交易的接收方是否为所述已注册用户的加密数字货币的公钥地址，若不是则表示所述已注册用户的公钥地址为非法地址，若是则检查所述验证交易的附加信息或脚本内容中，是否包含所述已注册用户的账号名，若包含则表示所述已注册用户的公钥地址为安全有效地址并反馈所述已注册用户的公钥地址，否则，表示所述已注册用户的公钥地址为非法地址（相当于 S6 全部内容）。

（2）创造性判断。

权利要求 1 的技术方案与对比文件 1 公开的内容相比，其区别在于：S2 中当用户登录区块链数字货币系统、使用区块链数字货币网络时，用户填写必要的注册信息。根据该区别特征可以确定权利要求 1 的方案实际解决的问题是：如何在新用户注册时保证其身份的唯一性。

虽然对比文件并没有明确公开区块链网络中新用户如何进行信息注册，但是为了保证系统能够根据注册信息唯一的识别用户身份，要求用户在注册账号时需要填写必要的注册信息属于本领域常用技术手段。因此，对于本领域技术人员来说，在对比文件的基础上结合本领域公知常识得到该权利要求的技术方案是显而易见的。综上，权利要求 1 请求保护的技术方案不具备创造性。

5. 案例启示

本申请涉及区块链数字货币的交易流通方法，对于这类申请进行检索和创造性评判时，应关注其流通方法是否带来了区块链通信技术和安全技术等方面的技术改进，还应关注其流通方法各步骤之间的关联，通过梳理步骤之间的关系确定用于解决技术问题的关键技术手段。

当无法从申请文件中获取必要的背景知识时，可以通过检索的方式来了解相关的专业技术知识。正确站位本领域技术人员，才能明确每个技术手段在方案中发挥的作用，才能结合所要解决的技术问题、所能获得的技术效果，准确认定核心技术手段，从而进行检索和创造性评判。当选择恰当的关键词进行检索要素表达后，即便在专利文献库中也可通过全要素检索快速命中对比文件。